中国老科学技术工作者协会智库研究报告（一）

中国科协创新战略研究院
中国老科协创新发展研究中心　编

中国科学技术出版社
·北　京·

图书在版编目（CIP）数据

中国老科学技术工作者协会智库研究报告 .（一）/ 中国科协创新战略研究院，中国老科协创新发展研究中心编 . —— 北京：中国科学技术出版社，2021.8

ISBN 978-7-5046-9082-1

I.①中… Ⅱ.①中… ②中… Ⅲ.①科学技术协会—咨询机构—研究报告—中国— 2016—2018 Ⅳ.① G322.25

中国版本图书馆 CIP 数据核字（2021）第 119609 号

策划编辑	王晓义	
责任编辑	王晓义	
装帧设计	中文天地	
责任校对	吕传新	
责任印制	徐　飞	

出　　版	中国科学技术出版社	
发　　行	中国科学技术出版社有限公司发行部	
地　　址	北京市海淀区中关村南大街 16 号	
邮　　编	100081	
发行电话	010-62173865	
传　　真	010-62173081	
网　　址	http://www.cspbooks.com.cn	

开　　本	710mm×1000mm　1/16	
字　　数	400 千字	
印　　张	29.25	
版　　次	2021 年 8 月第 1 版	
印　　次	2021 年 8 月第 1 次印刷	
印　　刷	北京虎彩文化传播有限公司	
书　　号	ISBN 978-7-5046-9082-1 / G·898	
定　　价	99.00 元	

编 委 会

本书编写组

组　　长　任福君　赵立新

副组长　张　丽　张艳欣

成　　员（以姓氏笔画为序）

马　骁　王　萌　苏丽荣

李　琦　梁　帅　梁思琪

序

2019 年 10 月 5 日，在中国老科学技术工作者协会（简称"中国老科协"）成立三十周年之际，习近平总书记对中国老科协作出重要指示："老科技工作者人数众多、经验丰富，是国家发展的宝贵财富和重要资源。各级党委和政府要关心和关怀他们，支持和鼓励他们发挥优势特长，在决策咨询、科技创新、科学普及、推动科技为民服务等方面更好发光发热，继续为实现'两个一百年'奋斗目标、实现中华民族伟大复兴的中国梦贡献智慧和力量。"中国老科协认真贯彻落实习近平总书记重要指示精神，坚持服务老科技工作者、服务党和政府科学决策、服务全民科学素质提升、服务创新驱动发展，打造"老科协智库""老科协奖""老科协日""老科协大学堂"和"老科协报告团""五老"品牌，主动将老科协工作融入经济社会发展大局，团结领导 2000 万名老科技工作者老有所为、积极作为。

中国老科协智库是中国老科协的"五老"品牌之一。中国老科协十分注重充分发挥老科技工作者学科门类齐全、领域交叉充分、智力资源密集的优势，将服务党和政府科学决策作为自己的一项重要使命。2016 年，中国老科协贯彻落实习近平总书记系列重要讲话精神和"科技三会"重要部署，依托中国科协创新战略研究院设立"中国老科协创新发展研究中心",开展中国老科协智库工作。5年来,中国老科协智库聚焦国家科技创新重大战略,回应老科技工作者关心关切,开展了近50项研究,多份研究报告获得党和国家领导人批示。其中,"既有住宅加装电梯专题研究"在相关部门的共同推动下,于2018年、2019年和2020年连续3年写入政府工作报告,将研究成果转化成为实实在在的民生工程。2020年,中国老科协智库对标国家科技创新发展战略和科学应对疫情要求,开展了"疫情反思及建言"系列研究,并为新一轮中长期科技发展规划的编制建言献策,为全民科学素质行动计划纲要的编制贡献智慧,同时围绕推动老年科技大学建设、提升老年人数字技能等重点议题开展课题研究,形成多篇决策咨询报告。

《中国老科学技术工作者协会智库研究报告》将分批分期公开发布主要研究成果。中国老科协智库的累累硕果凝聚了多位院士、专家的智慧和力量。中国老科协智库先后聘请了20多位退出领导岗位或退休的专家担任智库特聘专家。其中,既包括具有深厚学术研究背景的不同领域的院士,又包括具有战略眼光且了解实际工作的不同部门的老领导。他们凭借数十年的经验、智慧和资源积淀,为中国老科协智库服务党和政府决策咨询提供了宝贵指导。中国老科协智库还通过"小中心、大外围"的课题组织方式,与多所高校、科研机构建立协同研究机制,共同开展课题研究,共享研究成果,共同推动决策咨询事业发展,更好服务党和政府的科学决策。

2021年是"两个一百年"奋斗目标的历史交汇点,也是"十四五"开局之年,党和政府对科技工作者寄予厚望,对科技智库提出更高要求,中国老科协的责任更重,智库的责任更重,决策咨询的任务更重。为此，中国老科协智库要进一步深入贯彻落实习近平总书记重要指示精神和党的十九届五中全会精神，准确把握新发展阶段，深入贯彻新发展理念，对标加快构建新发展格局、按照"十四五"时期高质量发展的时代要求，精准选题，聚焦国家重大战略、民生工程和关键政策，结合中国老科协自身特点和优势开展研究。同时，要坚持解放思想、实事求是，深入调查研究，找准问题，客观呈现研究成果；要组织好研究团队，更好地发挥特聘专家的智慧和研究团队的力量，合力推动形成高质量研究成果。

新年伊始，万象更新。中国老科协智库将不忘初心，守正创新，再接再厉，乘势而上，为夺取全面建设社会主义现代化国家新胜利贡献智慧和力量。

是以为序。

陈至立

2021 年 3 月

目 录
CONTENTS

关于对既有多层住宅加装电梯的建议报告

　　随着综合国力的提升，我国居民生活水平有了大幅提高，居住条件有了较大改善。而一大批对国家经济建设做出重要贡献的老科技工作者却仍身居老旧小区之中，由于他们年事已高、行动不便，上下楼已成为生活中的沉重负担，直接严重影响他们的生活质量。在城镇化和老龄化进程加速发展的环境下，为既有住宅加装电梯已成为老科技工作者的强烈诉求，也是广大中老年居民共同关注的热点问题。为此，中国老科协创新发展研究中心组织相关专家从改善老旧住宅居住条件、提高居民生活质量、化解过剩产能等方面，对"既有住宅加装电梯"工作中存在的问题进行认真研究，提出了推进"既有多层住宅加装电梯"的有关建议。现予编发，供参阅。

　　为深入学习贯彻习近平总书记系列重要讲话精神，着力推进供给侧结构性改革，积极应对我国人口老龄化，妥善解决老年群众面临和迫切需要解决的现实问题。中国老科协创新发展研究中心组织相关专家从改善老旧住宅居住条件、提高居民生活质量、化解过剩产能等方面，开展了"既有住宅加装电梯"专题调研。

　　调研组先后赴北京市、上海市、南京市、哈尔滨市、西安市、成都市、广州市等地进行实地考察和调研，收集了大量的第一手材料，并同相关人员进行了交流和座谈。调研中发现，群众对既有多层住宅加装电梯有迫切需求，特别是一大批曾经对国家经济建设做出重要贡献的老科技工作者。由于他们身居老旧小区多层住宅中，年事已高、行动不便，上下楼已成为他们生活中的沉重负担，甚至有的老人多年没有下楼到户外活动过。这不仅直接严重影响了他们的生活质量，而且也因长期不行走、不活动而过早地失去行走能力。因此，为既有多层住宅加装电梯已成为老科技工作者的强烈要求，同时也是广大居民的共同呼声。

为此，我们建议国家将既有多层住宅加装电梯作为重要民生工程，出台相关政策、采取有力措施加以推进。

一、既有住宅加装电梯意义重大

1. 这是应对老龄化问题的一项重要民生举措

根据国家统计局发布的统计公报，截至 2015 年年底，我国 60 岁及以上人口增加至 2.2 亿人。国家行政学院的一份研究报告指出，我国 80—90 年代建成的既有住宅约为 80 亿 m^2，涉及 7000 万—1 亿户居民，2 亿—3 亿人口，占城市总人口的约 1/3。因此，既有住宅加装电梯可极大地改善广大居民特别是老同志的生活品质，是一项利国利民的重大民生工程。

2. 有助于拉动内需，促进供给侧结构性改革

据统计，2015 年，中国电梯总数约为 66 万台，单台钢材用量约为 0.81 吨，总量为 534600 吨。若给既有住宅加装电梯，按实际可操作性预估，总计需要约 500 万部。按 10 年时间全面推进计算，每年需投资约 3000 亿元以上，增加百万人以上劳动力就业，可为化解钢铁等行业的产能过剩发挥积极作用。据测算，这项工程将使 2 亿多人得益，必然会得到广大群众的拥护。结合既有建筑节能改造并推动既有住宅加装电梯，还可改善民生、节能减排、改造环境，一举三得。

3.率先试点示范，为老科技工作者既有住宅加装电梯可有效破解可操作性的难题瓶颈并产生广泛的社会影响

据统计，解决老科技工作者上下楼不便问题约需加装百万部电梯，可使千万老科技工作者受益。这将进一步体现国家对知识分子的关心和爱护，体现对知识和人才的尊重，会产生广泛的社会影响。

二、对调研中反映比较集中问题的研究意见

虽然各地在既有住宅加装电梯建设中积累了一些成功的经验——政府加强引导，多方筹集资金，妥善化解矛盾，出台法规保障，但这项工作在推进中也遇到一些困难和问题。

（一）关于现有技术标准规定的楼间距和消防通道问题

一般来讲，既有住宅是按照当时的技术规范建造的，对照现行标准规范的规定，再加装电梯，难免会与现行规定相矛盾。为此，我们建议，因既有住宅加装电梯是弥补原有标准偏低的不足，具有其合理性，可由国家有关主管部门作出原则性规定，由地方政府的有关部门组织专家进行论证，并出台符合基本规定的地方性规定。

既有住宅加装电梯涉及工程建设标准、房屋产权、城市规划、土地使用等方面工作，还与居家养老、建筑节能加固等一系列问题关联，可将此项工作纳入老旧小区综合改造之中，统筹规划，综合解决老旧小区存在的问题。

（二）关于涉及"物权法"规定的业主权益

部分低楼层业主不同意加装电梯是这项工作推进缓慢的重要原因之一。既有住宅加装电梯，应从规划建设的法律法规角度出发，重点放在细化规划

建设等方面，更好地协调各方利益，构建兼顾业主整体利益和个别业主正当权益的制度设计。地方政府可在符合《中华人民共和国立法法》规定的前提下，学习借鉴《中华人民共和国城乡规划法》的做法，从保护多数人、维护公众利益角度出发制定地方法规，对利益受损主体给予一定的补偿，不能仅为保护低楼层业主权益而损害其他人的权益。

（三）关于建设资金及投资与运行机制

当前，既有住宅加装电梯资金筹措渠道单一，财政补贴与受益者付费的投资与运行机制还未厘清，多渠道筹集资金的机制还未形成，不利于大范围推进这项工作。

我们建议，关于资金和管理问题，要坚持受益者付费和政府解决民生问题的投资相结合的原则，由国家提出指导意见，中央财政将这项工作纳入城市危旧住房改造，纳入保障民生工作。同时，要多渠道筹集资金，充分发挥市场机制作用，鼓励企业参与。

三、对近期工作的具体建议

需加装电梯的既有住宅多建于 20 世纪 80—90 年代。那个时期的住宅以 5—6 层为主体，基本上没有设计电梯。2000 年以后的住宅多在 12 层以上，这些住宅都设有电梯。因此，既有住宅加装电梯只是一个历史性或阶段性任务。按照住房 70 年使用周期计算，这些住宅差不多要使用至 2050 年，届时我国将实现第二个百年目标。因此，推进既有住宅加装电梯这一利国利民工程是十分必要的；我国的经济社会发展也具备了破解这一历史性难题、补上当年国家设计标准偏低的历史欠账的条件。

这项工作量大面广，政策性很强，必须先易后难，突出重点，以点带面，逐步推广。为此，我们建议先在中央国家机关、中国科学院、中国社会科学院，以及科技系统、国资委所属院所及高校中进行既有住宅加装电梯改造的试点工作。

（1）建议出台全国性既有住宅加装电梯的指导意见，对既有住宅增设电梯的一系列问题作出明确规定，让既有住宅加装电梯有章可循。

（2）在责任主体较为明确的老科技工作者聚居的老旧小区进行试点，提高加装电梯工作的成功率。这些单位可以责任主体身份主动申请参加试点工作，并由中央财政，省级人民政府、单位及个人共同分担所需资金。

（3）强化宣传引导，力促整体推进。充分利用报纸、电视、广播等新闻媒体宣传该项目的意义、介绍国家及地方出台的相关政策法规。对成功加装电梯的试点项目，加强宣传力度。建立宣传引导激励机制，进一步扩大项目影响力，发挥其示范带头作用。

（4）以推进既有住宅加装电梯项目可持续化发展为目标，统一思想、提高认识，落实责任与分工。一是建议强化对《中华人民共和国物权法》司法解释的修正和完善。二是建议地方政府承担起配套政策统筹的责任，建立起政府主导、部门监督、社会各方参与的协同化长效机制。三是建议有关部委强化集成创新，对全国各地现有的多层住宅形式、结构类型进行深入研究、出台相应的政策指引性文件，修订完善现行技术规范、标准，为各地电梯加装工作提供技术支撑和工作指引。

针对地方反映的关键问题和有关建议，我们专门邀请全国人大法工委、国家发展改革委和住建部有关同志参与讨论，征询意见。上述部委对此高度重视，还分别书面回函明确表示赞成并将积极推动"既有住宅加装电梯"工作。

课题组成员

汪光焘　第十一届全国人大环境与资源保护委员会主任委员、原建设部部长、中国老科协特邀高级顾问

王铁宏　中国建筑业协会会长

李　森　中国老科协秘书长

罗　晖　四川省遂宁市委常委会委员、副市长

陈　锐　中国科协学会学术部副部长

杨　拓　中国国家博物馆副研究员

董　阳　中国科协创新战略研究院助理研究员

孙云娜　中国科协创新战略研究院科研助理

（上报时间：2016 年 12 月）

关于将既有多层住宅加装电梯纳入重要民生工程的建议报告

既有住宅加装电梯是一项利国利民的重大民生工程，对推进供给侧结构性改革、改善老旧住宅居住条件、提高人民群众特别是老年人生活质量有着重要的意义。2016 年，中国老科协组织开展了既有住宅加装电梯专题调研，并形成报告上报，党和国家领导同志对报告作了批示。为及时总结推广既有住宅加装电梯工作的好经验好做法，中国老科协于 2017 年 9 月 26 日参加了在江苏省南京市召开的既有住宅加装电梯研究成果现场推进会，认为南京市的经验值得推广，遇到的困难有待进一步解决，建议将"鼓励和支持有条件的既有多层住宅加装电梯，以改善和提高居民生活质量"写入 2018 年的政府工作报告。

一、南京市的经验和做法

南京市委、市政府高度重视，通过创新政策举措、营造良好和谐氛围，狠抓项目落实，有力地推进了这项工作。

2016 年 9 月，南京市出台了《南京市既有住宅增设电梯实施办法》（简称《增设电梯实施办法》），并配套制定了 10 个具体操作细则，截至 2017 年 12 月，南京市已签订了 1476 部电梯的安装协议，现有 282 部进入施工阶段，

89 部完工，预计到 2018 年春节前完工 200 部。

（一）出台政策，破解统一意见难的问题

南京市的《增设电梯实施办法》按照国家、省条例的规定，明确占总面积 2/3 以上且占总人数 2/3 以上的业主同意即可加装电梯，提高议事和形成共同决定的效率。各级政府广泛发动街道、社区和群众力量，通过反复细致的群众工作，推动各利益相关群体达成共识，加速加装电梯的工作进程。

（二）相关部门齐心协力为群众办事，简化申请手续

通过调整《增设电梯实施办法》相关规定，降低办理手续难度；南京市规划局印发了《南京市既有住宅增设电梯规划许可手续办理规则》，南京市城乡建设委员会印发了《市建委关于加强既有住宅增设电梯施工管理的指导意见》，南京市质量技术监督局编制了江苏省地方标准《既有住宅增设电梯安全技术规范》，通力合作打通了从规划、建设到使用全过程的增设电梯审批流程，方便了增设电梯的审批。《增设电梯实施办法》还细化了规划、建设、特种设备安全监督管理、财政、消防、人防等部门工作职责；编制了办理流程图，方便了群众办事。

（三）拓宽渠道，多方筹措资金

在《增设电梯实施办法》中，增加了提取住房公积金和使用住宅维修资金的操作办法，增加了财政补贴条款；下发了《关于进一步明确既有住宅增设电梯财政补贴相关事项的通知》《关于提取住房公积金支付既有住宅增设电梯个人分摊费用有关事项的通知》《关于既有住宅增设电梯申请使用维修资金有关事宜的通知》；区、街道和部分单位也为此多方筹集资金。

据了解，北京市也十分重视加装电梯工作，出台了增设电梯的财政补贴

政策，多渠道解决资金问题，并将老楼装电梯列为重要民生实事工程。2017年共开工建设 459 部电梯，运行 274 部电梯。

南京市等地加装电梯工作取得了可喜进展，但也遇到群众诉求多元化，协调工作量大，各方利益诉求多元化等问题。

二、几点建议

南京等城市已形成了一些好经验、好做法，但需要进一步在实践中探索并在国家层面上采取政策措施推进这项利国利民工程的落实。

一是建议国务院有关部门总结推广南京市等地加装电梯工作的经验，并针对既有住宅加装电梯工作出台指导意见。

二是建议有关部委组织力量对既有住宅加装电梯中碰到的问题进行深入研究，并出台解决方案。针对技术标准问题、业主权益问题、资金问题和后续管理问题等，有关部委进行深入研究，并出台相应的政策指导性文件，在遵守物权法和强制性技术规范的基础上，可以鼓励地方制定符合区域实际的法定标准和地方性法规；针对资金和后续管理问题，中央财政把已有住宅加装电梯工作纳入城市危旧住房改造工作并给予资助，并由地方政府统筹资金安排。

三是建议把支持和鼓励有条件的既有多层建筑加装电梯工作纳入政府工作报告。既有住宅加装电梯是一项利国利民的重大民生工程，把该工作作为一项民生工程纳入政府工作报告，推进该项工作在全国各地深入开展。这项工作符合实际，有必要，有基础，有普遍意义，也具有可行性和可操作性，相信一定会得到人民群众的广泛支持和欢迎。

特此报告。

课题组成员

组　长

陈至立　原国务委员、第十一届全国人大常委会副委员长、中国老科协会长

副组长

汪光焘　住房和城乡建设部原部长

齐　让　中国老科协常务副会长

成　员

陈　锐　中国科协学会学术部副部长

李守林　中国电梯协会理事长

王丽方　清华大学建筑学院教授、博士研究生导师

张　丽　中国科协创新战略研究院、中国老科协创新发展研究中心副研究员，中国老科协兼职副秘书长

杨　拓　中国国家博物馆副研究员

董　阳　中国科协创新战略研究院助理研究员

孙云娜　中国科协创新战略研究院、中国老科协创新发展研究中心科研助理

（上报时间：2018 年 1 月）

关于继续推动既有住宅加装电梯的建议

——厦门经验的启示与思考

【按】既有住宅加装电梯是一项惠民利民的民生工程，体现了党和政府对基层群众的关心关怀，受到了广大群众的普遍欢迎。2018年3月，李克强总理在政府工作报告中明确提出"鼓励有条件的加装电梯"后，有效地推动了各地加装电梯工作的实际进展。为进一步跟踪落实情况，2018年10—12月，中国老科协组织各省、自治区、直辖市老科协对有关"既有住宅加装电梯"工作的基本情况进行统计，对福建省厦门市开展了实地走访调研，收集了"既有住宅加装电梯"工作过程中存在的主要问题以及好经验、好做法。

一、总体概况

自开展既有住宅加装电梯工作以来，全国各省市地区积极行动，广州市、南京市、北京市、杭州市、济南市、厦门市等城市相继出台实施办法和管理规定，并取得了实效。据不完全统计，广州市是目前加装电梯最多的城市，截至2018年11月，累计审批老旧住宅加装电梯许可4293宗，其中2018年审批1302宗。截至2018年12月，南京市有2122部电梯签订书面协议，1043部办理完成施工许可，累计完工572部。北京市共开工990部，其中完工378部。杭州市共有531处加装电梯项目通过联合审查，397处项目开工，其中256处完工。济南市5个试点区共399个单元完成规划审查，

206 个单元实际开工，105 部电梯投入使用。各地老科协收集的资料显示，加装电梯后，受益居民的幸福指数显著提升，增设电梯工作赢得了社会各界的广泛赞誉。

二、厦门市的经验与启示

厦门市开展既有住宅加装电梯的工作可以追溯到 2007 年的一份政协委员《关于我市旧楼加装电梯工作的建议》的提案。厦门市委、市政府高度重视该提案，为完善厦门市既有住宅的使用功能，提高宜居水平，方便居民生活，厦门市于 2009 年正式启动相关工作，到目前为止已经开展了 10 年的工作。10 年实践中，厦门市摸索出以下三条主要经验。

1. 用指导意见规范实际工作

厦门市 10 年的实践可分成三个阶段，每个阶段都出台指导意见，让工作有规可依。2009 年 9 月至 2015 年 3 月，厦门市开始进行既有住宅加装电梯工作，颁布了《厦门市关于在老旧住宅加装电梯的若干指导意见（2009）》。为了明确申请老旧住宅加装电梯财政补贴的条件、标准、程序和相关事项，2014 年 1 月 27 日颁布了《关于进一步明确申请老旧住宅加装电梯财政补贴有关事宜的通知》。在这个阶段完成增设电梯 300 台，财政资金补贴 170 部电梯，补贴金额约 3800 万元，惠及居民约 1800 户。2015 年 4 月至 2018 年 3 月，厦门市各部门在原有工作基础上，征求法律界人士的意见，在 2015 年 3 月 27 日颁布了《厦门市既有住宅增设电梯指导意见（2015）》。至 2018 年 3 月共颁发施工许可证 413 份，已完成增设电梯 300 余台，发放财政补贴 429 万元，惠及居民约 2000 余户。2018 年 4 月至今，厦门市相关部门在专题调研的基础上，结合厦门市实际情况，于 2018 年 9 月印发了《厦门市城市既有住宅增设电梯指导意见（2018 修订版）》，推动新一轮工作启动。

2.强化属地街（镇）职责，完善矛盾处理机制

增设电梯带来的主要矛盾是高低层住户之间的意见分歧，增设电梯业主之间的协商补偿仍是电梯纠纷工作的基本解决路径。为此，厦门市进一步强化街道的属地作用和职责，要求由其负责增设电梯全过程业主间矛盾纠纷的调解，包括审批和施工等环节。具体规定若全体业主一致同意增设电梯的，实施主体要按照要求委托公证，并请所在地社区居委会对其公示情况进行见证备案。2/3 以上业主同意增设电梯，其他业主无异议的，街道应出具无异议情况说明。业主对增设电梯有异议的，街道应当依照工作职责与程序，积极组织协调，努力促使相关业主在平等协商基础上自愿达成调解协议，调解后无异议的，要出具调解无异议情况说明；调解后业主间无法达成一致的，街道也要出具调解异议情况说明。街道在收到异议方提出的书面请求之日起10 个工作日内，就应当启动调解工作，30 个工作日内要出具调解情况说明。街道不积极主动组织调解工作的，将依照相关规定予以督办、问责。

3.明确受损业主利益补偿方案，完善补偿机制

着眼于维护各方业主的基本权益，厦门市建立了公示制度，公示内容包括增设电梯方案、资金概算及费用筹集方案、电梯运行维护保养分摊方案等。特别要求增设电梯初步方案应该包括对利益受损业主进行适当补偿的资金筹集预案，以保护其他业主的权益。具体包括，增设电梯应给予利益受损业主适当补偿，补偿金额从筹集资金中支出，由业主之间协商。原则上，第一层每户补偿金额不宜超过增设电梯总工程费用除以本梯总户数的数值，第二层每户补偿金额为第一层补偿金额的一半。

在厦门市的实际操作中也凸显出一些有待解决的共性问题。现行的《中华人民共和国物权法》《物业管理条例》《厦门市城市既有住宅增设电梯指导意见》等有关加装电梯的法律法规，对物权相关条款的解释存在差异。例

如，采取"业主居民 100% 同意"，还是"业主居民 2/3 多数同意"即可安装，尚未有准确的法律依据。厦门市既有住宅加装电梯工作已开展 10 年，安全管理、专业维保等后续的维护和管理工作须进一步加强。

三、几点建议

1. 建议继续在政府工作报告中对老楼加装电梯提出要求

自"鼓励有条件的加装电梯"写入 2018 年政府工作报告以来，多地政府出台了相关指导意见或办法，对加装电梯实行财政补贴，有关各方从政策到审批流程等方面给予更大力度的支持，有效推进了老楼加装电梯的进程。但从全国范围看，许多居民的困难还未得到解决，加装电梯的任务仍很艰巨。因此，把该项工作作为一项民生工程继续纳入政府工作报告，不仅符合实际，很有必要，而且具有普遍意义，有利于老楼加装电梯工作在全国范围内进一步开展。

2. 建议有关部门推广厦门、南京等地加装电梯工作经验

厦门市和南京市已形成了一些好经验好做法，有力地推进了老楼加装电梯工作。尤其是厦门市在 10 年加装电梯的实践工作中不断摸索、改进，形成了一套可推广、可复制的工作经验，对全国具有示范性意义，值得大力推广。

3. 建议有关部委组织力量对重点问题进行深入研究，对既有住宅加装电梯工作出台指导意见

针对法律问题、安全隐患问题、后续管理等问题，建议有关部委进行深入调研，出台相应的政策文件和制度安排。在遵守物权法和强制性技术规范的基础上，鼓励地方制定符合区域实际的指导性或规范性意见。

课题组成员

赵立新　中国科协创新战略研究院副院长

陈　锐　中国科协学会学术部副部长

徐　强　中国科协学会服务中心副主任、中国老科技工作者协会副会长兼秘书长

胡　末　中国老科技工作者协会副秘书长

张　丽　中国科协创新战略研究院、中国老科协创新发展研究中心副研究员，中国老科技工作者协会副秘书长

张艳欣　中国科协创新战略研究院、中国老科协创新发展研究中心博士后

吴艳娟　中国科协创新战略研究院、中国老科协创新发展研究中心博士后

李　琦　中国科协创新战略研究院、中国老科协创新发展研究中心课题制研究员

苏丽荣　中国科协创新战略研究院、中国老科协创新发展研究中心科研助理

（上报时间：2019 年 1 月）

关于推动既有住宅加装电梯情况的跟踪报告

——基于厦门与南京的经验总结与建议

【按】既有住宅加装电梯工作是近年来的社会民生重点。这项"关键小事""民生大事",在 2018 年、2019 年被写入政府工作报告以来,被众多城市列入市政府"为民办实事"项目,呈现全面推进的态势。为进一步跟踪"既有住宅加装电梯"实施进展情况,2019 年 11—12 月,中国老科协依托广东省、山东省及厦门市等老科协调查站点,组织相关省市老科协对加装电梯情况进行调研,收集了丰富的一手资料。2019 年 12 月,中国老科协还对江苏省南京市开展了实地调研,对南京市既有住宅加装电梯工作实施过程中存在的问题及做法进行了解。基于调研发现,以及相关的二手资料、数据,形成报告,供参阅。

一、总体概况

自开展既有住宅加装电梯工作以来,全国各地积极行动,南京市、厦门市、广州市、上海市、北京市、兰州市、杭州市、重庆市等城市相继出台实施办法和管理规定,取得了明显实效。据不完全统计,截至 2019 年 12 月底,广州市全年加装电梯审批 2400 部,实际安装 1800 部;累计完成审批 6000 多部,建成投入使用 3300 部。上海市全年立项电梯数和完工电梯数分别为 624 部和 131 部；累计加装电梯立项 952 部，启动实施 411 部，完工 221 部。北京市全年已完成 555 部老楼加装电梯的工作，累计完成 1462 部。杭州市全年完工 553 部，完工量同比去年翻了一番，全市累计完工 809 部。济南市共有 841 个单元楼完成规划审查手续，实际开工建设 621 个单元，其中 430 部电梯已竣工验收合格。各地老科协收集的资料显示，既有住宅加装电梯工作增进了人民福祉，体现了科技为民服务的核心价值。

二、南京市与厦门市的经验与启示

在加装电梯实践中，南京市和厦门市积极协调多方参与，深入探索创新路径，扎实推进便民举措，取得了明显的阶段性成效，总结出以下主要经验。

1. 广泛收集民意，不断完善政策

南京市 2013 年出台了《南京市既有住宅增设电梯暂行办法》，由于办理条件苛刻，3 年仅加装了 3 部电梯。2016 年，南京市出台了新的《南京市既有住宅增设电梯实施办法》，同时组织各相关部门完成了涉及方案设计、规划审批、施工许可、监督检验、安全保障等方面的 12 个具体操作细则，最终形成具有南京特色的加装电梯"1+12"政策体系。截至 2019 年 12 月 5 日，南京市累计 2158 部电梯通过规划部门初审，1450 部已办理规划审批手续，完工 904 部。厦门市加装电梯的 10 年实践都是在相应指导意见的规范下进行。厦门市先后在 2009 年、2014 年、2015 年、2018 年出台了加装电梯指导意见。2019 年 11 月，厦门市颁发《关于调整厦门市城市既有住宅增设电梯指导意见（2018 修订版）有关条文的通知》，针对加装电梯后的日照标准和建筑间距进行修订，让每个阶段的加装电梯工作都有规可依。2009 年 7 月至 2019 年 10 月厦门市相关部门审批的"既有住宅加装电梯"共计 947 部，财

政支出的补助金额 7149 万元。

2. 形成"业主主导、政府搭台、专业辅导、市场运作"的加装电梯模式

南京市在加装电梯过程中明确业主的法律责任和主体地位。政府以问题为导向，重点解决"疑难杂症"，搭建政策平台、服务平台、协商平台、协调平台，并进行适当补贴。引进第三方技术指导，编制设计导则，破解管线移改等工作难题。以市场运作的模式，让业主自主选择施工企业、电梯厂家。形成加装电梯的良好氛围，推动加装电梯工作高质量快速发展，探索出一条可复制的路径。

3. 明确责任归属，缓解加装电梯后期维保难题

在加装的电梯开始启用后，后续的维护和管理问题也开始涌现。2019年，南京市出台《关于做好既有住宅加装电梯后期维保工作的通知》，规定在加装电梯申报前，明确使用主体单位，承担运行管理主体责任。明确电梯运行、维护、保养费用的分摊方案，并建议为电梯缴纳"养老金"。要求各区落实属地管理责任，指导、督促相关部门依法履行电梯安全监管职责。南京市用"四个落实"缓解了加装电梯后期维保难题，稳步推进既有住宅加装电梯工作。

4. 因地制宜，做细群众工作

南京市和厦门市的加装电梯实践中的经验就是要因地制宜。加装电梯工程的设计和工程方案，尽量兼顾各层居民的合理诉求，尽可能通过精心的个性化设计，达到利益最大化、影响最小化。厦门市在 2019 年 11 月份出台的既有住宅增设电梯指导意见修订版中，进一步强化了街道的属地作用和职责，从基层实际入手解决一系列矛盾。引导居民自主商议、筹款加装，居委会、业委会和物业公司三方一起做思想工作，让群众顺心。

南京市和厦门市在既有住宅加装电梯工作中，措施得力、成效显著，在实践中摸索出一系列好经验、好做法。同时，在实际操作中，也凸显出一些

有待进一步解决的共性问题。加装电梯过程中，业主意见难统一，涉及部门广，协调难度大。在厘清各方主体责任、改造资金筹集、做细做实安全监管等方面尚需进一步加强。

三、几点建议

1. 建议住建部组织力量研究现有法律法规，出台既有住宅加装电梯的指导意见

在结合典型经验的基础上，组织相关部门对既有住宅加装电梯涉及的法律问题、安全隐患问题、后续管理问题等进行进一步调查研究。出台全国范围的相关政策、规范性指导文件，对加装电梯财政补贴政策、审批流程、业主权益等内容提出规范性意见，推动全国范围内加装电梯工作进一步开展。

2. 建议把"既有住宅加装电梯"列入国家国民经济和社会发展"十四五"规划

自"鼓励有条件的加装电梯"和"支持加装电梯"连续两年写入政府工作报告以来，多地地方政府把"既有住宅加装电梯"纳入市政府民生工程，大力推进了老楼加装电梯的进程。把该工作作为一项民生工程纳入"十四五规划"，进一步推进该项工作在全国各地深入开展，不仅有基础、有必要，而且对民生福祉持续增进，提升人民群众获得感具有普遍意义。

3. 建议召开现场工作推进会

全国多地在近年的逐步实践探索中，形成了各自的加装电梯经验。南京市和厦门市以更典型的做法，形成了一套全流程可复制的"增梯样板"，吸引了包括北京市、广州市、杭州市在内的40多个城市前去调研学习。召开"既有住宅加装电梯"现场工作推进会，交流全国加装电梯经验，在全国层

面推动加装电梯工作，搭建学习交流平台，剖析工作中的难点和"卡"点，有助于共享好经验好做法，助力既有住宅加装电梯的工作取得更大实效。

课题组成员

赵立新　中国科协创新战略研究院副院长

张　卓　中国科协科普部传播处处长

张　丽　中国科协创新战略研究院副研究员，中国老科技工作者协会副秘书长

张艳欣　中国科协创新战略研究院助理研究员

（完成时间：2019 年 12 月）

关于加快推动既有住宅
加装电梯的建议

此次新冠疫情使我国经济社会发展面临新的困难和挑战，习近平总书记多次强调，要坚持在常态化疫情防控中加快推进生产生活秩序全面恢复，要加强保障和改善民生工作。既有住宅加装电梯工作在解决居民刚需、扩大内需、提高就业等方面有重要作用。中国老科学技术工作者协会联合中国科协创新战略研究院从 2016 年开始，对既有住宅加装电梯情况进行跟踪调研，报告多次得到党和国家领导同志的批示，相关建议被纳入 2018 年和 2019 年政府工作报告。近期，课题组收集总结当前既有住宅加装电梯的情况，分析成效，提出对策建议，供参阅。

一、总体成效

既有住宅加装电梯工作这项"民生大事"，在 2018 年、2019 年被写入政府工作报告以来，在住建部的大力推动下，众多城市将其列入市政府"为民办实事"项目，呈现全面推进的态势，得到人民群众的广泛支持和欢迎。既有住宅加装电梯是一项保障和改善民生的长期工作，也是着力扩大国内需求、有效对冲疫情影响的着力点。

1. 全国各省市地区积极行动，取得明显建设成效

南京市、厦门市、广州市、上海市、北京市、杭州市、济南市等城市通过创新政策有力地推进了这项工作。据不完全统计，截至 2019 年 12 月月底，南京市累计完成初审 2158 部，完工 904 部。厦门市累计加装电梯 1017 部。广州市累计完成审批 6864 部，建成投入使用 4718 部。上海市累计加装电梯立项 952 部，启动实施 411 部，完工 221 部。北京市 2019 年已完成 555 部老楼加装电梯的工作，累计完成 1462 部。杭州市 2019 年完工 553 部，累计完工 809 部。济南市共有 841 部完成规划审查手续，实际开工建设 621 部。近期因新冠肺炎疫情停工的加装电梯项目陆续复工。截至 2020 年 3 月下旬，杭州全市共有 142 台既有住宅加装电梯复工，郑州市 40 部加装电梯项目已复工 38 部，复工率达 95% 左右。自 3 月底开始，上海市、杭州市、扬州市、江门市等地已经陆续"重启"加装电梯工作。

2. 有效解决老年人急需和刚需

各地老科协收集的资料和各地报道显示，既有住宅加装电梯是应对老龄化问题的一项重要民生举措，不但有利于老年人和行动不便人员的出行、生活及健康，也对推进供给侧结构性改革、助力社区养老有重要的帮助和意义。据不完全统计，截至 2019 年年底，全国累计加装电梯 1 万余部，惠及居民近 200 万人。2019 年 2 月，南京市"紫金海岸"小区 12 位平均年龄 74 岁的军休老干部给南京市增梯办送去感谢信，表达了满满的幸福和深切的感激之情。北京航空航天大学 79 岁退休教师杨念梅说"88 级台阶是座山"，而一部电梯开阔了大家的生活，表达了北京航空航天大学老家属楼退休教师的心声。既有住宅加装电梯工作增进了人民福祉，体现了科技为民服务的核心价值。

3. 拉动内需，解决产能过剩和就业

据不完全统计，2016 年、2017 年、2018 年和 2019 年上半年，全国既有

住宅加装电梯项目采购规模分别为 1.9 亿元、2.4 亿元、3 亿元和 8 亿元。住建部于 2019 年 5 月的摸底排查显示，全国待改造城镇老旧小区 17 万个，预计 2020 年电梯总需求约 3 万余部，市场规模将超 90 亿元。不失时机地推动既有住宅加装电梯这项民生工程，既拉动消费，又促进投资，是扩大内需的重要举措和有效途径，还可为增加劳动力就业，对化解原材料等行业的产能过剩发挥积极作用。

二、几点建议

在做好统筹推进新冠肺炎疫情防控和经济社会发展工作，坚持稳中求进工作总基调的大背景下，加快推进既有住宅加装电梯复工举措，有助于实现今年经济社会发展目标任务。建议在延续全国各地好经验、好做法的同时，加快既有住宅加装电梯的总体规划，早日协商，应装则装，在疫情中加快这项利民利国的好事落地。

1. 建议因时制宜，解决低楼层难协商的问题

一层居民与其他楼层居民意见不一致一直是加装电梯的瓶颈问题。而新冠疫情使小区变成邻里守望相助的防疫阵地，居民对不能出门的难熬感同身受，当前正好处于协调邻里意见的最佳时期。建议在相关加装电梯指导意见中进一步强化街道的属地作用和职责，从基层实际入手解决一系列纠纷矛盾，利用居民在家防疫的时间，做细群众工作，破解协商难题。

2. 建议推广全流程网上办理，为申请加装电梯提供便利

支持在做好疫情防控的前提下推进既有住宅加装电梯规划报建工作。制定出台扶持措施，引导市民通过政务服务平台网上申报加装电梯设计方案、建设工程规划许可等材料，行政审批业务一律网上办，做到无接触办理。

3. 建议把"既有住宅加装电梯"列入国家国民经济和社会发展"十四五"规划

自"鼓励有条件的加装电梯"和"支持加装电梯"连续两年写入政府工作报告以来，多地地方政府把"既有住宅加装电梯"纳入市政府民生工程，大力推进了老楼加装电梯的进程。把该工作作为一项民生工程纳入"十四五规划"，不仅有基础、有必要，而且对民生福祉持续增进，提升人民群众获得感具有普遍意义。同时，建议住建部组织力量研究现有法律法规，出台既有住宅加装电梯指导意见，规范财政补贴政策、审批流程、业主权益等内容，进一步推进该项工作在全国各地深入开展。

课题组成员

赵立新　中国科协创新战略研究院副院长

张　丽　中国科协创新战略研究院，中国老科技工作者协会副秘书长

张艳欣　中国科协创新战略研究院助理研究员

（上报时间：2020 年 4 月）

关于支持深圳市建设国家科技产业创新中心有关问题的建议

国际科技产业创新中心是一个国家或地区乃至全球创新的发动机，对全球创新资源流动具有强大的引导、集聚能力。国家"十三五"规划纲要明确提出，"支持珠三角地区建设开放创新转型升级新高地，加快深圳科技、产业创新中心建设，深化泛珠三角区域合作，促进珠江—西江经济带加快发展"。这是我国实施创新驱动战略、加快建设创新型国家和世界科技创新强国的重大举措。

为贯彻落实中央要求，今年以来，中国老科学技术工作者协会组织中国宏观经济研究院等单位有关专家，成立了"深圳科技创新的经验、启示与政策研究"课题组，赴深圳市进行了多次调研，并到北京市中关村科技园、上海市和硅谷等地实地考察，收集了大量一手资料，召开多次交流和座谈会，就深圳市如何发展成为国际科技产业创新中心，进行了研究，形成了一些初步思考和建议。现将主要研究结论报告如下。

一、深圳市创新发展的主要成就、经验与启示

改革开放以来，深圳市从一个小渔村，发展成为一座充满活力的创新绿洲，创新指数在全国名列前茅，取得了巨大成就。在这片土地上，涌现了华

为、腾讯等一批具有全球影响力的创新型企业，每年平均新创办企业超过 2
万家，在境内外上市企业累计达到 321 家，诞生了一批具有国内、国际影响
力的重大创新成果。2015 年，深圳市全社会研发投入占地区生产总值的比重
达到 4.05%，相当于世界排名第二的韩国水平。地方一般公共预算收入规模
高于天津市，甚至高于河北省、福建省、安徽省等一个省的财政收入。它以
全国 0.02% 的土地面积、0.8% 的人口，创造了全国 2.6% 的 GDP、4% 的国
内发明专利申请量、近 50% 的 PCT（专利合作协定）国际专利申请量，聚
集了国内 30% 左右的创业投资机构和创业资本。经过 30 多年的努力，深圳
市成功实现了从"跟跑"向"并跑"，从"深圳制造"向"深圳创造"，从
"铺天盖地"向"顶天立地"，从要素驱动向创新驱动的转变，创造了"中国
奇迹"乃至"世界奇迹"。特别是近年来，在全国经济发展进入新常态，在
一些地区正处于转型阵痛的情况下，深圳市依然保持较高的增速、强劲的发
展势头，被称为"新深圳现象"。

为什么深圳市创新发展能够取得如此骄人的成绩？其奥秘究竟在哪里？
归根结底，就是坚持以改革开放为动力，坚定不移走市场化、国际化和创新
驱动发展之路。

1. 深圳市创新发展源于改革开放的基本国策和先行先试的重大举措

深圳市是我国最早实行改革开放的地区，为探索在社会主义制度条件下
利用外资、先进技术和管理经验的发展道路，国家允许深圳市实行特殊政策
和灵活措施。特区的政策和毗邻香港的区位优势，使深圳市在较短时间内吸
引了大量企业、人才、资金、技术等要素，弥补了创新资源的"先天不足"，
促使了以"三来一补"为特征的外向型经济快速发展，同时一批民营企业也
纷纷创立。后来，随着深圳市生产要素成本上升，一批成本敏感型企业外
迁，由此使深圳市产业逐步向中高端迈进，结构不断优化。再后来，经过长
期发展，一批民营科技型企业逐步成长壮大起来，自主创新能力不断提高，

使深圳市产业结构实现了由劳动密集型向技术密集型、由投资和出口驱动向创新驱动的转变。这是深圳市发展的历史大脉络，也是一个持续推动供给侧结构性改革的过程，即通过改革开放和先行先试，持续推动生产要素结构、企业结构和产业结构不断转型升级，提升创新能力和供给水平。

2. 深圳市创新发展源于充分发挥市场配置资源的决定性作用

深圳市培育市场主体、放手发展民营企业、构建包括产品市场及要素市场在内的市场体系、大幅减少政府干预等，形成了"6个90%"（90%的创新企业是本土的企业，90%的研发人员在企业，90%的研发投入来源于企业，90%的专利产生于企业，90%的研发机构建在企业，以及90%以上的重大科技项目也由龙头企业来承担）在企业的创新要素结构，进而使市场机制在资源配置中发挥决定性作用。正是在"优胜劣汰"的市场机制下，企业必须依靠不断创新发展、拓展领域，才能获得竞争优势，从而促进了深圳市产业发展的不断衍生裂变、转型升级，使其成为国内诸多地区中市场化程度最高、发挥市场机制作用最充分的城市。

3. 深圳市的创新发展源于坚定不移走国际化发展道路

国际化程度高是深圳市创新发展的另一个重要特点。无论是从早期的"三来一补"起步，还是后来的华为等企业走出去，深圳市的创新发展轨迹始终都离不开国际化的带动。大量外资的涌入不仅带来了资金、技术和管理经验，更重要的是为深圳市输入了市场经济体制机制、法治观念和国际视野，使深圳市的产业结构始终紧跟全球科技革命和产业变革的趋势和潮流。正是在全球化发展大潮中，深圳市通过加工贸易介入全球价值链，之后不断升级，逐步实现了从模仿创新到自主创新的转变。

4. 深圳市创新发展源于坚定不移走创新发展之路

深圳市的创新发展主要是市场机制作用的结果，但同时深圳市也充分发挥了"有为政府"的作用，从而把市场机制配置资源的决定性作用与政府的引导推动作用很好地结合起来。早在 20 世纪 80 年代和 90 年代，深圳市就大力兴办科技型企业，发展高新技术产业。特别是面对 2008 年的国际金融危机的压力，深圳市不是采取传统的依靠扩大投资等方式来维持增长，而是通过支持企业开展"创新冬训"来应对市场"寒冬"，以更大力度推动创新发展。在转型发展过程中，深圳市较好地处理了发展实体经济与虚拟经济的关系，有效避免了制造业的空心化，较好地实现了制造业和服务业、实体经济和虚拟经济发展相互促进，实实在在走出了一条创新驱动的新型工业化道路。

深圳市的实践充分证明，只要我们坚定不移推进改革开放，坚持不懈抓创新，完全可以走出一条具有中国特色的自主创新之路，实现经济发展中高速、迈向中高端，跨过"中等收入陷阱"。深圳市的实践，对我们认识什么是创新、怎样推动创新具有十分重要的意义，对深化供给侧结构性改革、深入实施创新驱动发展战略、推动全国创新发展具有重要启示。

1. 企业是技术和产业创新的发动机

人才、资金、技术等是创新的重要资源要素。但只有通过企业和企业家才能把它们有效组合，转化为现实生产力，促进经济增长。深圳市创新的最大特点就是把技术创新、产业创新、商业模式的创新真正落实到企业身上，形成了以市场为导向的创新机制，这是与国内其他地区最大的不同。这充分说明，推动创新发展必须坚持以企业为主体和主导，要高度重视中小微企业在创新中的作用，大力发展市场主体，扶持初创企业发展，着力培育一批创新型大企业，壮大创新型企业群落，加强产业配套能力建设。

2. 人是创新发展中最核心的要素

深圳市的创新史很大程度上就是一部有冒险精神和开拓意识的企业家在这片土地上创新创业的历史。深圳市成功实现创新发展，关键是营造了有利于各类人才创新创业的良好环境，使深圳市成为创业者的"栖息地"，从而吸引了一批富有冒险、创新精神的人才。在深圳市，不仅广泛流传着任正非、王传福、马化腾、汪建等企业家创造财富的神话，更有大量不同背景的创客们在这里创业成功、失败、再成功的故事循环上演，一次又一次印证了真正的创新人才应该是经历重于资历、能力重于学历。正是这些人才书写了深圳的传奇，创造了深圳市的奇迹。这充分说明，人才是创新的第一资源，但人才的标准不能囿于传统意义上的学历、资历，关键是要激发调动各类人群的积极性和创造性，既要推动精英创业，也要推动草根创业，形成"千军万马"创新创业的局面。

3. 制度重于技术，环境高于投入，推动创新发展的关键在于营造良好的创新创业生态

创办特区前，深圳市是广东省最落后的县城之一，一个既无大学又无科研机构、面积只有 3 平方千米的边陲小镇。但经过 30 多年的发展，深圳市主要依靠自身力量，在自主创新上闯出了一条大路。其成功的根本原因是，20 世纪 80 年代以来党中央国务院大力推进改革开放，给予深圳市"先行先试"的体制和政策，从而极大地解放和发展了生产力。这充分说明，一个地方的自主创新能力，关键在于营造良好的体制机制。人才、技术、资金等资源是流动的，关键是要创造有利于创新要素集聚的制度环境、政策环境和服务环境，厚植创新创业的沃土，弘扬创新文化和企业家精神，创造良好的创新创业生态。

二、深圳市与国际一流科技产业创新中心的主要差距及面临的挑战

国际科技产业创新中心是指拥有一批引领世界创新潮流的成果和企业、能够广泛有效地吸引吸纳和集聚国际创新资源的地区。从目前看，深圳市已

成为国内乃至国际享有盛誉的创新创业之城，但与硅谷等国际一流科技产业创新中心相比，还存在较大差距。

1."引领型""颠覆性"创新不足

目前，深圳市的创新主要是以"追赶型"创新、商业模式创新等为主，原创性、首创性的重大创新产品还不多。比如，华为、腾讯等企业创新能力已处于国内领先水平，但是与思科、苹果、谷歌等企业还存在一定差距。在生物医药领域，硅谷拥有基因泰克等一批国际一流现代生物技术企业，诞生了一批"重磅级"的生物技术药物和产品，是全球生物技术产业创新策源地，远高于深圳市目前的水平。在新能源汽车领域，特斯拉已成为引领全球电动汽车发展的标杆，而比亚迪仍主要以国内市场为主，在核心技术、知识产权和品牌方面还存在较大差距。

2.人才国际化水平有待提高

据《硅谷发展报告》统计，2015年，硅谷地区的人口构成中，有37.4%的人口出生于国外，劳动人口拥有本科及以上学历占比达到48%，集聚了全球最优秀的人才，是"择天下英才而用之"。而深圳市2015年常住外国人仅占全市常住人口的0.2%，拥有本科及以上学历的劳动人口仅占深圳常住人口的13.6%。

3.科技教育基础较为薄弱

硅谷拥有斯坦福大学、加州大学伯克利分校等一批国际一流的研究型大学和美国航空航天局艾姆斯研究中心、施乐帕克研究中心等世界顶尖研究机构，源源不断地为周边企业提供技术转移和人才支撑。而深圳市目前高校和科研机构十分欠缺，还没有高水平的国家级科研机构，在科研基础方面与硅谷存在巨大差距。

4.在创新创业环境方面还存在"短板"

比如，生活和创业成本相对较高，以房价为例，2015年硅谷房产均价约为 83 万美元一套，相当于年人均收入的 10.5 倍。与之相比，深圳市的房价与居民收入比达到 30 倍以上，生活成本高昂。这种局面不利于深圳市继续吸引吸纳国内外移民及国际创新资源和要素的进入，还容易导致经济虚拟化、泡沫化。此外，在城市基础教育水平、公共医疗服务、文化艺术、法治环境等方面还存在不足。

同时，还要看到，深圳市建设国际科技产业创新中心面临诸多挑战。一是随着政府掌控的资源越来越多，如何保持当下的体制机制的优势，避免旧体制复归，需要进一步探索和完善；二是发展空间面临瓶颈制约。目前，深圳市土地开发强度接近 50%，超过 30% 的国际警戒线，生活环境拥挤，发展空间越来越小；三是新技术、新产品、新业态、新产业发展受国家现行管理体制和法规的制约突出。比如，目前政府数据开放不够、共享不足，个人数据隐私保护等法律法规缺失，致使大数据、云计算等难以快速发展；由于低空空域开放滞后，目前大疆无人机在国内市场很难推广应用；生物医药产品审批难、审批慢的问题长期没有得到根本解决，"细胞治疗"目前没有明确的准入政策，北科生物科技有限公司等一批企业不知道到哪里买"门票"，等等。这些问题严重制约了深圳市的进一步创新发展与国际科技产业创新中心建设。

三、支持深圳市建设国际科技产业创新中心的若干建议

当前，新一轮科技革命和产业变革又在快速孕育兴起，以信息经济、生物经济、低碳经济等为代表的大量新经济形态蓬勃发展，全球科技产业创新格局正在悄然发生变化。历史经验表明，每一次科技革命和产业变革都会推动一些科技创新产业中心的崛起，使一些国家和地区后来居上，实现跨越发展。我们应充分把握难得的历史机遇，进一步支持深圳市先行先试，加快国

际科技产业创新中心建设，带动珠三角地区转型升级，为我国推动落实国家创新驱动发展战略，建设创新型国家做出更大贡献。

1. 开展新技术新业态监管改革创新试点

支持探索适应分享经济、大数据、互联网教育等行业发展的监管模式；支持开展基因检测、干细胞等先进生物诊疗技术的临床研究和应用推广，组建深港新药国际多中心临床试验基地和国家药品医疗器械技术审评深港分中心。

2. 支持开展技术移民制度改革试点

探索建立具有国际专业技术资格的人才和技术移民积分制度，扩大向外籍创新创业人才发放"中国绿卡"范围，突破外籍人才长期居留、永久居留和创新人才聘用、流动、评价激励等政策瓶颈，更好集聚国外各类优秀人才。

3. 支持建设粤港澳创新共同体

支持深圳市与广州市、东莞市、惠州市、珠海市、香港、澳门等珠三角周边城市开展深度创新和产业合作，打破条块分割，消除隐形壁垒，贯通产业链条，重组区域资源，实现创新要素自由流动、优化配置，拓展发展空间，带动珠三角地区一体化发展，更好地发挥深圳市的带动辐射作用。

4. 支持开展资本市场、房地产市场改革试点

支持建立以服务科技创新为主的民营银行和投贷联动试点，探索与科技创新企业发展需要相适应的银行信贷产品；支持在创业板先行开展股票上市注册制改革。支持深圳开展房地产改革试点，切实降低房价。

5. 支持建设高水平大学和科研基础设施

按照现代科研院所制度，在大数据、人工智能、生命科学、新材料等领域，建设一批高水平的研发机构。依托境内外著名高校、科研机构和企业，打造一批国际一流学科专业，建设高水平大学。布局一批国家级重点实验室、工程实验室、工程技术研究中心、国家企业技术中心、国家制造业创新中心（工业技术研究基地）等国家重大创新基础设施。

国家继续支持深圳市先行先试，允许其在科技产业创新方面突破现行的一些法律法规；在规划布局上对深圳市建设国际一流创新平台和创新基础设施给予必要的支持，进一步增强其对全球创新资源的集聚能力，必将推动深圳市成为科技创新资源的密集区、产业创新的引领区、创新创业高度活跃区，使深圳市早日建设成为国际科技产业创新中心和全球重要的科技和产业创新引擎。国家已部署将上海市建设成具有全球影响力的科技创新中心，将北京市建设成全国科技创新中心。我们相信，这三个中心的建设对我国抢占新一轮科技革命和产业变革制高点，建设科技强国，推动创新驱动发展将具有十分重要的意义。

课题组成员

马德秀　全国政协教科文卫体委员会副主任，上海交通大学原党委书记，教授，中国老科协特邀高级顾问

方　新　全国人大常委会委员，中国科学院原党组副书记，研究员，中国老科协特邀高级顾问

王昌林　中国宏观经济研究院副院长，研究员

穆荣平　中国科学院科技战略咨询研究院党委书记，研究员

陈　锐　中国科协学会学术部副部长

姜　江　中国宏观经济研究院产业所副研究员

韩　祺　中国宏观经济研究院产业所助理研究员，博士

张　濠　上海交通大学讲师

李振国　中国科学院科技战略咨询研究院助理研究员，博士

温　珂　中国科学院科技战略咨询研究院研究员

谭　遂　国家发改委高技术司处长

（上报时间：2017 年 2 月）

关于在我国西部六省、自治区建设国家草种专业化生产带的建议

我国是草牧业大国。草种业是国家战略性、基础性产业，在解决我国"食物安全、生态安全、环境安全"方面发挥着重要作用。为深入贯彻 2019 年中央一号文件关于"加快选育和推广优质草种"指示精神，在中国老科协的指导下，由中国科协创新战略研究院立项支持，新疆维吾尔自治区、内蒙古自治区、宁夏回族自治区、甘肃省、陕西省、青海省六省、自治区老科协、高校和科研单位 30 余名专家组成课题组，深入六省、自治区实地调研、企业走访，开展了为期一年的调查研究。专家们建议：我国西部 6 省、自治区自然资源具备与草种生产先进国家相似的条件，应积极发挥六省、自治区资源禀赋优势，尽快建设国家草种专业化生产带。

一、我国草种业发展现状及其问题

1. 草种供需矛盾尖锐，安全隐患大

《全国生态环境建设规划（1999—2050）》提出，2011—2030 年新增人工草地、改良草地 12 亿亩（1 亩 = 666.7 平方米）。其中，人工种草保留面积达到 4.5 亿亩，改良草原达到 9 亿亩，草种田面积稳定在 145 万亩；预测每年需要草种 70 万吨以上。目前，全国草种年生产能力不足需求的 15%。

其中，城市绿化草种 90% 以上依赖进口，苜蓿、无芒雀麦、冰草等饲用和生态草种 50% 以上依赖进口。

2. 良种生产"四化"建设滞后，配套监管制度不完善

与我国农作物种业相比，草种业尚处于起步阶段。草种的良种生产还未达到品种布局区域化、种子生产专业化、种子加工机械化和种子质量标准化的"四化"建设要求。在监管制度方面，《中华人民共和国草原法》《中华人民共和国种子法》中虽然强化了种子市场的监管和行政执法职能，但部门规章中只有《草种管理办法》，缺少草种业发展的支持政策，在土地、投资、税收、招投标等管理政策上难以惠及。此外，缺乏草种质量控制体系和市场监管，尚未建立草种生产认证制度，假冒伪劣种子在市场流通、品种混杂等现象依然存在。

3. 草种业科技力量薄弱，产业链条不完整

由于草品种培育、种子生产的专业性和特殊性，在新品种推广中，尚未建立从品种选育、种植、管理、收获、加工等配套研究和生产体系。目前，我国从事草种繁育科研人员少，且集中于高校和科研单位。截至 2018 年，我国共审定登记 559 个新品种，平均每年审定通过 17 个。不仅新品种数量少，而且受限于种子扩繁体系不健全，无法实现由育种家种子到商品种子的专业化生产，新品种保存在育种家手中，难以转化。

二、在西部六省、自治区建设国家草种专业化生产带的优势

1. 具有建设专业化草种生产带的自然条件

草种生产与饲草生产截然不同，植株开花、授粉到结实过程的顺利完成与种植区的温度、光照、降水等气候因子密切相关。新疆维吾尔自治区、内

蒙古自治区、宁夏回族自治区、甘肃省、陕西省和青海省六省、自治区属于干旱半干旱地区，具有日照时数长（2500—3500 小时）、气候干燥少雨（年均降雨量小于 150 毫米），并且拥有先进的节水灌溉技术，非常有利于温带草种规模化生产。在六省、自治区的调研结果显示，草种产量高、质量优，得益于种植区具备光照足、积温高、结实期气候适宜，且具有可控的补充灌溉条件，在草原区发展乡土草种生产的自然条件优于我国中东部地区。

2. 具有长期开展草种生产的工作基础和技术积累

新疆维吾尔自治区、内蒙古自治区、宁夏回族自治区、甘肃省、陕西省和青海省的农业大学和省级科研机构均设有草业学院及科研所，从 20 世纪 50 年代起就开始草业领域的研发工作。至 2017 年，六省、自治区种子田规模占全国的 77%，生产各类牧草种子 7.0 万吨，占全国种子生产量的 84%。以六省、自治区高校和研究院作为技术支撑单位，草种产量水平和专业化程度相对较高，如苜蓿种子大田亩产水平可达 60 千克，高于全国平均水平。目前，种子生产分布于农户、农场、企业等种子生产经营单位，为草种业的振兴培育了发展主体。

三、几点建议

1. 将专业化草种生产带建设列入国民经济和社会发展"十四五"规划

在国家草产业布局中，强化种业发展的顶层设计和长远规划，将西部地区专业化草种生产带建设列入国家"十四五"规划，可为实现草种国产化和提升草种业的国际竞争力奠定基础。优化草种专业化生产带布局，在新疆维吾尔自治区的伊犁哈萨克自治州、塔城市、阿勒泰地区，内蒙古自治区的鄂尔多斯市、阿拉善盟地区，宁夏回族自治区的盐池县、平罗县、原州区、彭阳县，甘肃省的河西走廊，陕西省榆林市，青海省海东市等地，建设主要草种生产核心区。改革支持方式，在国家规划中，应高度重视并坚决杜绝计划经济时期和改革开放初期对草种业基地建设"撒胡椒面式"的财政支持方式，设立草种业专项支持资金，用于六省、自治区教学、科研单位研究和大企业规模化、专业化生产。构建"以大型企业为载体、以种植基地为依托、以科技创新为支撑、培育一批龙头企业和产业集群"的发展模式，在政策、资金等方面给予重点支持，提升草种业科学与技术的创新能力，提高草种产能和自给能力，增强核心区辐射带动作用，保障优质草种供给，改善大部分草种依赖进口的现状。

2. 健全草种业法规政策体系，补齐政策短板

按照党中央在十九大报告提出统筹山水林田湖草系统治理的方针和已有的政策，进一步完善与草种业相关的土地、税收、投资等配套政策和促进产业化发展的激励政策及监管措施。加强品种知识产权保护，建立推广符合国内种子生产的三级认证制度，对优良品种的审定和推广给予一定的经费补贴，提高优良品种的市场竞争力，规范种子市场，实现种子销售优质优价。完善草种质量控制与监管政策法规，加强种子质量监督和检测管理体系建设，将草种打假纳入农资打假综合执法工作中，保护优良品种的使用、生产者和消费者的正当利益。围绕草种龙头企业制定种子生产的激励和优惠政策，在企业税收、贷款、保险等方面提供优惠和便利，扶持草种龙头企业发展壮大，从根本上解决土地分散、机械化水平低等限制问题，实现种子生产的规模化、专业化，提高种子生产者的经济效益。

3. 加强种子产量提升创新工程建设

加快草种专业技术人才的培养，依托西部六省、自治区农业大学草业学院的教学资源，扩大育种专业招生规模，设立行业管理、经营人才培养专业，根据产业需求确定招生规模，从而打造我国草种业高端人才队伍；充分利用涉农中等、高等职业院校教学资源，设立草种产业技术工人培养专业，尽快解决我国草种产业技工人才短缺问题。加强草种扩繁体系建设，依托我国西部六省、自治区农业大学草业学院和农牧业科研机构的育种家和推广专家，组建国家草种繁育和推广研究中心（或每省、自治区成立分中心），为联合攻关、成果共享、知识产权提供制度保障，为发挥育种专家、种子推广专家的智慧和才能提供组织保障。重点支持在西部六省、自治区建设国家草种种质资源库，加强种质资源收集保存和评价筛选，将育成的乡土品种资源和野生品种资源整合起来，为开展系统的基础种子生产技术研发与示范提供支撑。

课题组成员

李寿山　新疆农科院原院长、新疆老科协副会长，研究员

朱进忠　新疆农业大学草业与环境科学学院原院长、新疆老科协常务理事，教授

毛培胜　农业部牧草与草坪草种子质量监督检验测试中心（北京）常务副主任、中国草学会种子科技专业委员会秘书长、中国农业大学草业学院教授

隋晓青　新疆农业大学草业与环境科学学院讲师

张　博　全国牧草品种审定委员会副主任委员、中国草学会牧草遗传育种专业委员副主任委员、新疆农业大学草业与环境科学学院院长，教授

赵存发　内蒙古自治区农牧业科学院原院长、原全国养羊分会常务理事、内蒙古畜牧学会理事长、内蒙古自治区老科技工作者协会副会长，研究员

师尚礼　中国草学会副理事长、农业部第一届草种质资源风险评估专家、甘肃农业大学草业学院原院长，教授

李克昌　宁夏回族自治区草原工作站原副站长、宁夏草原协会副会长、宁夏优质牧草首席专家，研究员

曹社会　西北农林科技大学草业与草原学院副教授

赵立新　中国科协创新战略研究院副院长，教授

张　丽　中国科协创新战略研究院创新评估所副所长，副研究员

张艳欣　中国科协创新战略研究院助理研究员

赵正国　中国科协创新战略研究院副研究员

（上报时间：2020 年 4 月）

老科学技术工作者家庭照护调研报告

在我国人口老龄化日益严峻的大背景下，为老科技工作者提供有力的家庭照护保障意义重大，不仅能够使老科技工作者安享晚年生活，而且可以更好地发挥老科技工作者的智力优势，奖励和补偿老科技工作者的重要贡献和努力付出，在全社会形成尊重科学价值的良好氛围。

一、老科技工作者家庭照护问题的普遍性与特殊性

家庭照护是当前我国老龄群体普遍面临的一个共性问题。同时，由于老科技工作者自身的职业特征，这一问题呈现出显著的特殊性。

（一）"三化并存"与"三化叠加"背景下的共性问题

我国人口发展呈现出老龄化、高龄化、独居化"三化并存"的阶段特征和家庭规模小型化、家庭结构核心化、养老功能脆弱化"三化叠加"的总体趋势。根据民政部发布的《2015 年社会服务发展统计公报》显示，截至2015 年年底，我国 60 岁以上老年人为 2.2 亿人，占总人口的 16.1%；随着人口预期寿命的增加，我国人口老龄化还伴随着高龄化的特点，80 岁及以上的高龄老人约为 2518 万人，占整个老年人口的 11.3%。家庭结构与规模逐渐趋于小型化与核心化，独居老人与空巢老人的数量随之增加。根据国家卫生和计划生育委员会发布的《中国家庭发展报告（2015）》显示，我国空巢

老人占老年人总数的一半。其中，独居老人占老年人总数的近10%，只与配偶居住的老年人占41.9%。养老成了全社会共同关注的问题。

从世界范围来看，普遍趋势都是将居家养老摆在突出位置，并通过立法建制、监督管理、加强投入等措施，确保服务的有效供给。我国也已初步建立起"以居家养老为基础，以社区为依托，以机构养老为补充"的老年社会服务体系，居家养老成为我国养老服务中最主要的推广模式，家庭照护则是居家养老服务中的重要内容。

（二）老科技工作者家庭照护呈现"三高"特征

老科技工作者在家庭照护方面具有一些差异化特征和特殊性诉求。一是从退休后情况来看，老科技工作者的"余热利用率"较高。我国退休年龄相对较早，很多老科技工作者在法定退休年龄后仍继续发挥余热。问卷调查显示，72.2%的老科技工作者退休后仍然通过各种方式继续工作。二是从家庭保障方面来看，老科技工作者的"空巢率"较高。老科技工作者的子女出国或在异地工作的比重较高，"空巢化"问题更加突出。调查显示，老科技工作者独居或仅与配偶同住的比重高达70.6%，高于老龄人口总体水平。三是从照护需求方面来看，精神文化与科研辅助方面的需求，即"高层次需求率"较高。除了生活照料（35.0%）、医疗康复（37.5%）等方面的需求，老科技工作者的精神文化需求也较高（39.8%），部分人还有科研辅助等工作需求（14.3%）。

综上所述，老科技工作者与其他老年人相比对家庭照护的需求量更高，对照护服务层次和质量的要求也更高，在老科技工作者身上反映的问题也是老年家庭照护问题的集中体现。研究老科技工作者的家庭照护问题，既有关爱老科技工作者的特殊意义，又有完善整个老年家庭照护体系的普遍意义。

二、老科技工作者家庭照护供给的难点

通过对老科技工作者家庭照护情况的调查发现，尽管老科技工作者家庭照护需求较高，但实际上只有 16.7% 的人雇用了家庭照护服务人员，其原因主要是对服务价格（22.3%）、服务人员（25.8%）或服务质量（10.1%）不满意。已接受家庭照护服务的老科技工作者，对服务的总体满意度较低，仅有 39.1%。由此可见，我国当前家庭照护的服务供给还存在一些问题。

（一）政策体系对家庭照护服务领域"供血不足"

20 世纪 80 年代以来，我国养老服务的法律和政策体系日益完善，但仍难满足需求。一是政策的支持力度不够。调查中，一些家庭服务企业认为，针对家庭服务行业的政策倾斜不够，规模化、产业化、社会化的政策引导不足，对于其业态、项目和经营方式的创新支持资金不足，处理消费者、经营者和服务人员三方权责纠纷的法律依据缺乏。二是政策碎片化问题突出。社区居家养老的管理隶属于民政部门，家庭服务业则涉及人社、发改、财政、商务、民政、工会、共青团、妇联等部门和组织，实际家庭照护服务供给又与食品安全、医疗卫生、市场监管，以及财政、税务等部门息息相关。当前，各部门之间缺乏有效的沟通协调机制，导致政策衔接性较差。三是原则性规定多，操作性措施少，部分政策落实不到位。当前，很多老年照护法律和政策仍然是一些原则性规定，缺少对现实问题的针对性政策，操作性不强，一些政策由于缺乏可操作性仍然只停留在纸面上，政策执行监督检查机制尚未建立，政策落实难、执行不到位的情况还不同程度地存在。

（二）家庭服务市场自身存在"发育不良"的问题

一是产业规模小、有效供给不足、服务质量不高。市场主体发育不充分，实力强、影响大的大企业少，全国规模以上家庭服务企业仅有千余家。其中，大型企业不足 340 家。供需不匹配，特别是养老服务、家政服务等存在较大缺口。二是行业规范化建设有待加强。市场管理不够规范，行业标准缺失，职业资格管理混乱，老年人难以对服务进行有效甄别。服务质量参差不齐，存在乱收费现象，并且缺乏后续跟踪和反馈，监督机制和信用体系不健全，行业诚信问题突出。三是职业化水平有待提高。家庭服务从业人员整体素质不高，职业认同感低，行业对高学历、高技能人才缺乏吸引力，服务质量难以满足社会需求。职业技能培训缺位，相当比重的从业人员上岗前没有或者仅接受简单的培训。专业人才培养滞后，缺乏职业标准和职业规范，高水平的专业家庭照护服务人员往往"一将难求"。四是家庭照护服务价格难以负担。当前的养老服务面临着从单位包办到社会化供给的变化，特别是较早参加工作的老年人，在"低工资、高福利"的制度下，未能积累足够的养老储蓄。而当前家庭服务市场价格不断增长，在北京市、上海市等地区，雇用一个初级水平的居家养老护理员每月至少需要 3000 元，中级则要 4000 元以上。即使是老年群体中收入相对较高的老科技工作者，也难以负担这一支出。

此外，家庭在养老照护体系中出现"角色缺位"，随着社会转型的不断加剧，家庭的养老功能逐渐外移、不断弱化，依靠子女进行家庭照护的传统模式越来越难以为继。

三、老科技工作者家庭照护的对策建议

政府部门应该进一步加强制度建设，并注重发挥老科协、原工作单位的作用，对接优秀养老服务企业、社会组织等方面资源，构建党委政府主导、有关部门协心、协会协同联系、社会组织积极参与的多元照护体系，为老科技工作者开展家庭照护服务，不断提升服务水平。

1. 完善政策，加强对老科技工作者家庭照护问题的重视

一是老科技工作者家庭照护服务水平的提升需要依托整个养老服务体系的完善。国家尽快加强相关立法，出台有效政策，完善服务体系，形成多支柱的支持服务模式。二是在相关政策中强化对老科技工作者家庭照护问题的重视。国家在鼓励老科技工作者继续发挥作用的同时，应该在家庭照护的保障方面给予一定政策倾斜。三是鼓励原工作单位为老科技工作者开展关爱行动，制订专门办法，有条件的单位可为老科技工作者提供家庭照护补贴。四是设立家庭照护公共数据库和公共信息平台，充分展现全国和分地区的老科技工作者家庭照护人口总量、需求结构和各地老年服务机构床位等供求大数据，以信息公开披露的方式指导各类主体提高家庭照护供给能力。

2. 多方着力，增加老科技工作者家庭照护服务的供给

一是大力发展养老服务产业，着力深化养老产业"放管服"改革，消除行业发展的制度性障碍，创造行业繁荣发展的制度环境。二是大力发展科技助老，创新服务设施设备，提升服务智能化水平，为包括老科技工作者在内的老年人创造更加舒适的服务条件。三是加强与社会组织的合作，建立时间银行、阶梯式养老（时间储蓄养老）等机制，鼓励高素质的志愿者，为老科技工作者提供家庭照护尤其是在精神文化层面的服务。

3. 加强专业化服务队伍的培养，打造老科技工作者家庭照护的职业化力量

一是加大专业化服务队伍培训力度。结合老科技工作者的实际需要开展有针对性的培训，制定统一教学大纲和教材，建立一批经主管部门审核认定的社会办学机构，严格认证，并颁发经国家认可的全国通用的资格证书。二

是加快职业教育和高等教育中专业设置的研究。在已经设立的专业进一步加大招生力度，把专业化服务队伍招生和培训融入国家教育体系中，进行规范化管理。三是在政策、规划和投入中强化专业化服务队伍的建设。坚持政府和市场并重，在投入上采取政府、企业、社会组织、雇主多渠道的方式，推进护理队伍职业的专业职称的评聘体系的制度建设，修订和完善护理队伍国家职业标准。

4. 强化服务，提升老科技工作者家庭照护服务精细化水平

一是加强市场规范化建设。用市场机制和政策手段相结合，制订家政服务机构资质规范，引导行业规范化发展。二是加快推进老年家庭照护重点服务项目的标准制定，强化标准的贯彻落实。三是加强对老科技工作者家庭照护服务状况的调查和研究。开展5—10年的跟踪调查，动态掌握不同年龄区段老科技工作者家庭照护需求的变化。四是根据老科技工作者的实际需求，在千户百强家庭服务企业中选择一些有能力、有意愿的重点企业，率先开展针对老科技工作者的家庭照护服务。五是鼓励对接企业有针对性地开发老科技工作者家庭照护方面的服务内容，并加强服务人员的专业培训。

5. 加强联系，发挥老科技工作者协会的桥梁纽带作用

一方面，积极发挥老科技工作者协会的组织优势，进一步加强对老科技工作者家庭陪护服务需求的调查研究，凝练其实际诉求，并传达给服务提供部门和政府部门；另一方面，老科技工作者协会可以与家庭服务行业建立合作，完善老科技工作者家庭照护的服务内容、服务体系，搭建各地老科技工作者协会与家庭服务、养老服务等行业协会的制度化沟通与合作渠道，传达老科技工作者的具体服务需求，不断充实老科技工作者家庭陪护的具体内容，健全老科技工作者家庭陪护服务机构的布局和配置，根据老科技工作者的特点和特殊要求制定专门的服务标准。

课题组成员

　　杨志明　全国政协委员，人力资源和社会保障部原副部长、党组副书记，中国老科协顾问

　　郑东亮　人力资源和社会保障部劳动科学研究所所长

　　陈　锐　中国科协学会学术部副部长

　　杨　拓　中国国家博物馆副研究员

　　鲍春雷　人力资源和社会保障部劳动科学研究所助理研究员，博士

　　董　阳　中国科协创新战略研究院助理研究员

（上报时间：2017 年 7 月）

为老科技工作者服务科技强国建设积极创造条件

据不完全统计，我国目前有 1600 万名老科技工作者，占全国科技工作者总量的约 20%，是我国重要的人力资源和智力资源。老科技工作者队伍政治稳定、门类齐全、技术精湛，具有高度爱国敬业精神，他们长期奋斗在各条战线，积累了丰富实践经验，为国家科技进步、经济社会发展做出了重要贡献，是党和国家的宝贵财富。

一、老科技工作者是科技界建设新时代不可或缺的重要力量

1. 老科技工作者饱含浓厚爱国主义情怀，政治素养较高

党的十九大召开后，中国科协组织了科技工作者对党的十九大反响情况的快速调查。结果显示，60 岁以上科技工作者中 88.4% 关注党的十九大，84.1% 收看或收听了党的十九大开幕会现场直播，收看率高于 30 岁以下青年科技工作者（79.2%）。在全国老科技工作者状况调查座谈会上，老科技工作者纷纷表示，坚定拥护以习近平同志为核心的党中央，将进一步深入学习习近平新时代中国特色社会主义思想，相信在新一届中央领导集体的带领下，一定能实现中华民族伟大复兴的中国梦。调查显示，92.7% 的老科

技工作者关注国家政策，90.9% 对我国实现世界科技强国的目标充满信心，82.7% 愿意参加党组织活动，77.7% 愿意参加政治理论学习。不少老科技工作者带病坚持参加党组织活动，近三成健康状态不佳的老科技工作者每年坚持参加 5 次以上。

2. 心系科技事业，期待释放余热

老科技工作者的聪明才智并没有因退休而消减，他们关心科技事业发展，希望能再展所长，继续为创新型国家建设提供智力支持。92.9% 的老科技工作者希望继续发挥作用，为国家科技事业发展贡献力量。他们愿意通过科普宣传（36.1%）、建言献策（31.0%）、技术咨询（26.5%）、教育培训（26.2%）等形式释放余热。据调查，近七成的老科技工作者愿意参加"中国老科协科学报告团"，到企业、农村、社区、学校等传播科学知识和技术。

3. 投身科普事业，成为科普宣教的"生力军"和青少年的"引路人"

2016 年，40.1% 的老科技工作者参加过科普讲座或培训，38.8% 为科普场馆提供过服务。广西壮族自治区近 500 位老科技工作者组成了科普宣讲团，受益群众近 300 万人次；陕西省开展"科技之春"宣传月活动多年以来，6 万人次老科技工作者参与了科普宣传，是科普宣教的"生力军"，受益群众逾百万人次。广州大学老科技工作者组成的"科技辅导团"8 年间在 200 余所中小学组织了科技活动，宣讲科学精神和科技知识，成为青少年追求科学梦想的"引路人"。

4. 服务"三农"和企业，助力创新驱动发展

2016 年，35.2% 的老科技工作者参加了科技下乡，深入基层开展农业科技推广等活动。新疆维吾尔自治区老科协先后组织 50 余位老科技工作者 10 次深入南疆、北疆，深入村户检查指导农村沼气建设，帮助当地农村家庭开启养殖型沼气生态模式。吉林省老科技工作者解决了上百个蔬菜生产技术难题，推广了 50 余个名优特尖蔬菜新品种，直接跟踪指导 100 余户菜农科学种菜。2016 年，43.1% 的老科技工作者为企业创新发展提供咨询建议。天津市老科技工作者组成的咨询委员会服务了上百家企业，为企业搭建了产学研合作平台，帮助企业进行知识产权质押贷款和知识产权保护，为企业争取了近亿元市级和国家级财政支持。

5. 发挥经验优势建言献策，强化社会担当

老科技工作者的社会参与意愿较强，69.0% 愿意参与国家或地方的公共事务管理，自觉承担社会责任；敢于仗义执言，遇到错误科技信息时 51.3% 会向周围人澄清错误，30.9% 向相关管理部门反映问题。2016 年，33.5% 的老科技工作者利用专业知识为政府部门提供决策咨询。福建省老科技工作者积极开展调研建言，先后向福建省委、省政府呈送 20 份调研报告，部分建议被纳入福建省人大颁布的条例中。

二、老科技工作者期待鼓励"老有所为"的政策、适老宜居的环境和学习交流的机会

1. 发挥作用的政策环境尚待完善

当前，国家在建设老年宜居环境、发展老年教育等方面出台了一些政策文件，但指导和扶持老科技工作者继续发挥作用的政策相对缺失。调研发现，45.0% 的老科技工作者希望相关部门出台相应政策扶持老科技工作者继续发挥作用，期待政策制定充分考虑群体的特殊性。部分具有高级专业技术职称的老科技工作者退休前兼任副处级及以上的行政职务，按照相关规定要求，他们在社会团体兼职时不得领取任何报酬和补贴，在参与社会公益事业时需自己支付交通费、通信费、误餐费等基本工作费用。在调研中发现，27.9% 的老科技工作者希望能报销必要的交通费等费用。

2. 适老宜居环境有待建设

调研发现，近三成的老科技工作者不满意当前的居住条件。社区配套资源缺乏（41.1%）是老科技工作者生活中遇到的最大困难，住宅适老化程度较低增大了出行困难。目前，居家养老是老科技工作者最主要的养老方式（92.3%），但住宅适老化程度仍较低。95.6%的老科技工作者居住在楼房里，87.1%居住在二楼及以上楼层，62.3%表示其居住的楼房内没有电梯。

3. 期待多样化的学习需求得到满足

91.7%的老科技工作者希望继续学习，科普工作者的学习意愿最为强烈（95.2%）。从学习方式来看，最期待获得参观学习机会（54.0%），其次是定期举办专题讲座和培训（40.2%）。为老科技工作者提供交流学习的机会是老科技工作者对老科协的最大诉求（49.9%），86.0%的老科技工作者希望参与中国老科协组织的"老科协学堂"，但有31.3%的老科技工作者表示没有任何学习交流的途径和机会。天津市老科技工作者协会某副会长表示，天津现有的老年教育机构远远不能满足老科技工作者的学习需要，应充分发挥老科协人才荟萃、专业齐全等优势，兴办老年科技培训中心，满足多样化的需求。

三、破解老有所为的难题，凝聚老科技工作者的强大力量

1. 充分认识老科技工作者队伍的重要价值

鼓励各地将老科技工作者纳入人才队伍建设的总体规划，让老科技工作者退休不退业，歇脚不松劲。鼓励专业技术领域人才延长工作年限。在转变发展方式，调整经济结构，推动科技进步，保障和改善民生等工作中邀请老科技工作者建言献策，充分发挥他们的专业优势，汲取他们的经验智慧。

2. 在政策实施中充分考虑老科技工作者群体的特殊性

老科协是退（离）休老科技工作者组成的群众组织，是老科技工作者之

家，其工作性质、服务对象等都具有一定的特殊性，对原则上确有特殊需要的，在政策实施中建议适当放宽相应条件。例如，2016年，基于多地老科协在贯彻落实《中共中央组织部关于规范退（离）休领导干部在社会团体兼职问题的通知》中遇到的具体困难，中央组织部听取中国老科协的意见，同意把具有院士或高级技术职称的领导干部在老科协兼职年龄界限可放宽到75周岁。座谈会上，老科技工作者纷纷对该政策表示赞同，希望各地能切实落实这项政策。目前，针对热心参与社会公益事业的老科技工作者需自己垫付工作经费的问题，建议加强经费支持，为老科技工作者支付交通费、通信费、误餐费等基本工作经费。

3. 支持住宅适老化改造，关注老科技工作者生活便利问题

继续推进老楼加装电梯工作，制定适应老楼加装电梯的地方标准，实行政府补贴与受益者付费结合的资金筹措机制，支持有实力的企业参与加装电梯的投资、建设和管理。加快社区配套设施规划建设，同步建设涉老公共服务设施，增强老年人生活的便利性。

4. 加强各级党委政府对老科协的支持力度

深入贯彻落实中国科协、科技部和人力资源社会保障部联合印发的《关于进一步加强和改进老科技工作者协会工作的意见》，充分发挥各级老科协等社团组织凝聚老科技工作者的桥梁纽带作用，推动各地党委政府帮助基层老科协解决缺少办公场所、缺少经费等实际工作困难和问题，支持办好"老科技工作者之家"和"老院士之家"，切实增强基层老科协组织的活力和社会服务能力。

课题组成员

陈　锐　中国科协学会学术部副部长

邓大胜　中国科协创新战略研究院研究员

李　慷　中国科协创新战略研究院助理研究员

史　慧　科技部科技人才交流开发服务中心副研究员

张　丽　中国科协创新战略研究院副研究员

于巧玲　中国科协创新战略研究院课题制研究人员

薛双静　中国科协创新战略研究院课题制研究人员

张艳欣　中国科协创新战略研究院助理研究员

（上报时间：2018 年 11 月）

关怀老科技工作者
改善行动不便重要举措的建议 ①

汪光焘　王铁宏　李　森　罗　晖

陈　锐　杨　拓　董　阳　孙云娜

（既有住宅加装电梯研究课题组）

摘要： 我国已成为世界第二大经济体，经济实力和科技水平在国际上的影响越来越大。一大批曾经对国家经济建设做出重要贡献的老科技工作者却仍身居老旧小区，由于年事已高、行动不便，上下楼成为他们生活中的沉重负担，有的老人甚至多年没有下楼到户外活动过，这严重地影响了他们的生活质量。在城镇化和老龄化进程加速发展的环境下，为既有住宅加装电梯已成为老科技工作者的强烈诉求，也是广大中老年居民共同关注的热点问题。为此，本文将重点专题调研老科技工作者相对集中的北京市、上海市、南京市、哈尔滨市、西安市、成都市、广州市等地，了解各地既有住宅加装电梯的基本情况、可借鉴的成功经验和正在探索的做法，对调研中反映比较集中的问题的研究意见做了梳理，提出针对性的建议。

关键词： 老科技工作者，既有住宅，加装电梯

---

① 论文完成于 2016 年 11 月。

一、基本情况和经验

（一）各地有需求在策划但推进缓慢

各地老科技工作者对既有住宅加装电梯的呼声很高，现有住宅的现状无法适应居家养老要求。既有住宅建成年代较早、标准低，尤其缺乏电梯等设施，而随着老科技工作者的年龄逐渐增加，出行活动困难日益凸显，无法充分满足居家养老的基本要求。调研组在人民日报社家属区调研时，一些老同志就急不可待地围在调研组的同志身旁，一再要求加快建设，早日解决他们的上下楼难题。群众对改善居住条件的迫切心情可见一斑。

党和国家领导人对改善老科技工作者居住条件高度重视，曾多次做出指示和批示，要求有关部门关心和爱护老科技工作者。刘延东副总理在登门祝贺贝时璋院士106岁生日时强调："包括贝老在内的老一辈科技工作者是国家发展的亲历者和见证人，是科技事业进步的重要源泉和宝贵财富""有关部门要关心和爱护老科学家，为他们提供良好的工作、生活条件，支持他们总结科研和教学经历，为国家科教事业发展积累宝贵经验。"

近年来，一些地方政府和有关部门也在积极策划和推动辖区内的既有住宅加装电梯工作，但进展缓慢。其中，北京市虽已下发多个指导意见和实施方案，但由于缺乏明显的驱动力和可操作性，落实不够，成功加装电梯的案例屈指可数；江苏省南京市于2013年下发了《市政府关于印发南京市既有住宅增设电梯暂行办法的通知》，3年内，仅成功加装电梯3部；黑龙江省哈尔滨市、陕西省西安市未实现政府批准推动破冰，仅有的成功案例也只是由哈尔滨工业大学和西安交通大学自行组织建设的；上海市虽将简政放权作为推进关键，但因缺少细则引导，政策风险增加，目前仅成功加装6部电梯；四川省成都市于 2016 年 1 月 1 日起施行《成都市既有住宅增设电梯管理办法》，但受限于增设电梯单元内全体业主同意等苛刻条款，推进缓慢，举步维艰。

（二）可借鉴的成功经验

各地在既有住宅加装电梯项目的建设中探索创新，积累了一定的成功经验。

1. 政府引导，事半功倍

政府实施专项经费补贴可有效缓解资金筹集难题，并通过各方利益关系协调，发挥"兜底"作用，保障项目顺利推进。其中，四川省达州市和自贡市以奖代补，每部电梯最多补贴 20 万元，分别推动电梯加装 90 部和 6 部；广东省广州市优化申报流程，实施"两个 2/3 业主同意"条款，成功推动加装电梯 2457 部。

2. 资金筹集，渠道多样

各地政府深入挖掘资金来源渠道，多方位促进项目运行。如上海市政府按照加装电梯施工金额的四成予以补贴，最高不超过每台 24 万元；福建省厦门市则开放房屋维修基金、住房公积金等资金入口，有效推进了既有住宅加装电梯的建设工作。

3. 化解矛盾，平衡利益

上海市和广东省广州市用明确出资分摊方案、积极确立补偿机制相结合的方式，实现业主利益均衡。例如，上海市通过设定各楼层出资比例实现资金筹集和利益补偿；广东省广州市则由业主协商来达成分摊比例共识。

4. 出台办法，法规保障

如前述，四川省成都市、江苏省南京市政府已颁布了既有住宅加装电梯管理办法。尽管两市在执行中遇到了一些困难，但地方法规具有重要价值，可资借鉴。各地可以依据相关法律法规和技术规程，总结现实情况，按照

《中华人民共和国立法法》的要求，由地方人大制定法规来推进。

（三）正在探索的做法

各地政府在既有住宅加装电梯工作中注重政策探索和改革创新，取得了许多成效。

1. 拓宽资金筹集渠道

部分省、直辖市政府多方面探索资金筹集渠道，积极鼓励社会资本参与，努力解决资金出口。其中，上海市"城区旧住房综合改造 6+1 项目"通过成立投资建设集团，以业主同意以土地使用权在旧楼上加层为前提，加层面积归投资者的方式，成功开展项目建设。

2. 放宽维修基金和住房公积金的使用范围

福建省厦门市鼓励从专有部分房屋维修基金、已售公房提取的房屋维修基金专有部分、业主的住房公积金来实现资金筹集。

3. 允许辖区内有条件的单位先行先试

部分地区有条件的老旧小区正视区域差异，因地制宜，先于政府率先启动，开展邻里开放包容宣传，走出了成功之路。例如，西安交通大学在 6 年内，已完成加装电梯 7 栋楼，在建 4 栋楼，共加装电梯 28 部，解决了 356 户校内教职工上下楼难的问题。

（四）综合效果分析

1. 解决老科技工作者后顾之忧

老科技工作者长期专注科研和工作，既有住宅往往在单位附近，有不少同志都曾放弃过可搬迁到新区的机会，现年事已高，行动不便。而随着老科技工作者年龄逐渐增加，出行困难日益凸显，生活品质大受影响，既有住宅加装电梯成为现实需求。根据中国老科技工作者协会的统计，目前，初步估算仅老科技工作者的既有住宅改造就需要电梯约100万部。以广东省广州市为例，全市6层及以下未设电梯的住宅超过6万栋，适宜加装电梯的超过5万栋，涉及130万户360多万人。其中，中老年230万人，65岁以上的老年人约53万人，老科技工作者约18万人。解决他们上下楼的出行困难问题已十分迫切。同时，老科技工作者住宅较为集中，往往依托大单位，如高校和科研院所等，产权主体相对明确，而且处于熟人社区，具有相应的社会和组织关系基础，有利于相关矛盾、纠纷的沟通与协调，因而，着力优先组织实施为老科技工作者既有住宅加装电梯工作更具有可操作性。

2. 应对城镇化老龄化问题的一项重要民生举措

既有住宅加装电梯项目，作为老旧小区改造和无障碍公共空间规划的一部分（前者所反映的是城镇化问题，后者针对的则是老龄化问题），旨在应对转型社会中城镇化和老龄化"两化叠加"所产生的民生困境，即老旧小区的有限公共服务供给与老龄人口日益增长的生活需求之间的矛盾。根据国家统计局发布的统计公报，2014年年末我国60周岁及以上人口数为21242万人，占总人口比例为15.5%；65周岁及以上人口数为13755万人，占比10.1%，首次突破10%。截至2015年年底，我国60岁及以上人口增加至2.2亿人，占总人口比例为16.1%，老龄化趋势加大。国家行政学院的一份研究报告指出，我国20世纪80～90年代建成的既有住宅约为80亿平方米，涉及7000万～1亿户居民，约2亿～3亿人，占城市总人口的约1/3。政府从为老科技工作者居住的既有住宅加装电梯入手，不仅可以有效地解决年老体弱住户上下楼不便的社会问题，及时回应居家养老的客观需求，还可以为中国式养老模式探索创新出路，促进经济社会发展的和谐统一。

3. 有助于拉动内需，促进供给侧结构性改革

目前，国内经济形势步入阶段性调整期，如作为钢铁主要需求产业的房地产、太阳能、汽车、家电等产能需求不旺，而与此同时不锈钢产能增长却并未相应减缓，从而导致钢铁出现产能过剩的局面。据统计，2015 年，中国电梯总数约为 66 万台，单台钢材用量约为 0.81 吨，电梯行业的钢材需求总量为 53.46 万吨。聚焦既有住宅加装电梯，根据有关部门统计测算，北京市可加装的老旧及新建多层住宅楼约 1.2 亿平方米，逾 3 万栋；上海市 7 层及以下没有电梯的多层楼房面积约 1.5 亿平方米，逾 20 万栋；广东省广州市有 5 万栋旧楼未加装电梯。如前述，仅全国的老科技工作者的住宅就需要加装电梯约在 100 万部。加上结构工程、市政基础设施改造工程，仅以最基本配置计（即符合简约、实用、经济要求，每部约 75 万元计），总投资约为 7500 亿元。按 10 年时间全面推进，每年需投资约 750 亿元，可拉动经济每年增长约 0.3%，增加劳动力就业 60 万 ~ 80 万人，带动建筑业、钢铁业、建材业、市政基础设施各专业（水、电、气、热、通信等）、电梯制造业和交通运输业的全面发展，实现全产业链发展和产业结构优化。

据上海市房产经济学会老年用房专业委员会的一项调查，上海市老年人选择居家养老的占 95.8%，选择养老公寓和其他养老机构的仅占 4.2%。推进既有住宅加装电梯工作，可以通过政府引导，提供政策与资金支持，适时引入市场机制，突出"安全性"理念，将社区现有的资源转化为养老服务资源，建设老年宜居环境，可为居家养老创造条件，盘活居家养老服务市场。

二、调研中反映比较集中的问题的研究意见

（一）关于现有技术标准规定的楼间距和消防通道问题

一般讲，既有住宅是按照当时技术规范建造的，对照现行标准规范的规定，再加装电梯，难免会与现行的有关标准规范的规定矛盾。比如，在消防方面，《建筑设计防火规范》（GB 50016—2016）明文规定"消防车道的宽

度不应小于 4 米"，既有老旧住宅虽然基本满足或通过改造后基本满足该条要求，但增加电梯后，消防车道宽度局地小于 4 米，如何保障消防安全通道成为问题；再比如，在中心城区多层既有住宅基本符合有关当年规定的日照间距，增加电梯后楼，有的局部间距就达不到现行标准的要求。如何落实有关法律和技术规定，采取什么措施来处理？如此等等。

我们的意见：强制性技术规范必须遵守，但既有住宅加装电梯是弥补原有标准偏低的不足，具有合理性。既有住宅似乎可与新建小区的要求有一个比较合理的区分，可以由国家有关主管部门作出原则性规定，继而由地方政府的有关部门组织专家进行论证，并制订符合基本规定的地方性规定，包括对局部利益受影响的人给予合理的经济性补偿，按规定程序审核批准，地方公布实施。

我们征求了住建部的意见：既有住宅加装电梯涉及工程建设标准、房屋产权、城市规划、土地使用等方面，还与居家养老、建筑节能加固等一系列问题关联，可将此项工作纳入老旧小区综合改造之中，统筹规划，综合解决老旧小区存在的问题。对老旧小区的日照、楼间距等要求可采取柔性处理，制定和完善老旧小区加装电梯的地方标准，以"还欠账，提标准"为出发点，鼓励地方制定符合区域实际的法定标准，以及补偿措施。

综上分析，我们的具体建议是：住建部意见明确可行。建议纳入危旧住房改造项目，涉及老科技工作者的，指导地方该项优先组织实施；同时，建议组织技术指导小组，确保安全和质量。

（二）关于涉及"物权法"规定的业主权益

我们分析了部分地方政府在监管中往往从规避纠纷考虑问题，如某市出台的《既有住宅电梯增设管理办法》规定"需经增设电梯所在单元业主一致同意达成书面协议，并经公证机构公证，从源头上减少矛盾的产生"，以及"应征得因增设电梯后受到采光、通风和噪声直接影响的本单元业主的同意"，这实质上是为加装电梯设置了"一票否决制"。这是不适宜的规定，本身就涉及对业主权益的界定不清。

我们的论证意见是：依照规划、建设等方面的法规，改善人居环境、加装电梯，与《中华人民共和国物权法》（简称《物权法》）并无抵触。《物权法》从民法的角度对一般的规则进行了规定，如第76条、第97条对表决规则及争议解决作出了规定："建筑物及其附属设施应当经专有部分占建筑物总面积三分之二以上的业主且占总人数三分之二以上的业主同意"。第78条第二款对争议解决也作出规定："业主大会或者业主委员会作出的决定侵害业主合法权益的，受侵害的业主可以请求人民法院予以撤销。"既有住宅加装电梯，应从规划建设的法律法规角度出发，重点放在细化规划建设等方面，更好地协调各方利益，顺利推行既有住宅加装电梯的工作，构建兼顾业主整体利益和个别业主正当权益的制度设计。如《中华人民共和国城乡规划法》第50条第2款就规定，"经依法审定的修建性详细规划、建设工程设计方案的总平面图不得随意修改；确需修改城乡规划主管部门应当采取听证会等形式，听取利害关系人的意见；因修改给利害关系人合法权益造成损失的，应当依法予补偿。"地方政府可在符合《立法法》的前提下，学习借鉴《城乡规划法》的做法，从保护多数人、维护公众利益的角度出发制定地方法规，对利益受损主体给予一定的补偿，不能仅保护低楼层业主权益而损害别人的权益。

就此，我们请教国家最高立法机构的有关人士。他们对这个意见是认可的，并告诉我们：《物权法》是从民事角度出发，对业主在能够解决争议时设置的条款，但并未将小区内与之相关的全部问题都涵盖在内。《物权法》中有关投票表决权的设定，不应与行政法规中的政策推进简单地混为一谈。

综上分析，我们的具体建议是：如何按住户权力均等又有适当区别的原则来处理，依据或者不抵触《物权法》的有关条款，既能保障低楼层业主的权益又能保障高楼层居民的权益，相互兼顾，且可以借鉴《城乡规划法》实施的相关做法，根据《立法法》的条款，建议省级或者设区的城市人民代表大会制定地方性法规，顺利推行既有住宅加装电梯工作。

（三）关于建设资金及投资与运行的机制

当前，既有住宅加装电梯资金的筹措渠道单一，过多依赖政府财政资金兜底。财政补贴与受益者付费的投资与运行机制还未厘清，政府兜底、全额资助的公共财政资金投入困局尚未摆脱，多渠道资金筹集方式的创新和探索还很不够，长此以往将混淆公共财政的界限，有悖于社会公平公正，不利于更大范围的推广。既有住宅加装电梯建设资金应充分发挥中央财政的杠杆作用，积极发挥地方政府的作用，加大资金配套支持的力度，充分利用房屋维修基金等资源，广泛调动群众参与，积极创新投融资模式，鼓励和引导社会资本参与建设，多渠道筹集建设资金，将既有住宅加装电梯涉及的中央财政补贴资金纳入保障房资金使用范围，推动形成"加杠杆、补短板"建设资金筹措、投资和运行机制。

以上意见我们征求了国家发展改革委的意见。国家发展改革委明确表示"我委将继续配合有关方面做好工作，同时建议更多发挥地方政府的作用"。

综上分析，我们的具体建议是：关于资金和管理问题，坚持受益者付费和政府解决民生问题的投资相结合的方式。国家提出指导意见，中央财政纳入城市危旧住房改造、纳入保障民生工作；中央财政给予资助，明确个人承担标准，统筹相关资金，由地方政府作出决定。

以上三方面的问题，是地方政府在开展工作中应重点关注的。目前，住建部已按中央的要求将危旧住房问题作为工作重点之一。我们建议，加装电梯这项工作可由住建部牵头，组织有关部门制定明确的指导意见，筹措资金应当坚持受益者付费和政府解决民生资金安排相结合，充分发挥市场机制鼓励企业参与，中央补助会同国家发展改革委在中央保障房补助中专项安排，地方财政补贴纳入公共预算，并落实地方政府的责任，报请国务院同意后，由各省、市制定地方法规并组织实施。

三、有关建议

从老科技工作者住宅加装电梯入手，推动既有住宅加装电梯工作，发展居家养老事业，势在必行。应将此项工作纳入由地方政府负责的重大民生工程项目。由于涉及相关法律的实施，建议由国务院指定一个部门牵头，会同有关部门研究以上关键问题，并出台明确的指导意见，报经国务院同意后下发文件，指导各地工作的开展。具体建议如下。

1. 统一思想，明确责任，抓好落实

既有住宅加装电梯关系民生、关乎发展，地方政府应将此视为履行应有的社会职责，并将此项工作列为所在省、自治区、直辖市"十三五"期间优化公共服务、提升城市发展质量和提高市民幸福感的重要举措，开展专题研究，明确责任部门和责任人的要求，简化审批流程，加大既有住宅加装电梯的推进和落实力度。

2. 按《立法法》要求制定地方法规

这是解决好推动既有住宅加装电梯的关键。这项关系民生的好事，上位法已有依据，由设区城市的人民代表大会制定地方法规推动既十分必要，又符合供给侧结构改革的要求。主要的工作是具体问题具体分析，对当前已经反映出来的法律规定如何理解并作出具有指导性的解释，对政府支持和扶植政策作出规定，对技术规程提出其因地制宜适应性的指导政策或意见。作为重要的民生工程，解决历史欠账问题，按照实事求是的原则，通过地方立法分阶段实施是可行的。

3. 构建群众广泛参与的可持续推进机制

建议由地方政府指定的主管部门牵头会同有关部门，组织摸底排查，分阶段分步骤实施。起步阶段着重厘清科研院所和高校等原有教师和职工相对集中的既有住宅情况，提出分期解决方案，内容包括既有住宅的数量，以及加装电梯的技术方案、资金筹措、运行维护等，之后逐步推广。积极引入公众参与机制，妥善处理群体利益关系。在工作方案初步形成之后，公示工作方案，做好宣传工作。具体工作可由所在地区的单位或街道共同推进实施。

4. 实行政府补贴与受益者付费结合的资金筹措机制

建议将政府补贴纳入地方公共财政预算，根据受益情况研究在同一楼栋分层区别承担、部分费用可以在房屋维修基金中开支、减少居民建设期间的负担的可行办法。同时，制定经济政策，引入社会资本，支持有实力的房地产企业、物业管理企业、电梯制造企业等积极参与这项民生工程的投资、建设和管理。

5. 制定适应既有住宅加装电梯的地方标准

城市政府可指定负责牵头的部门，组织有关部门和单位，依靠技术专家，针对本地既有住宅的实际情况，依据法律法规，参考现行技术规则，制定专项法定规则，特别是符合多数人权益的、与当前技术规程有差异的，应当组织专家专题论证，明确提出处理的建议，按照政府职权规定进行审核，公布执行。具体程序可以是，组织专家组制定草案，社会公示，公众讨论，聘请多方面专家论证，主管部门审核，报城市政府同意后实施。

6. 建立工作监督长效机制

发挥街道办事处的领导作用，组织业主委员会和居民委员会成立监督小组，实施建设过程和运行使用时的监督工作，主要职责是维护建设秩序，保障民主程序，把好事办好。

深圳市科技创新的经验、启示与政策研究

马德秀　方　新　王昌林　穆荣平　陈　锐　姜　江
韩　祺　张　濠　李振国　温　珂　谭　遂　杨　拓
（中国宏观经济研究院课题组）

摘要： 改革开放以来，深圳市从"科技荒漠"蜕变为"创新绿洲"，其成功的"奥秘"就是坚持以改革开放为动力，坚定不移走市场化、国际化和创新驱动发展之路。当前，深圳市已经初步成为国际科技产业创新中心，但与硅谷等国际一流科技产业创新中心相比，还在"引领型""颠覆性"创新、人才国际化水平、科技教育基础、创新创业环境等方面存在"短板"。在新形势下，深圳市还面临如何避免旧体制复归、如何破解发展空间瓶颈制约、如何应对国家现行管理体制和法规与新经济发展的矛盾冲突等挑战。建议继续支持深圳市先行先试的"特权"，允许在科技产业创新方面突破现行的一些法律法规，并在规划布局上对深圳市建设国际一流创新平台和创新基础设施给予必要的支持，进一步增强其对全球创新资源的集聚能力，加快将深圳市建设成为科技创新资源的密集区、产业创新的引领区、创新创业高度活跃区，成为全球重要的科技和产业创新引擎。

关键词： 科技产业创新中心，创新生态，粤港澳

改革开放以来，深圳市从一个小渔村发展成为一座充满活力的创新绿洲，成为国内乃至国际享有盛誉的创新创业之城。它以全国 0.02% 的土地面积、0.8% 的人口，创造了全国 2.6% 的国内生产总值（GDP）、4% 的国内发明专利申请量、近 50% 的 PCT 国际专利申请量，聚集了 30% 左右的创业投资机构和创业资本。在这片土地上，涌现了华为、腾讯等一批具有全球影响力的创新型企业，诞生了一批具有国内国际影响力的重大创新成果。经过 30 多年的努力，深圳市成功实现了从"跟跑"向"并跑"，从"深圳制造"向"深圳创造"，从"铺天盖地"向"顶天立地"，从要素驱动向创新驱动的转变，创造了"中国奇迹"乃至"世界奇迹"。

这是什么原因？为什么深圳市能够成功实现向创新发展转型？深圳市的发展是否具有可持续性？如何进一步推进深圳市先行先试、建设国际科技产业创新中心？这些问题需要深入研究和总结，提出可借鉴的经验，这对当前我国经济新常态下推进结构转型和动能转换具有重要意义。为此，今年以来，我们组成了由中国宏观经济研究院牵头，中国科学院科技战略咨询研究院、上海交通大学等单位参加的课题组，对深圳市进行了多次调研，并到北京市中关村、上海市和美国硅谷等地实地考察，就深圳市如何发展成为国际科技产业创新中心进行了研究。现将主要结论报告如下。

一、深圳市科技创新的经验与启示

（一）深圳市成功实现创新发展的主要原因

"科技荒漠"变"创新绿洲"，深圳市成功的奥秘是什么？归根结底，就是坚定不移走市场化、国际化、创新发展之路。

1. 建立经济特区为深圳市创新发展造就了最重要的经济和制度前提

深圳市是我国最早实行改革开放的地区，为探索在社会主义制度条件下利用外资、先进技术和管理经验发展经济的道路，国家允许深圳市实行特殊政策和灵活措施，较早建立了促进技术创新的市场机制（图1）。比如，国家在深圳市率先开放了对外资的市场准入，允许建立合资企业和创办民营企业；支持在深圳市建设科技市场、证券市场等要素市场；支持深圳市率先进行产权制度改革，等等。如早在1979年深圳市就成立了中外合资企业——广东省光明华侨电子工业公司（现在的深圳康佳集团股份有限公司），1986年深圳市颁布了全国第一份国企股份制改造的政府规范性文件——《深圳经济特区国营企业股份化试点暂行规定》，1987年颁布了《关于鼓励科技人员兴办民间科技企业的暂行规定》，1990年成立了深圳证券交易所，1999年深圳市开始举办中国国际高新技术成果交易会，2009年创业板在深圳证券交易

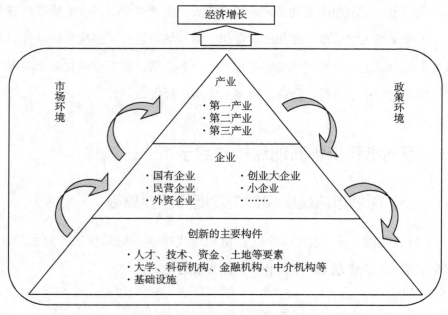

图 1　深圳市科技创新环境

所开市。同时，国家还给予了深圳市许多特殊优惠政策，如企业所得税税率为 15%，免征出口税等。这些制度和条件远远领先国内其他地区，从而使深圳成为全国体制和政策改革的洼地，为深圳市集聚资金、技术、人才等创新资源，实现快速发展创造了良好条件。

2.深圳市特区体制和政策吸引了大量企业和人才、资金、技术等要素，为创新发展奠定了坚实的基础

各项特区优惠政策的推出，吸引了以港资为主的大批外资和内地企业纷纷来深圳市投资，外向型经济快速发展，一批民营科技企业也迅速成长起来。同时，吸引了大量人才、资金和技术等创新资源，使深圳市这个本来人才匮乏的地方，成了人才富矿；本来资金缺乏的地方，成了资金的聚集地；本来创新不足的地方，成了创新的乐园，从而迅速使深圳市从"科技荒漠"成为肥沃的创新"土壤"。以电子信息产业为例，建立经济特区前，只有一家从事简单电子产品制造的县办小厂，到 1990 年，深圳市的电子工业发展到 600 多家，其中三资企业 400 多家，从业人员 10 万余人。到 2000 年，深圳市电子企业达到 6000 多家。同时，华为、中兴等一批企业迅速成长起来，形成了配套较为齐全的产业集群。

3.移民文化、以企业为主导的经济结构形成了浓厚的创新文化氛围和市场需求导向的创新机制，为深圳创新发展注入了强大的动力

深圳市不仅集聚了大量创新要素，而且结构呈现出鲜明的特点。从人才结构看，深圳市主要吸引了国内一大批具有市场意识、富有冒险和创新精神的人才。这些从全国四面八方涌入的人才，身怀不同的技能和梦想，寻求一种全新的活法，"从头到脚都流淌着创新的血液"，从而形成了创新创业的移民文化，这也是美国硅谷和以色列创新成功的一个重要原因。而且这种文化与北京市、上海市有很大不同。比如，北京市也是一个移民城市，但由于受到"皇城文化"的制约，移民主要是从政或进行学术研究，到北京市来进行冒险创新的移民占比较少。从创新的群落结构看，深圳市历史上没有大院大所，也没有大型国有企业，外资企业和民营企业占绝对比重。后来，随着大量外资企业的转移，创业企业在经济结构中占很大比重，从而自然形成了以市场需求为导向的技术创新机制。

4. 毗邻香港特区的区位优势、新科技革命和经济全球化的迅猛发展及我国大力推进改革开放，为深圳市创新发展提供了良好条件

深圳市毗邻香港特区，相比厦门市、汕头市、珠海市等其他几个经济特区，区位优势得天独厚。香港特区作为当时的"亚洲四小龙"，经济贸易、金融比较发达，对深圳市有较强的辐射带动作用。从香港特区向深圳市输入的不仅是资金，更重要的是市场经济体制机制、法治观念和国际视野。同时，20世纪80年代以来全球新科技革命和产业革命兴起，经济全球化迅猛发展，发达国家和地区的制造业向发展中国家转移，为深圳市的创新发展提供了机遇。从国内看，当时我国大力推进经济体制改革和科技体制改革，大批科技人员、政府官员下海经商创业，全面放开电子信息、纺织服装等领域市场准入，为深圳市加速资金、技术的集聚创造了良好的外部环境。

5. 电子信息产业等高新技术产业蓬勃发展并形成产业集群，为深圳市奠定了坚实的经济基础

在市场化、全球化、新科技革命等的带动下，深圳市逐步由劳动密集型的轻加工工业跨越发展到技术密集型的战略性新兴产业和高技术产业，走出了一条既不同于香港特区，也不同于北京市、上海市以及部分中西部城市的新型工业化道路。主要经历了4个阶段：1979—1990年是以"三来一补"加工业为主的阶段；1990—1995年是工业向深加工业发展，高新技术产业起步的阶段；1995—2009年是高新技术产业、物流业、金融业、文化产业增长迅猛，成为深圳市支柱产业的阶段；2009年至今，是重点发展生物、互联网、新能源、新材料、新一代信息技术、文化创意和节能环保等战略性新兴产业和航空航天、海洋、生命健康、军工等未来产业的阶段。经过这几个阶段的发展，深圳市实现了"深圳加工—深圳制造—深圳创造"的历史性跨越，完成了从模仿式、跟随式创新向竞争性创新、自主创新的转变，正发展成为以高新技术产业为主导的科技、产业创新中心。

6. 政府的支持对创新发展发挥了有力的促进作用

虽然深圳市创新发展主要是市场机制作用的结果，但政府的支持也发挥了重要作用。然而，与国内其他地区不同的是，深圳市政府的主要作用不是"上山栽树"，而是"封山育林"，重点是抓政策环境、科研人才环境、服务环境等的营造。比如，在政策环境方面，多年来，深圳市坚持"人无我有、人有我优、人优我特"，制定出台了一系列倡导创新、支持创新的政策措施和制度，有力地保证了深圳市的创新高地优势；在科技人才环境方面，先后引进了清华大学、北京大学、哈尔滨工业大学、中国科学院等一批高校和科研机构创办成果转化基地，弥补了创新的"科技短板"。

（二）深圳创新发展的启示

深圳市的实践充分证明，制度重于技术，环境高于投入。人才、技术、资金等资源是可以流动的，关键在于创造良好的创新创业生态环境。在创新发展中，人才是最关键的要素，能力比学历、资历重要，市场比技术重要；企业特别是民营企业是创新的发动机，政府是创新的有力促进者。推动创新发展，必须充分发挥市场在资源配置中的决定性作用，同时也要发挥好政府的作用。深圳市的实践，对于我们认识什么是创新、怎样推动创新具有十分重要的意义。

1. 推动创新发展必须以改革开放为动力

20 世纪 80 年代，党中央、国务院大力推进改革开放，给予深圳市"先行先试"的体制和政策，从而吸引了内地成千上万的创业者，使多年来被束缚的科技生产力释放出来。这是深圳市能够实现创新发展的根本原因。当前，我国已进入建设创新型国家的关键时期。推动自主创新，政府应加大投入，加强创新条件平台建设，完善政策环境，但更重要的是推进体制机制创新。总体上看，当前制约我国自主创新的首要因素不是资金的问题，而是体制机制问题。在新时期新阶段，推动自主创新，必须在打破传统的科研体制后，着力解决一系列深层次的体制问题和长期积累的历史难题，使企业真正成为研究开发投入的主体、技术创新活动的主体和创新成果应用的主体，加快建立现代科研院所制度，深化科技管理体制改革，着力解决科技与经济结合不紧密的问题，努力营造全社会创新迸发的局面，为建设创新型国家提供体制保证和动力支撑。

2. 推进创新发展要充分发挥好"有效市场"和"有为政府"的作用

党的十四大首次明确提出要建立社会主义市场经济，但对究竟什么是社会主义市场经济的认识有一个逐步深化的过程。深圳市在这方面进行了大量的改革、探索和创新，取得了比其他几个特区、北京市中关村科技园和上海市张江高科技园区更突出的成绩和更成功的经验。在发挥市场配置资源的决定性作用上，深圳市大量学习、借鉴、引进了香港特区的经验，包括培育市场主体、放手发展民营企业、构建包括产品市场及要素市场在内的市场体系、大幅度减少政府干预等。在这些发面，深圳市均走在了前列。尽管深圳市没有明确提出过"发挥市场配置资源的决定性作用"这一概念，但实际上已经在比较自觉地发挥市场配置资源的决定性作用。同时，深圳市又没有放弃"有为政府"的作用，将市场配置资源的决定性作用与有为政府的作用充分结合起来。

3. 企业是创新的发动机

人才、资金、技术等是创新的重要资源要素，但只有通过企业和企业家才能把它们有效地组合，转化为现实生产力，促进经济增长。深圳市创新发展的重要特点就是"6个90%"在企业，形成了以市场为导向，而不是以科研为导向的创新机制，从而为产业升级和经济发展方式转变注入了强大的活力和动力。深圳市的创新史很大程度上就是一部创业企业的发展史。当前，我国经济发展进入转型升级时期，必须更加重视自主创新市场主体的培育和发展。

4. 推动创新发展必须夯实人才基石

科技创新的关键在人才。深圳市成功实现创新发展，关键是吸引了一批富有冒险、创新精神的人才。而且这些人不是传统意义上囿于院校的教授、博士生导师，而是真正能与市场结合开展技术创新的人才。他们也不同于农民创业，一般都是大学毕业，对创新有着强烈的追求。当前，人才不足是制约我国创新发展的重要因素，必须大力推进教育体制和人才评价机制改革，充分调动广大干部、科研人员等创新、创业的积极性和创造性，更大范围和更高层次地集聚全球人才。

二、深圳市科技创新发展现状、差距与面临的形势

当前，深圳市科技创新发展又进入一个新时期。国家"十三五"规划纲要明确提出，要"支持珠三角地区建设开放创新转型升级新高地，加快深圳科技、产业创新中心建设"。这对深圳市科技创新提出了更高的要求，既带来重大机遇，也面临严峻挑战。

（一）发展现状与主要差距

总的看，经过多年的努力，目前深圳市已初步成为国际科技产业创新中心。2015年全社会研发投入709亿元，占国内生产总值（GDP）比重达4.05%，相当于世界排名第二的韩国水平，《专利合作条约》（PCT）国际专

利申请量占全国近 50%。4G 技术、超材料、基因测序、无人机等一批重大前沿技术处于世界领先水平。在第四代移动通信 TD–LTE 技术领域的基本专利占全球 1/5。一批具有国际竞争力的龙头企业迅速崛起，主营业务超千亿元的企业 8 家，超百亿元的 65 家，华为、腾讯等企业进入全球最具创新力企业的行列。同时，大量创新型企业不断涌现，每年平均新创办企业超过 20000 家，吸引天使投资和创业投资占全国的 10% 以上，在境内外上市企业累计达到 321 家。地区生产总值达到 1.75 万亿元，占全国的 2.6%。全员劳动生产率达到 20 万元 / 人，人均年可支配收入 4.46 万元，均为全国的 1 倍多。万元 GDP 能耗和水耗分别为 0.392 吨标准煤和 11.4 立方米，PM2.5 平均浓度为 26 微克 / 立方米，远远低于全国平均水平。

但是，与美国硅谷等国际一流的科技产业创新中心相比，还存在较大差距，主要表现在：

1.“颠覆性”“引领型”创新不足

目前，深圳市的创新主要是以“追赶型”创新、商业模式创新等为主，原创性、首创性、颠覆性的重大创新产品还不多。比如，华为、腾讯等企业创新能力已处于国内领先水平，但是与思科、苹果、谷歌等企业还存在相当差距。在生物医药领域，硅谷拥有基因泰克等一批国际一流现代生物技术企业，诞生了一批“重磅级”的生物技术药物和产品，是全球生物技术产业创新策源地，远高于深圳市的发展水平。在新能源汽车领域，特斯拉已成为引领全球电动汽车发展的标杆，而比亚迪仍主要以国内市场为主，在核心技术、知识产权和品牌方面还存在较大差距。

2. 人才国际化水平和素质不高

目前，硅谷集聚了全球最优秀的人才，是“择天下英才而用之”，在人才的流动性、多样性和国际化水平方面远高于深圳。据《硅谷发展报告》统计，2015 年，硅谷地区的人口构成中，白人裔为 35%，亚裔为 32%，西班牙和拉丁裔 26%；有 37.4% 的人出生于国外，劳动人口拥有本科及以上学历占比达到 48%，平均年收入达到 12 万美元。而深圳市 2015 年常住外国人仅占全市常住人口的 0.2%，拥有本科及以上学历的劳动人口仅占深圳市常住人口的 13.6%。

3. 科技教育基础薄弱

硅谷拥有斯坦福大学、加州大学伯克利分校等一批国际一流的研究型大学和航空航天局艾姆斯研究中心、施乐帕克研究中心等世界顶尖研究机构，源源不断地为周边企业提供技术转移和人才支撑。而深圳市高校和科研机构十分欠缺，目前仅有深圳大学等 7 所高校，还没有高水平的国家级科研机构，在科研基础方面与硅谷存在巨大差距。

4. 创新创业环境还不完善

比如，生活和创业成本相对较高，以房价为例，2015 年硅谷房产均价为 83 万美元一套，相当于年人均收入的 10.5 倍。与之相比，深圳市的房价收入比为 50 ~ 70 倍，生活成本高昂。这种局面不利于深圳市继续吸引吸纳国内外移民及国际创新资源和要素，还容易导致经济虚拟化、泡沫化。此外，在城市基础教育水平、公共医疗服务、文化艺术、法治环境等方面还存在不足。比如，一些生活在深圳市的外国人反映，目前深圳市商业化气息太浓，文化艺术气息欠缺，国际饮食、购物等生活环境还有很大改进空间。

5. 发展空间瓶颈制约突出

广义上的美国硅谷地区包括了圣马特奥县、圣克拉拉县、阿拉密达县、圣克鲁兹县，总面积为 1854 平方英里（相当于 4801 平方公里），人口约 300 万人，人口密度为 625 人 / 平方公里。而深圳市土地面积还不到 2000 平方公里，仅为硅谷的 2/5，人口密度达到 5700 人 / 平方公里。目前，深圳市土地开发强度已接近 50%，超过 30% 的国际警戒线，生活环境拥挤、发展空间越来越小。

此外，在研发投入、创业投资和专利等方面，深圳市与硅谷相比也还存在较大差距。从 R&D 投入来看，2015 年仅谷歌一家企业的研发投入，就相当于深圳市全市的水平。在创业投资方面，2015 年硅谷（包括旧金山地区）吸引风险投资额为 245 亿美元，占全美的 42%，是深圳市的 10 倍以上。从专利指标看，目前深圳市在专利总数和万人拥有专利数上高于硅谷，但在专利质量上还存在较大差距。2015 年，深圳市累计拥有发明专利达到 8.4 万件，每万人口发明专利拥有量为 73.7 件。虽然 2014 年硅谷专利授权数累计仅为 19414 件，每万人专利拥有量约为 66.5 件，但硅谷的专利中大多为核心专利和三方专利。

存在上述差距，有其客观必然性。一方面是由于发展阶段不同、国情不同造成的。硅谷的出现，是美国经济、科技实力、市场经济制度、完善成熟的市场体系和建国 200 年来民族文化传统及创新精神等优势因素的浓缩，这些因素深圳市在短期内是无法达到的。另一方面，两地的差距不完全是客观原因所致，也在于我们改革创新的主观努力还不够。比如，深圳市和硅谷均存在高房价问题，但深圳市的房价和硅谷相比高得太过离谱，这一问题不能用发展阶段的差别来解释，而是由体制、政策的差异导致的。

（二）面临的机遇与挑战

当前，全球新一轮科技革命和产业变革又在快速孕育兴起，以信息经济、生物经济、低碳经济等为代表的大量新经济形态蓬勃发展。信息技术革命持续深入演进，移动互联网、物联网、云计算、大数据、人工智能、虚拟现实等新一代信息技术不断取得新突破，更加广泛地应用渗透于经济和社会发展的各个领域，正在形成继集成电路、个人电脑、互联网之后的新一波创新浪潮，推动数字经济、网络经济、分享经济等快速发展。以基因技术为核心的现代生物技术产业化不断加快，高通量测序、基因组编辑、靶向药物、细胞治疗、远程医疗、健康大数据、分子育种、生物基材料等新技术加速普及应用，正在为人类社会可持续发展所迫切需要解决的健康、能源、环境等重大问题提供新的手段，生物经济快速发展壮大。清洁能源技术经济性不断提高，风能、太阳能等新能源快速发展，正在推动能源生产和消费的革命。信息、生物、新能源、新材料等发展呈现跨界融合的趋势，全球科技创新格局、模式发生深刻变化。这为深圳市建设国际科技产业创新中心提供了重大机遇。历史经验表明，每一次科技革命和产业变革都会推动一些科技创新中心的兴起，使一些国家和地区后来居上，实现跨越发展。

从国内看，我国经济发展进入速度变化、结构优化和动能转换的新常态。随着人均收入水平不断提高，信息消费、健康养老、绿色消费等需求快速增长，巨大的市场潜力不断释放出来，为深圳市加快发展壮大新一代信息技术、生物、新能源等战略性新兴产业，建设国际科技产业创新中心提供了广阔的市场空间。同时，经过改革开放以来的快速发展，我国综合国力和科技实力大幅增强，科技研发投入总量已跃居世界第二名，人力资本达到较高水平，国内资金供给相对充裕，开放型经济体系基本形成，为深圳市更好地利用两种资源、两个市场，建设国际科技产业创新中心提供了有力支撑。

从深圳市看，经过多年的不懈努力和奋斗，深圳市经济科技实力较为雄厚，创新创业文化氛围浓厚，产业配套体系健全，资本市场比较发达，创新创业和产业技术人才队伍庞大，市场机制较为成熟，具备良好的创新创业生态环境。前期经济快速发展也为科技创新积累了比较雄厚的物质基础。2015年，深圳市地方一般公共预算收入达到 2727 亿元，占广东省的 30%，规模高于天津市，甚至高于河北省、福建省、安徽省等一个省的财政收入。综合来看，深圳市是我国最具备基础和条件建设国际科技产业创新中心的城市之一。

同时，也要看到，深圳市当前还面临诸多制约因素和挑战。一是体制政策比较优势弱化。随着国家赋予深圳市的特殊政策逐渐普惠化，以及国家自主创新示范区、全面创新改革试验区、自由贸易试验区等先行先试区域的逐步推开，与国内其他地方相比，深圳市不再具有体制政策的洼地效应。同时，从深圳市看，也存在一些旧体制复归的倾向，在新时期如何更好发挥"有效市场"和"有为政府"的作用，需要进一步探索和完善。二是科技创新面临的难度加大。深圳正从"跟跑"向"并跑"和"领跑"转变，需要更多进行原始创新和颠覆性创新；同时，随着产业发展向高端迈进，毗邻港澳的优势条件发生变化，也对深圳科技创新发展提出了新的要求。三是受到国家现行体制机制制约突出。深圳市的创新发展离不开国家的大环境支撑。总的来看，目前我国创新发展还存在诸多体制机制和政策法规障碍，对深圳市建设国际科技产业创新中心形成较大制约。比如，股票发行注册制改革尚未有明确时间表，企业"上市难、排队长"等问题十分突出；在"互联网+"、生物医药、无人机等新兴产业领域市场准入监管改革滞后，不适应新技术、新业态、新模式快速发展的要求；"侵权易、维权难"的问题比较突出，信用体系还不健全，保护数据安全、隐私等方面的法律法规缺失等。

三、进一步推进深圳市科技创新的政策措施建议

面对新的机遇和挑战，应进一步支持深圳市先行先试，加快国际科技产业创新中心建设，打造成为科技创新资源的密集区、产业创新发展的引领区、创新创业高度活跃区，成为世界重要的科技和产业创新引擎，带动珠三角地区转型升级，为我国建设创新型国家做出更大的贡献（图2）。

（一）加强基础能力建设

1. 建设高水平大学和特色学院

加快推进深圳大学、南方科技大学加强优势和特色学科建设，打造一批

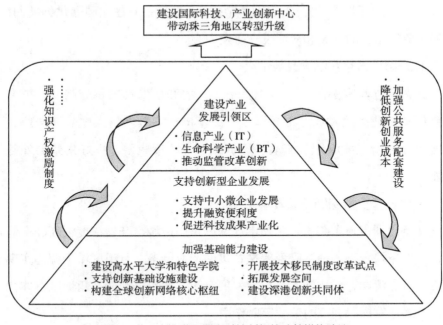

图2　进一步推进深圳市科技创新的政策措施建议

国际一流学科专业，建设高水平大学。依托境内外著名高校、科研机构和企业，聚焦重点科技产业创新方向，加快推动清华—伯克利深圳学院、天津大学—佐治亚理工深圳学院等建设，加强大学和产业界的联系，促进技术转移和科技成果转化。

2. 支持创新基础设施建设

在大数据、人工智能、生命科学、新材料等领域，按照现代科研院所制度，建设一批高水平的研发机构，集聚一批国际一流的人才，加强前沿性和战略性技术的研发。结合国家重大科技专项实施和国家科学中心建设，布局一批国家级重点实验室、工程实验室、工程技术研究中心、国家企业技术中心、国家制造业创新中心（工业技术研究基地）等国家重大创新基础设施。

3. 构建全球创新网络核心枢纽

加大深圳市国际互联网互通建设。支持政府间国际科技组织、国际技术转移中心落户深圳市，打造协同创新中心。支持企业建立国际化创新网络，在科技资源密集的国家和地区设立研发中心。

4. 开展技术移民制度改革试点

探索建立具有国际专业技术资格的人才和技术移民积分制度，扩大向外籍创新创业人才发放"中国绿卡"的范围，突破外籍人才长期居留、永久居留和创新人才聘用、流动、评价激励等政策瓶颈，更好集聚国外各类人才。

5. 进一步支持深圳拓展发展空间

支持深圳市与东莞市、惠州市等珠三角周边城市开展深度创新和产业合作，打破条块分割，消除隐形壁垒，贯通产业链条，重组区域资源，实现创新要素自由流动、优化配置，拓展发展空间，加快推动珠三角地区一体化发展，更好地发挥深圳市的带动辐射作用。

6. 支持建设深港创新共同体

构建深港创新网络，推动深港两地共同设计创新议题、互联互通创新要素、联合组织技术攻关，探索科研设备仪器跨境使用、创新资本跨境流动等政策创新，推动落马洲—河套片区成为深港创新网络重要节点。

（二）支持创新型企业发展

1. 支持中小微企业发展

实施"专精特新"中小企业培育计划，加快培育一批创新能力强、产业效益好、成长强力大、商业模式新、具有国际影响力的高成长型中小企业。支持创业服务平台进一步完善创业服务产业链，开展强强合作、互补合作，形成资源和信息共享平台，为创业企业提供从项目到产业化的全链条创业服务。支持发展为创业提供服务的财务管理、人力资源管理、法律咨询等第三方机构。加大对学生实验、实训、实践平台的投入，支持教师到创业企业挂职锻炼，吸引创业家到高校担任兼职导师，加强创业导师队伍建设。

2. 开展金融和资本市场改革试点

支持建立以服务科技创新为主的民营银行和投贷联动试点，探索与科技创新企业发展需要相适应的银行信贷产品；支持在创业板先行开展股票上市注册制改革。

3. 打造成果转化先导区

完善技术成果向企业转移扩散的机制，支持企业引进国内外先进适用技术，开展技术革新和改造升级。落实财政补贴政策，鼓励企业使用首台（套）重大技术装备。加快建设国家技术转移南方中心建设。创建国家军民融合创新示范区，推进军民技术双向转移转化。

（三）建设产业发展引领区

1. 推动重点领域实现突破发展

实施"宽带深圳"行动计划，实施 5G 创新发展引领工程，全面提升信息化水平，开展国家物联网重大应用示范工程区域试点，增强电子信息产业基础支撑作用，加速迈入数字化、网络化、移动化、智能化的信息经济时代。加快落实"健康中国"战略，实施生命健康"大科学计划"，加快建设国家基因库、细胞库、超算中心、新型智库平台，探索建设医疗健康管理创新实验区。面向全球科技创新前沿，抢先布局发展 5G、新型显示、工业互联网、基因技术、细胞治疗、高端医疗器械、高端材料、可穿戴设备、人工智能等高科技领域。

2. 在新技术新业态发展方面开展监管改革创新

比如，支持探索适应分享经济、大数据、互联网教育等行业发展的监管模式；支持开展基因检测、干细胞等先进生物诊疗技术的临床研究和应用推广，组建深港新药国际多中心临床试验基地和国家药品医疗器械技术审评深港分中心。

（四）进一步改善优化生态环境

1. 切实降低创业创新成本

稳定供地预期，抑制"地王"频出，防止高地价向高房价转嫁。着力增加优质保障房的有效供给，破除各方阻力，力争在城市较为核心的地区收购或新建保障性住房，加快已建成保障房社区的交通便捷化改造，促进优质学校和医疗机构资源按期配建或迁建。研究开征房地产税试点，增加住宅持有环节成本，推动更多空置房屋入市交易或提供租赁。

2. 加强城市公共服务环境建设

进一步实施"三名工程"，面向全球引进名医、名医院、名诊所，提高深圳的医疗水平。加大基础教育投入水平，增加中小学学位供给。加大国际学校建设力度，办好已开展国际课程实验的民办学校，多渠道扩大优质教育资源。开展实用英语大众化普及工程，提升深圳整体英语水平，营造国际化的语言应用环境。

3. 完善、强化创新创业的知识产权激励机制

建立国际化的知识产权保护制度，进一步加大知识产权执法力度，提高知识产权侵权代价和违法成本。研究完善新模式新业态等创新成果的保护制度，探索在线创意、研发设计、众创众包等新领域知识产权保护新途径。加快知识产权服务业发展，促进知识产权运营和转移转化。

参考文献

[1] 丹·塞诺，索尔·辛格. 创业的国度 [M]. 北京：中信出版社，2016.

[2] 桂黄宝. 基于 GII 的全球主要经济体创新能力国际比较及启示 [J]. 科学学与科学

技术管理，2014，35（2）：143-153.

［3］国家发改委. 2016 年中国大众创业万众创新发展报告［M］. 北京：人民出版社
2017.

［4］韩祺. 新一轮工业革命将促进我国产业发展［J］. 宏观经济管理，2014（8）：28-
30.

［5］姜江，韩祺. "十三五"时期我国创新驱动发展的思路与任务［J］. 全球化，2016
（9）：50-63.

［6］姜江，韩祺. 加快释放"双创"活力［N］. 人民政协报，2016-05-31（6）.

［7］蒋同明. 深化科技体制改革　激发万众创新活力［J］. 宏观经济管理，2015（10）：
22-23.

［8］刘国艳. 推进四众平台建设，构建双创支撑体系［N］. 中国改革报，2015-10-12（2）.

［9］王昌林，姜江，韩祺，等. 大国崛起与科技创新——英国、德国、美国和日本的经
验与启示［J］. 全球化，2015（9）：39-49.

［10］王昌林. 大众创业万众创新的理论和现实意义［N］. 经济日报，2015-12-31（15）.

［11］王昌林. 三个层面营造创业生态系统［N］. 中国经济导报，2016-12-10.

［12］王昌林，等. "双创"正处于黄金发展时期［N］. 第一财经，2016-07-27（A11）.

［13］吴军. 硅谷之谜［M］. 北京：人民邮电出版社，2016.

［14］McKinsey Global Institute. Disruptive Technologies：Advances that will transform
life,business,and the global economy［DB/OL］.（2013-05-01）［2020-03-31］.
https://www.mckinsey. com/business-functions/mckinsey-digital/our-insights/disruptive-
technologies#.

［15］National Economic Council and Office of Science and Technology Policy, A Strategy
for American Innovation［DB/OL］.（2017-02-08）［2020-05-22］. https://
obamawhitehouse.archires.gov/sites/defanlt/files/strategy for american innovation October
2015.pdf.

［16］Joint Venture.2016 Silicon Valley Index［DB/OL］.（2017-02-08）［2020-05-22］.
http://www. jointventure.org/publications /silicon-valley-index.

老科技工作者助力企业技术创新研究

刘献理 [1]   付正茂 [2]

（1.江苏省老科技工作者协会；

2.中国电子科技集团公司第十四研究所）

摘要： 创新是第一动力，人才是第一资源。广大老科技工作者具有较丰富的知识、技能和经验优势，是我国重要的人力资源。本文是基于江苏省老科技工作者协会受中国科协创新战略研究院委托开展的研究课题"中国老科协助力企业创新三年行动计划"的研究成果整理而成的。该研究本着发挥优势、注重实效，服务为主、拾遗补缺、利国利民的原则，对中国老科技工作者协会助力企业创新做出具体谋划，确立"六大任务"，细化实化重点工作及政策措施，是指导中国老科技工作者协会及各省市老科技工作者协会有序推进助力企业创新行动的重要依据。该课题已于 2019 年 12 月结题，中国老科技工作者协会会长陈至立、常务副会长齐让给予了高度重视和精心指导。本项目研究成果已被中国老科协正式采用，部分行动设想已通过下发文件明确列为《中国老科协助力企业技术创新行动计划（2018—2020 年）》的工作内容。

关键词： 老科技工作者，助力，创新

习近平总书记在党的十九大报告中指出，创新是引领发展的第一动力，是建设现代化经济体系的战略支撑。当前，我国经济已由高速增长阶段转向

高质量发展阶段，正处在转变发展方式、优化经济结构、转换增长动力的重要时期。在这个关键时期，推动经济发展质量变革、效率变革、动力变革，提高全要素生产率，进而不断增强我国经济创新力和竞争力，都必须紧紧依靠创新驱动来实现。同时，当前我国依然存在就业结构性矛盾，劳动力尚算富余，但专业技术人才资源相对短缺，特别是高级技术人才及管理人才非常匮乏，阻碍创新驱动战略的深入落实。老科技工作者具有较高理论文化水平与丰富实践经验，在技术攻关、科研生产、管理提升等方面都可发挥重要作用。因此，为助推我国创新型国家建设，充分发挥好中国各级老科技工作者协会组织与老科技工作者在助力企业创新中发挥重要作用，加快推进老科技工作者参与企业创新工作，特研究编制《中国老科协助力企业创新三年行动计划（2018—2020 年）》。

本行动计划以习近平总书记关于创新工作的系列重要论述为指导，本着发挥优势、注重实效、服务为主、拾遗补缺、利国利民的原则，对中国老科技工作者协会（简称中国老科协）助力企业创新做出具体谋划，确立"六大任务"，细化、实化重点工作及政策措施，在全国范围内部署行动计划，确保落实、落地、落到位，是指导中国老科协及各省市老科协有序推进助力企业创新行动的重要依据。

一、行动计划背景

党的十九大提出要以新发展理念引领现代化经济体系建设，强调坚定不移实施创新驱动发展战略，为中国发展持续注入新动力。深入贯彻习近平新时代中国特色社会主义思想，助推创新型国家建设，必须在认真总结各级老科协助力企业创新经验的基础上，准确研判经济社会发展趋势和企业创新发展态势，切实抓住历史机遇，增强责任感、使命感、紧迫感，把助力企业创新行动实施好。

（一）重大意义

中国老科协助力企业创新行动计划，是推动中国高质量发展的重要力量。实施创新驱动发展战略，包括全方位推进科技创新、产业创新、企业创新、产品创新、业态创新、市场创新等在内的多维度、多层次创新，而企业创新在其中居于主体地位。企业创新是连接核心技术创新与产业创新的桥梁，是产品创新走向市场创新与业态创新的推动者。企业创新归根到底是人才驱动，只有充分有效利用各类创新人才，才能真正做好企业创新，社会创新活力才能得到充分释放，我国经济才能实现由高速度发展向高质量发展的转变，才能牢牢地把经济发展的主动权掌握在自己手中。

中国老科协助力企业创新行动计划，是应对老龄化社会的关键举措。企业创新是一个各方参与、协同努力的过程，不仅是处于工作岗位中的创新者的拼搏，还应包括已退休的年富力强、经验丰富老科技工作者的共同奋斗。尤其是当前我国正处在人口老龄化加速与加快转变经济发展方式相交融的阵痛期，人口红利优势正在逐步消失，劳动力适龄人口会出现绝对数下降，中高端创新人才会出现较大缺口，甚至极有可能步入"创新乏力、未富先老"的窘迫局面。因此，为实现中国社会经济的可持续发展，必须提早筹谋，加快做好老年人力资源的开发与利用的顶层规划，以应对 21 世纪中叶我国可能出现的老龄化社会和人力资源短缺的双重压力。特别是要加快推进智慧型老年人力资源（我国俗称的老科技工作者）参与企业创新的方式与路径。老科技工作者长期奋斗在经济、科技、教育、卫生等领域，技术及管理经验丰富、眼界开阔，推动他们参与企业创新，能补足企业创新人才资源、强化企业创新能力，能有效地应对老龄化社会所带来的智力资源空缺，为国家创新发展提供宝贵的智力支持。

中国老科协助力企业创新行动计划，是填补顶层政策空白的必然要求。国内以往相关政策制定仅局限于一省或一市的范围内，考虑短期、局部的较多，全局、长远的研究较少，更没有从创新型国家建设及应对老龄化社会的战略高度，综合运用人力资源政策、产业政策、全国范围合作相结合的手段与资源构建全国性的老科协及老科技工作者助力企业创新的对策。需填补顶层政策空白，强化规划指引作用，推动在全国大范围开展试点的工作。

中国老科协助力企业创新行动计划，是指导各级政府、老科协开展工作的有效途径。行动计划明确各级老科协及老科技工作者服务企业创新的战略方向，为各级政府及老科协推动相关进程提供借鉴和指导，促进老科协服务企业创新尽快迈入快车道，达到老科协、老科技工作者与企业之间的协调统一。为各级政府在开发智慧型老年人力资源、对接老科技工作者与企业需求、推动企业创新方面提供有益的借鉴和启示。同时，对我国企业如何发挥自身条件吸引老科协、老科技工作者提供服务来促进自身发展提供思路。

（二）行动基础

党的十八大以来，适应和引领我国经济发展新常态局面，以习近平同志为核心的党中央把创新摆在国家发展全局的核心位置，推动以科技创新为核心的全面创新，坚持需求导向和产业化方向，坚持企业在创新中的主体地位，发挥市场在资源配置中的决定性作用和社会主义制度优势，增强科技进步对经济增长的贡献度，形成新的增长动力源泉，推动经济持续健康发展。这些重大举措和开创性工作，推动企业创新取得了历史性成就，发生重大性变革，企业成为科技创新、产业创新、市场创新、产品创新、业态创新、管理创新的主角，为企业创新工作全面开创新局面提供有力支撑。

各级老科协助力企业创新工作取得良好进展，服务能力明显增强。2016年年底，中国科协、科技部、人力资源社会保障部联合印发了《关于进一步加强和改进老科技工作者协会工作的意见》，明确畅通老科技工作者在发挥智库作用、创新科普工作方式、服务企业、服务"三农"、助力大众创业与万众创新上的作用。在"国家—省—市—县"四级联动体制下，以中国老科协为统领，以省级老科协为枢纽，以市级老科协为支撑，以县级老科协为基点，以企业老科协为辅助的覆盖全国的老科协组织机构。各级老科协全力以赴加强老科技工作者人力资源开发，支持老科技工作者建言献策、人才培养、科技创新、技术推广、科学技术普及、科技扶贫及帮助企业技术进步，中国老科协及各省级老科协也有针对性成立各专门委员会来推动上述工作执行。老科协及老科技工作者服务企业创新达到新水平，组织机构不断完善，服务氛围逐渐提升，特色项目不断涌现，助力企业创新焕发新气象。

同时，还要清醒地认识到，当前老科协组织力量薄弱、骨干力量缺乏、无法满足企业创新需求的状况尚未根本改变。主要表现在：老科技工作者资源供给不足，在科研、工业等领域高端智力资源有待深入开发，供给质量亟待提高；老科技工作者对接企业需求的渠道比较缺乏，有力无法使的局面尚待破解；老科协组织建设仍然滞后，特别是企业协会的建设亟待提升；国家支持老科协的体系相对薄弱，在政策、资金、人才等方面的支持亟待健全；基层老科协基础工作存在薄弱环节，助力企业创新体系和能力亟待强化。

（三）形势展望

2018—2020 年，是实施中国老科协助力企业创新行动的第一个 3 年，既是难得的机遇，又面临着严峻的挑战。从外部环境看，全球性贸易纷争加剧、发达国家技术封锁，都在倒逼我国尽快提升创新竞争力、妥善应对国际市场风险任务。特别是党的十九大确立了建设现代化经济体系的目标，企业作为市场经济主体，推动企业创新是头等大事。同时，以数字化、网络化、智能化为代表的新工业革命，也在倒逼企业紧跟潮流，加速转型升级，推动研发、生产、管理、服务等模式变革，以创新赋能企业。从内部形势看，随着我国经济由高速增长阶段向高质量发展阶段转变，加速推动企业由增量导向转向提质导向是必然要求。特别是中小企业作为经济、就业支柱的基本国情不会改变，其人才匮乏、创新乏力的局面更是亟待改变，应对上述挑战的任务艰巨。

实施中国老科协助力企业创新具备充分条件：有以习近平总书记为核心的党中央重视与关怀，有国务院及多部委的精准领导与科学决策，有全国各地政府的配合，各级老科协助力企业创新具有坚强的政治保障。鼓励创新的各项政策不断出台，支持老科技工作者服务创新的政策不断完善，老科协助力企业创新具有坚强的制度保障。基于改革开放 40 年来对人才培养的高度重视，我国已累积起丰富的科技工作者资源，且正处于老中青人才交替的过渡时期，广大老科技工作者退居二线后依然在经济、社会、科技各个领域发挥着重要作用，老科协助力企业创新具有雄厚人力资源基础。经过长期努力，全国老科协组织建设和项目开展取得突破性进展，积累了丰富的成功经验和做法，老科协助力企业创新具有扎实工作基础。

实施中国老科协助力企业创新行动计划，是对党中央建设创新型国家、实施创新驱动发展战略一系列方针政策的继承和发展，是广大企业特别是中小微企业的热切期盼。必须抓住机遇，迎接挑战，发挥优势，顺势而为，努力开创新动力、新局面，推动中国老科协组织全面升级、助力企业创新工作全面进步、老科技工作者积极性全面发挥，开创老科协及老科技工作者助力企业创新的全新篇章。

二、总体要求

按照实现两个一百年奋斗目标的战略部署，到 2020 年要建成经济更加发展、民主更加健全、科教更加进步、文化更加繁荣、社会更加和谐、人民生活更加殷实的小康社会。2018—2020 年的这三年，是决胜建成小康社会的关键时期，也是收官"十三五"，开启"十四五"的战略转进阶段，既要实现中国老科协助力企业创新工作的专业化、规范化、体系化、特色化，又要为应对可能到来的老龄化社会做好充足准备，为保障创新型国家建设提供源源不竭的智慧动力。

（一）指导思想

以习近平新时代中国特色社会主义新思想为指导，深入贯彻习近平总书记创新系列讲话精神，深入贯彻党的十九大精神，牢固树立新发展理念，大力推进老科协助力创新创业事业。突出优化老科协组织架构与服务职能、构建完善助力企业创新顶层政策体系、加强建设示范基地等助力企业创新载体、积极发挥助力企业创新典型案例导向作用、营造良好助力企业创新氛围，充分激发广大老科技工作者与企业积极性，调动全社会优质资源，加快形成中国老科协助力企业创新、社会支持企业创新、企业用于创新的新机制，推动中国老科协助力企业创新事业向精准化、高质化、社会化转变，打造"中国老科协助力企业创新"品牌，拓展老科技工作者发挥余热新空间，为决胜全面建成小康社会、夺取新时代中国特色社会主义伟大胜利、实现中华民族伟大复兴提供有力保证。

（二）基本原则

——坚持党的领导、强化党建。毫不动摇坚持和加强党对中国老科协工作的领导，加强各级老科协党建工作。推动老科技工作者党员编入党的基层组织，参加党的组织生活和各项党内活动，履行党员义务，行使党员权利。加强对老科技工作者的政治引领，自觉与以习近平同志为核心的党中央保持高度一致。

——坚持以企为本、惠企优先。充分尊重企业意愿，坚决不搞拉郎配，杜绝行政指令安排。调动千万企业的积极性、主动性、创造性，把推动企业创新、维护企业利益、促进企业高质量发展作为出发点和落脚点，促进企业效能变革、动力变革、创新变革。

——坚持突出重点、优先扶助。把助力中小微企业创新作为老科协全系统的共同意志、共同行动，做到认识统一、步调一致，在专家配备上优先考虑，在资源支持上优先满足，在政策对接上优先帮助，加快补全中小微企业创新短板。

——坚持精准施策、全面覆盖。全力加强老科技工作者与企业对接渠道建设，发挥好老科协的中介作用，明确双方需求，精准扶助困难企业。充分发挥老科协的组织优势，深入调研企业需求，全面覆盖各类企业。

——坚持创新提升、激发活力。不断变革中国老科协组织结构、组织方式、动员机制、服务能力，创新助力企业创新工作方式，激发主体、激发要素，调动各方力量投身行动计划。以创新引领行动计划，以人才汇聚推动和保障行动计划，增强老科协和老科技工作者的自我发展动力，

——坚持因地制宜、循序渐进。科学把握各省差异性和发展走势分化特征，重点做好顶层设计，注重规划先行、因势利导，分策实施、突出重点，体现特色。既尽力而为，又量力而行，不搞层层加码，不搞一刀切，不搞形式主义和形象工程，久久为功，扎实推进。

（三）主要目标

总体目标：经过三年努力，全面完成六大任务计划，推动中国老科协助力企业创新行动取得重大突破，建立完整老科协助力企业创新体系。建立覆盖全国的老科协人才资源库，建立一批老科协助力企业创新示范基地，建立覆盖全国老科协助力企业创新联系点，加快形成一批老科协助力企业创新成

功的先进典型案例，建立一批企业老科协组织，完善现有的老科协助力企业创新政策、措施。

六大任务进度安排及完成目标具体要求如下。

——老科协人才资源库建设行动目标。按照"三步走"战略，2018年全面完成全国老科技工作者人才资源专项调查，完成"中国老科协人才资源大数据平台"的规划论证工作；2019年全面建成中国老科协人才资源大数据平台人才供给侧内容，进入实际应用阶段；2020年建成中国老科协人才资源大数据平台企业需求侧内容，实现助力企业创新向网络化、数字化、智能化新跨越。

——老科协助力企业创新示范基地的行动目标。每年各省发展省级助力企业创新基地50个，其中区域示范基地20个，高校、科研院所、企业示范基地30个；每年各省发展市级助力企业创新基地100个，其中区域示范基地20个，高校、科研院所、企业示范基地80个。力争通过3年时间，推动助力企业创新基地运行模式和服务模式创新，到2020年年底前建设一批高水平的助力企业创新示范基地，培育一批具有市场活力的助力企业创新支撑平台。

——老科协助力企业创新联系点行动目标。2018年各省均建立起组织结构完善、功能完备的助力企业创新联系点；2019年50%以上的设老科协市基本建成助力企业创新联系点；2020年设老科协全国各地级市均建成助力企业创新联系点。

——老科协助力企业成功先进典型案例遴选行动目标。按照"10/50/100"目标，每年中国老科协遴选10个国家级助力企业成功典型案例；各省遴选50个省级、100个市级助力企业成功典型案例，其中各级别案例中区域典型占比为20%、企业典型占比为80%。重点遴选出一批突破阻碍助力企业创新发展政策障碍，有特色、有成效的案例，形成一批适应不同区域特点、组织形式和发展阶段的助力企业创新模式和典型经验。

——建立企业老科协组织的行动目标。按照"20/40/60"目标，根据各级老科协对本区域企业调查摸底情况，2018 年完成本区域具备条件企业 20% 以上设立老科协，2019 完成 40% 目标，2020 年完成 60% 目标，实现覆盖绝大多数企业宏伟目标。

——完善现有政策、措施行动目标。2018 年全面完成现有政策、措施梳理与改进；2019 年搭建起完善的助力企业创新顶层政策体系；2020 年助力企业创新政策体系系统性、持续性、针对性、有效性全面触及世界一流水平。

三、建立覆盖全国的老科协人才资源库

稳步推进中国老科协人才资源"大数据"信息平台建设，建立起覆盖全国的老科协人才资源库，持续优化老科技工作者人才队伍结构，搭建老科技工作者与企业精准高效对接的服务平台。

（一）加快开展老科技工作者人才资源专项调查

按照由上至下、层层推进原则，由中国老科协统一部署、统一协调、统一指挥，以各省老科协为中枢，推动各级老科协成立人才工作组，开展本级老科技工作者人才资源专项调查。要重点掌握老科技工作者的退休前从事职业、岗位职级、专业特长、发明专利、兴趣爱好、常住地址等情况，优选出一批资历深、素质高、经验多的老专家。

按照行业归类整理的老科技工作者人才信息，并按行业核心能力掌握情况及助力企业可行性等标准进行科学评价，由低至高精准分类为 1 ~ 5 星人才。从而建立起数据完备、分类合理的各级老科协人才资源库，为进一步进入中国老科协人才资源库做好充分准备。

（二）加快推进中国老科协人才资源大数据平台建设

以中国老科协为实施主体及依托单位，加强工作规划，稳步推进国家层面中国老科协人才资源大数据平台建设。大数据平台要充分运用互联网信息技术，建立中国老科协人才资源库，统筹整合全国老科技工作者人才资源及其附带资产（技术、专利等）信息，实现人才数据资源的标准化、规范化；要强化展示层面建设，为各级老科协、企业提供统一的访问和交互入口，实现人才信息一站式查询，资源全国调配；要强化信息应用服务建设，大力开展人才资源的统计分析、数据挖掘，为全国老龄化人口事业规划提供丰富基础数据。

各省级老科协负责汇总、整理、筛选本省老科技工作者人才信息，并上报中国老科协，构筑起中国老科协人才资源大数据平台的坚实基础；中国老科协负责全国数据检查、汇总、入库工作，全力推动大数据平台高质量建设。

（三）加快推进老科技工作者与企业对接服务平台建设

以中国老科协人才资源大数据平台为基础，搭建老科技工作者与企业高效精准对接服务平台，实现人才资源与企业需求、技术与市场的充分结合，更精确地为企业输送合适的老科技工作者人才。加强中国老科协人才资源大数据平台精细化管理，深入完善供给侧人才信息；在大数据平台下，加快推进企业需求侧数据库建设，严格按照自愿、自主原则，由各级老科协发动企业入库，完善企业相关信息。

企业自主在对接服务平台发布需求，大数据平台依据算法模型对供给侧及需求侧数据进行匹配，为企业推荐符合条件的老科技工作者，实现人工条件下"一对一"的服务模式向信息化条件下的"多对多"的转变，为企业提供更多适合老科技工作者，为老科技工作者提供更大舞台和更多机遇，最大限度地释放活力与创造力。

（四）建立各级老科协人才资源库常态化维护机制

建立起各级老科协人才资源库常态化维护机制，中国老科协及各省级老科协安排专人负责维护工作，其他级别老科协科学评判自身条件，富有余力者安排专人维护，资源缺乏者可派员兼职维护。各级老科协要以第一次全国老科技工作者人才资源专项调查结果为基础，每年6月定期开展老科技工作者人才资源情况监测，全面掌握人才与其附属资产的总量与变量情况，补充更新数据库中必需的主要与辅助数据，为老科技工作者人才资源与企业充分对接提供强大支撑。

四、建立一批老科协助力企业创新示范基地

以互补互助互促为原则，以制度、模式创新为动力，加快建立一批布局全国各省份的老科协助力企业创新示范基地，成为老科技工作者直接服务企业创新的重要载体，成为各项改革创新政策先行试验地。

（一）科学合理规划助力企业创新示范基地布局

强化规划引领，注重地区差异，充分考虑各区域特点和发展情况，有机衔接现有工作基础，稳步推进助力企业创新示范基地建设。

探索形成不同类型示范基地。依托各级老科协所集聚的各行业、各层次人才，及下属高校、科研院所、大型企业等直属分会，支持多种形式的助力企业创新示范基地建设。引导社会助力企业创新要素投入，实施一批助力企业创新政策措施，探索形成不同类型的助力企业创新示范基地。对助力企业创新成效明显的示范基地，争取国家财政支持，给予相应运营补贴。

统筹部署不同区域的示范基地。充分考虑全国各地发展情况和特点，特

别是东北及中西部年轻人才外流严重的趋势，结合新一轮东北振兴战略、长江经济带发展战略、中部崛起战略，统筹部署助企创新示范基地建设，依托各地的优势和资源，探索形成各具特色的区域助力企业创新形态。

充分用好各地现有的工作基础。有机衔接各级老科协已有的工作基础，在助力企业创新示范基地遴选、政策扶持、平台建设等方面充分发挥现有机制作用。依托老科协科技创新示范基地等各类示范资源，在工作基础较好、示范带动作用较强的区域和单位率先开展示范布局。在此基础上，逐步完善制度设计、有序扩大示范范围，探索出统筹各方资源共同支持建设助力企业创新示范基地的新模式。

（二）探索构建一批老科协助力企业创新区域示范基地

以工作能力突出、资源集聚丰富的各级老科协所在区域为重点和抓手，集聚所有可调动的人才、技术、政策等优势资源，与当地政府密切合作，探索形成区域性的老科协助力企业创新扶持制度体系和经验，由中国老科协统一授牌、垂直管理，建立起具有全国影响力的老科协助力企业创新区域示范基地。

区域示范基地老科协要加强与当地政府部门的协调联动，当好企业与政府之间的"桥梁"，积极向政府建言献策，推动政府在财税支持力度、强化知识产权保护、促进科技成果转化等方面，出台并落实助力企业创新政策。

区域示范基地本级老科协及上级老科协要主动作为，发光发热。深入调研了解当地企业发展需求，在政策解读、技术服务、信息和中介服务、知识产权交易、协同创新、人才引入、对外合作等方面提供直接的帮助，支撑企业发展。要力所能及地帮助当地中小企业解决融资难、融资贵等问题，建言政府设立企业引导资金，拓宽企业融资渠道，支持创新型中小企业发展，打造出老科协推动当地企业创新的样板。

（三）加快建立一批老科协助力企业创新高校、科研院所与企业示范基地

在各级老科协已形成的创新工作基础上，深度构建具有老科协特色的助力企业创新的生态体系，打造"国家—省—市—县"四级助力企业创新企业示范基地格局，形成老科协与企业示范基地搭台，带动其他企业共同唱戏的助力企业创新格局。

各级老科协要通过直属分会，深度加强与本地高校、科研院所、行业龙头骨干企业的合作，以上述组织为载体，以其所辖老科技工作者为资源，挂牌老科协助力企业创新示范基地，共建助力企业创新的平台。示范基地要为有需求企业创新提供全面、高效、高质量的服务，为企业提供创新创业辅导；为企业组织技术服务，进行项目研发、科研攻关合作；为企业经营者、专业技术人员和员工提供培训；组织企业参与各类展览展销、贸易洽谈、产品推介等活动，协助企业与行业专家及龙头企业产品对接、合作交流等活动；为企业提供发展战略、财务管理、人力资源、市场营销等管理咨询服务；为企业提供融资信息、组织开展投融资推介和对接等服务。

同时，各级创新示范基地应当锐意进取，勇于在基地运营模式、管理模式上实现创新，在创新支持上做出突出的特色优势和示范性，努力争取升格为国家级及省级创新创业示范基地，开启老科协助力企业创新工作新局面。

（四）加强与各型双创示范基地的合作，推动协同共享发展

各级老科协深入调研、充分了解，精选出一批基础牢、模式新、实力强、成果优的创新创业示范基地，加强交流沟通与合作支持，撬动其资源参

与到老科协助力企业创新行动中来，为行动的顺利展开提供强劲支撑，共同营造全社会促进企业创新的良好氛围。支持中国老科协所属各型助力企业创新示范基地与其他双创基地建立协同机制，开展交流合作，共同推动政策环境完善，共享助力企业创新资源。支持中国老科协所属各型助力企业创新基地"走出去"，与日本、法国、德国等老年人力资源开发较为充分的国家与地区开展交流合作，实现老科协助力企业创新示范基地工作的跨越式迈进。

五、建立覆盖全国老科协助力企业创新联系点

深入推进助力企业创新工作规范化、标准化、制度化，全面提升中国老科协各级组织的工作水平，按照责任到人、落实到点，纵向到底、横向到边的要求，建立覆盖全国的老科协助力企业创新联系点。

（一）建立覆盖全国的助力企业创新联系点

以各省老科协为依托单位，建立起覆盖全国的助力企业创新联系点；省级老科协力量较为薄弱者，可在其所属市级老科协中择一优者建立本省助力企业创新联系点。中国老科协企业技术创新专门委员会每位委员要分别联系若干联系点，建立起垂直指导体系。

各联系点要强化对本省助力企业创新工作的掌握力度，编制工作情况报告，每季度末向中国老科协企业技术创新专门委员会汇报本省助力企业创新工作的开展情况；要配合省级老科协认真做好助力企业创新工作的调研、信息收集整理，不断推进基层助力企业创新工作开展；要建立工作台账，将前往基层调查研究、指导工作、解决问题的重要情况建立工作台账，形成知识积累，强化信息反馈。

（二）强化各省助力企业创新联系点与企业联系

各助力企业创新联系点要发挥好连接政府、中国老科协和企业的中坚枢纽作用，认真宣传解读党和国家助力企业方针政策和省、市助力企业重大决策部署，帮助企业用好相关政策措施，宣传老科协助力企业创新行动重大意义、目标任务和具体工作。要努力为助力企业创新办好事实事。各联系点要定期不定期在全省开展助力企业创新调研活动，轻车简从、低调踏实，深入企业科研生产一线，广泛听取企业意见建议，深入了解中小微企业迫切需要解决的热点、难点问题，从全省层面进行统筹协调，帮助落实解决，认认真真为中小微企的发展办好事实事。

（三）强化中国老科协对各省助力企业创新联系点工作指导

中国老科协要加强对各省助力企业创新联系点的工作指导，定期不定期地深入到联系点，及时掌握联系点所在省份助力企业创新工作动态情况，及时传达党中央、国务院、中国科协的指示精神，协调解决助力企业创新中的难点问题；要开展调研走访，要通过联系点掌握省市县老科协组织建设、资源配置、工作开展情况，适时向中央提出加强基层老科协工作的建议与意见；要加强督促检查，对联系点助力企业创新工作进行监督检查，对存在问题的，提出整改意见和建议。

（四）持续推动联系点制度创新发展、不断扩大

中国老科协要推动各省联系点创新争优，及时总结各联系点的经验，指导形成长效制度，将联系点好的做法予以推广，努力把联系点建成助力企业创新工作示范点。注重助力企业创新联系点制度持续发展，形成标准化工作流程，加快向市级层面、大型直属分会等更广领域扩展，共享创新成果。

六、形成一批老科协助企成功先进典型案例

善用典型示范作用，加快形成一批老科协助企成功先进典型案例，为各级老科协助力企业创新工作提供标向，为广大想干事、能干事、会干事的老科技工作者注入"强心针"，为广大急需老科技工作者支持的企业鼓劲，激励全国老科技工作者及各级老科协奋发进取，主动有为。

（一）加快制定老科协助企成功先进典型案例评选标准

确立国家、省、市三类级别，区域及企业两种类型的典型案例，加快细化先进典型案例评选标准。区域先进典型案例应在本区域整体推进老科协助力企业创新行动、动员老科技工作者、提升企业创新水平、促进中小微企业发展等一方面或多方面，成效显著，富有特色，具有示范引领作用。

企业先进典型案例应反映老科协推进企业创新行动各项政策措施，在该企业中的得到全面、常态应用，或是老科协在助力该企业提供的服务上，即在管理咨询、技术服务、研发突破、创新协作等的一方面或多方面有创新性、有特色，真正助力企业发展方式变革、经营质效提升、科技创新实力增强。

（二）加快开展老科协助企成功先进典型案例遴选工作

尽快启动老科协助企成功先进典型案例遴选工作，遴选由各级老科协自主申报，逐级推荐评选，专家组综合评选三个阶段组成。中国老科协制订遴选总体方案，各省老科协结合本省实际制订遴选具体工作方案，组建遴选委员会对各市级老科协及直属分会老科协申报材料进行评选，推荐优秀典型案例上报中国老科协；中国老科协组织专家组对全国助企成功先进典型案例进行评选，确定最终入选名单并向社会公示。

（三）有序推进老科协助企成功先进典型案例培训推广工作

有序开展老科协助企成功先进典型案例汇编、出版、培训、推广等工作。将老科协助企成功先进典型案例体系化、标准化、可操作化，纳入中国老科协及各省老科协开展的老科协助力企业创新培训课程中。邀请典型案例相关老科协结合自身工作开发更具针对性的助力企业创新培训（实训课程），重点围绕典型案例中的助力企业创新模式、行动路径等内容开展专项培训，提高典型性案例培训的质量效益；将典型案例中好的做法、好的成效推广到全国各地。

（四）深入开展老科协助企成功先进典型案例宣传活动

深入开展中国老科协助力企业创新典型案例宣传活动，充分利用各类媒体，广泛宣传已通过实践证明行之有效的、可复制可推广的老科协助企创新政策和做法，加强助力企业创新政策解读，让各项助力企业创新政策应享尽知。

采取国家、省、市、县四级联动的方式，组织开展助力企业创新活动周、助力企业创新文化节，举办助力企业创新典型案例展示、助力企业创新先进成果宣讲等推介活动，鼓励社会各界有志之士投身中国老科协助力企业创新行动，为行动计划实施营造出热烈气氛。

七、建立一批企业老科协组织

加快建设一批企业老科协组织，发挥好企业科协联系企业老科技工作者的纽带作用，增强企业老科技工作者的主人翁意识、参与意识和创新意识，帮助企业开展技术攻关、促进成果转化、营造良好创新氛围。

（一）加快推进企业老科协建设规划

科学规划企业老科协组织建设布局，根据各地经济发展状况、人口老龄化速度、人才外流程度、企业主体数量与创新需求，结合当地企业老科技工作者存量和使用情况，坚持有的放矢、规模适当、干事优先、经济适用的原则，以发挥优势基础、开创全新局面为导向，加快出台建立企业老科协组织顶层专项规划，为推进企业老科协建设明确指引；紧跟时代要求，加快完善不同类型企业老科协成立办法、组织结构、工作制度，为推进企业老科协组织建设奠定基础。

（二）加快摸底企业老科协的建设情况

由中国老科协统一部署，省、市、县三级老科协为执行对象，对本级区域开展"企业老科协建设摸家底"行动，通过对各级老科协所属区域企业老科协建设调查摸底，全面排查企业老科协的组建情况，全面了解已建企业老科协运行情况、未建企业老科协问题根源。根据调查摸底掌握一手资料，确定推进本级企业老科协组建工作的重点对象。

（三）分类推进企业老科协的组织建设

立足配置合理、发挥作用原则，按照大中型企业成立独立老科协、小微企业成立联合老科协的实施方向，稳步推进、着力打造全面覆盖的企业老科协组织体系。

各级老科协要突出重点抓好所在区域，3000人以上、存续20年未建老科协的大企业的老科协的组建工作，加快成立独立的老科协；要积极对接本级科协，对企业科协组建取得成效的大中型企业，依托企业科协组建企业老科协；对小微企业，要积极对接本级工商联等组织，广泛动员、努力协调，按照区域相邻或行业相近原则，建立区域性、行业性联合老科协，最大限度地把小微企业吸收到老科协中来。

在分类推进企业老科协建设过程中，要注重边实践、边探索、边总结，致力于有效做法制度化，管用经验长效化，不断建立完善企业老科协组建推进机制。

（四）全面加强对企业老科协的工作支持

加快推进企业老科协制度建设标准化，中国老科协要致力建设企业老科协科学性、规范性、可操作性的制度体系，建立健全企业老科协工作制度流程，使企业老科协有统一工作标准和工作程序。各级老科协要指导督促所属企业老科协根据中国老科协的制度、规定，完善组织结构、明确划分职责、积极开展工作，有效促进企业老科协工作的常态化、规范化、实效化。

各级老科协要积极开展企业老科协示范单位评选，采取必选加自选工作方式，采取"2+N"工作模式，完善组织建设、助力企业创新为必选项，并将本级老科协重点任务划分为 N 个项目，由企业老科协自选若干项开展。将规定动作和自选动作相结合，既规范了企业老科协基础工作，又增添了企业老科协工作特色，并选树若干典型，为企业老科协建设工作提供典型经验。

八、完善现有的老科协助力企业创新的政策、措施

深入推进中国老科协助力企业创新工作，全面总结以往的工作经验，根据新问题、新情况、新需求完善相关政策措施，全力推进行动计划取得实质性、突破性进展。

（一）加快梳理评估现有助力企业创新政策

各级老科协要抓紧对已出台的助力企业创新政策开展自查梳理，有条件者可委托第三方进行评估，根据评估结果及时调整完善"不接地气""不合实际"和"不易操作"的政策措施。各级老科协要高度重视，加强组织领导、确保梳理质量，及时上报上级老科协，并汇总至中国老科协，由中国老科协组织改进验收。同时，要将梳理工作作为一项长期性、系统性工程，建立动态调整机制。

（二）加快建成完善的助力企业创新顶层政策体系

以《中国老科协助力创新三年行动计划（2018—2020年）》为基础，加快出台老科协助力企业创新实施意见、老科协助力创新专项资金管理办法、扶持老科技工作者助力企业创新实施细则、老科协助企创新示范基地实施细则、老科协助力企业创新联系点实施细则、建立企业老科协实施细则、助力企业创新科技项目管理办法等文件，从多角度、多层面对各级老科协助力企业创新工作进行谋划创新，指明今后的工作方向，为加快中国老科协助力企业创新事业提供有力政策保障。

（三）不断加强助力企业创新政策宣传力度

出版发行《中国老科协助企创新》内刊，重点宣讲助力企业创新政策、典型案例，在全国范围内送阅，扩大助力企业创新政策的传播范围，提高影响力。通过召开新闻发布会，在"3·15""科技宣传周"等企业参与较多期间开展宣传，在助力企业创新培训班期间向老科协工作人员进行政策专题培训，通过多种媒体广泛开展政策宣传解读培训，把好的政策送进企业、深入人心，营造更加优良的创新氛围。

九、助力企业创新行动计划保障措施

实行中国老科协统筹、省老科协负总责、市县老科协抓落实的助力企业创新行动计划，坚持党的领导，更好履行各级老科协职责，凝聚社会力量，扎实推动助力企业创新行动计划。

（一）提高思想认识

在助力企业创新行动中，中国老科协将高度统一全国上下对此项工作重要性和紧迫性的认识，全面落实党中央、国务院关于落实创新驱动的重要部署，深刻领会习总书记创新系列讲话精神，准确把握老科协承载的责任和使命，加强领导，密切配合，确保工作顺利开展。

（二）加强组织领导

依托中国老科协企业技术创新专门委员会成立助力企业创新工作领导小组和专项工作办公室，研究制定助力企业创新行动计划和实施方案，明确了重点任务和责任分工，进一步加强顶层设计和统筹协调；各省级老科协围绕本省实际情况及资源状况，成立专项组织机构，负责本省助力企业创新工作的组织协调和推进开展；各市县老科协结合实际，安排专人负责助力企业创新的协调与推进工作。依托各省助力企业创新联系点，总体把握助力企业创新行动的推进，及时报告有关进展情况，切实抓好各项工作的组织落实。

（三）营造良好氛围

定期举办中国老科协助力企业创新主题论坛，通过常态化活动为助力企业创新搭建社会资源对接、宣传推介的平台；充分利用各类媒体与网络平台多层次、立体化宣传报道助力企业创新行动新进展、新成效，塑造中国老科协助力企业创新品牌形象，引导更多的社会力量对行动计划的关注和支持；组建中国老科协助力企业创新宣讲团，广泛宣传先进典型案例；按年度表彰奖励有特色、有创新建树、有引领作用老科协和助力企业创新示范基地；在各级老科协建立并逐步推广鼓励创新、宽容失败的容错纠错机制，营造宽松的双创氛围。

（四）强化监督评估

建立中国老科协助力企业创新评价指标体系，突出老科技工作者动员情况、示范基地建设情况、组织机构完善情况、高端助力企业创新团队建设、助力企业创新成功率、辐射带动作用、总结推广情况等内容；按照三年行动计划实施进度要求，及时跟踪并对各级老科协进行年度审查，确保行动计划实施依法合规；各级老科协内部建立督查机制，定期对助力企业创新工作和成效进行考核自评，并根据评价情况开展助力企业创新工作诊断，科学指导助力企业创新行动进一步实施与发展。

（五）及时总结推广

按照"边行动、边总结、边推广"的原则，及时总结推广有效的经验模式。建立助力企业创新季度工作简报以及年度总结报告制度，定期总结阶段性成果，并向中国科协报送建设进展；进一步总结提炼、归并整合各级老科协助力企业创新的好做法、好经验，完善助力企业创新制度体系，将形成的可复制、可推广的经验及时总结上报中国科协及国家有关部门，逐步向全国推广；积极开展助力企业创新经验交流，在学习借鉴其他协会建设经验的同时，积极推广自身的特色模式与经验。

参考文献

[1] 李怀，张颖，史彦泽. 美国、日本老龄高智力资源再开发做法及其借鉴［J］. 商业研究，2018（5）：172-176.

[2] 原新，高瑷，李竞博. 人口红利概念及对中国人口红利的再认识——聚焦于人口机会的分析［J］. 中国人口科学，2017（6）：19-31+126.

[3] 何妍. 扬州市退休干部人力资源开发问题及对策研究［D］. 扬州：扬州大学，2017.

[4] 赵栖梧. 人口老龄化背景下北京市低龄老年人力资源开发研究［D］. 北京：北京交通大学，2017.

[5] 陈汝. 基于人口老龄化背景下中国老年人力资源开发探析［J］. 人力资源管理，2017（2）：2-3.

[6] 史雪琳. 基于企业视角的老年人力资源开发策略［J］. 曲靖师范学院学报，2017，36（1）：116-118.

[7] 李小姣，王付芹. 低龄老年人力资源开发的可行性分析［J］. 人才资源开发，2017（2）：89.

[8] 孙平，彭青云. 人口老龄化背景下美德老年人力资源开发经验及启示［J］. 中国人力资源开发，2016（21）：81-84.

[9] 李朋波，白奔，张超. 国内老年人力资源开发的研究述评与展望［J］. 中国人力资源开发，2016（8）：6-12.

[10] 李祥妹，王慧. 人岗匹配视角下的老年员工人力资源开发策略研究［J］. 中国人力资源开发，2016（8）：13-17.

[11] 王红燕，项莹，杨华. 基于老年人口红利理论的城市低龄老年人力资源开发路径［J］. 人力资源管理，2015（11）：60-61.

[12] 高琳. 延迟退休背景下老年人力资源开发的必然性与对策［J］. 人力资源管理，2015（5）：133-134.

农民工 ① 返乡创业问题研究 ②

杨志明 [1] 陈玉杰 [2] 徐 艳 [2] 邓宝山 [2]
（1. 中国劳动学会；2. 中国劳动和社会保障科学研究院）

摘要： 本研究探讨了农民工返乡创业的独特作用及返乡创业所需条件，总结了各地鼓励农民工返乡创业的实践经验，分析了返乡农民工创业面临的问题和挑战并提出相关的政策建议。研究发现，返乡农民工创业带动了农村劳动力就地就近转移就业、增加收入、促进农村和县域经济发展。其中，中青年是返乡创业的主体；经济收入和好的创业机会是返乡创业的主要原因；返乡创业项目主要集中在第三产业和第一产业。但返乡创业者还面临一些问题，如文化水平偏低，创业相关经验不足；创业领域有限，创新能力不足；创业融资难，缺乏低成本的资金支持；创业资源紧缺，基础设施配套不到位；创业政策的知晓度和享受度不高等。建议从制度建设、政策宣传、融资服务、基础设施配套、创业培训等方面，降低农民工返乡创业的成本，提高创业能力，打造便捷创业服务，营造有利于创新创业的环境。

关键词： 农民工，返乡创业，创业政策，创业能力，融资

---

① 现称为进城务工人员。
② 成文时间：2016 年。

一、农民工返乡创业的概念及条件

农民工在我国工业化、城镇化快速发展进程中，具有"劳动力、资金、技能双向流动"的特点。近年来，一批又一批曾经在沿海发达地区和大中城市务工经商的农民工，经过城市打工的历练和积累，带着技术、项目、资金返乡创业，不仅正在形成农民工返乡创业潮，而且正在成为地方经济发展的生力军。

（一）农民工返乡创业概念界定

目前，学术界对"农民工返乡创业"并没有一个明确的、统一的定义。黄建新（2008）所提的"返乡创业"是指农民外出打工或经商半年以上，积累了一定的资金、掌握了一定的技术和信息，了解到家乡的社会经济环境而返乡创办工商等企业。返乡农民工创业是指在非农化过程中，一部分农民工从农村转移出来，经过打工积累了技术、经验、社会资本，又回到家乡创业。返乡农民工群体中创业者的塑造既是社会发展的需要，也是个人自我价值实现的结果。韩俊（2009）认为："进城的农民工经过一段时间外出就业后又返回家乡，利用打工增长的见识、本领、获得的资金和信息，在乡村小城镇创办企业、发展工商服务业，投资商品性农业，这种现象被称为农民工回乡创业"。马忠国（2009）在社会流动基本理论的基础上，对农民工返乡创业进行界定，农民工返乡创业就是在非农化的过程中，返乡后的农民工将在城市务工过程中积累掌握的知识、技术、经验、资本等，并通过借助一定的平台或载体，参与到家乡地区产业发展过程中或新农村建设、城镇建设过程中，并成功提高其社会地位的过程。本研究采用的是程伟（2011）对返乡创业的界定，即凡是返乡之后的农民工投资于农业或其他产业部门，或者生产经营规模有明显扩大者，通过自我雇佣或雇用他人的方式而增加经济收入，实现自身利益最大化的，既包括在城镇工业、建筑业、运输业、商业、服务业等领域创业的群体，也包括在乡村经营养殖业、服务业等非农产业的群体，都称之为农民工返乡创业。农民工返乡创业所创之"业"，既可以是大到投资数百万元的企业，小到投资几千元开饭店、理发店，也可以是进入非农产业部门或从事非传统意义的农业生产活动。

（二）农民工返乡创业的条件

农民工经过务工的磨练，拥有了一定的资金、技术、人脉和影响力，有了创业基础储备，再捕捉到商机和政策环境利好时则选择创业。农民工跟其他群体一样，创业需要具有创业的意识、具备创业的能力、适合的创业项目、相应创业资源等。

一是创业能力。返乡创业农民工需要具备强烈的创业动机和创业愿望，并具备发现创业机会的能力，敢于承担创业风险的精神，以及创办和经营企业的能力。农民工群体在吃苦耐劳、敢于打拼方面具有优势；但在风险承受能力方面较弱，且多缺乏系统的创业知识。二是创业项目。农民工返乡创业的项目既要与自己的经验或技能相关，又要有市场需求和发展前景，特别是返乡后与家乡产业发展和市场需求相契合。三是创业资源，即创业者在向社会提供服务和产品的过程中，所拥有的能够实现自身目标的各种要素及要素组合。这包括创业资金、创业场所、机器设备、原材料、技术技能和人力资源等的投入。四是创业服务体系。包括创业能力建设、创业指导咨询服务、创业基础设施、创业技术技能支持服务，以及创业孵化服务等。

二、农民工返乡创业的经济社会背景和独特作用

农民工返乡创业是农村劳动力转移的新动向，带来产业分布的新变化，

反映经济发展的新趋势，打破了农村劳动力长期向城市和发达地区单向转移的格局，形成了农村劳动力在城乡之间双向流动的新局面，带动了工农之间、城乡之间生产要素的市场重新配置，在农民工群体中不断涌现出企业家的创业雏形。

（一）农民工返乡创业的经济社会背景

农民工返乡创业与新型城镇化，大众创业、万众创新的政策环境，精准扶贫，产业梯度转移，城乡二元分割，产业转型新技术的产生等均有密切的关系。

1. 新型城镇化建设

2014年3月，中共中央、国务院印发了《国家新型城镇化规划（2014—2020年）》，指出：城镇化是伴随工业化发展，非农产业在城镇集聚、农村人口向城镇集中的自然历史过程，是人类社会发展的客观趋势，是国家现代化的重要标志。实现新型城镇化的核心是推动人口在中小城镇的聚集，以及在人口向中小城镇集聚的过程中实现城乡的协调发展，农村转移到城镇的人口安居且能乐业。这就要求，一方面，要合理引导人口流动，有序推进农业转移人口市民化；另一方面，要在人口城镇化的过程中，实现城镇发展与产业支撑、就业转移和人口集聚相统一。农民工返乡创业多数在中小城镇，带动了中小城镇企业和产业的发展、就业机会的增加，促进了新型城镇化的加速发展。

2. 大众创业、万众创新的宏观环境

2015年，李克强总理在政府工作报告提出：推动大众创业、万众创新，既可以扩大就业、增加居民收入，又有利于促进社会纵向流动和公平正义。国务院出台《关于大力推进大众创业万众创新若干政策措施的意见》提出了支持农民工返乡创业的领域、方式和服务要求；并明确要充分发挥市场在资

源配置中的决定性作用和更好发挥政府的作用，加大简政放权力度，放宽政策、放开市场、放活主体，形成有利于创业创新的良好氛围，让千千万万创业者活跃起来，汇聚成经济社会发展的巨大动能。

《国务院办公厅关于支持农民工等人员返乡创业的意见》将国家用于扶持城镇创业群体的优惠政策普惠至农民工返乡创业。根据农民工等人员返乡创业特点，提出了优化创业环境的相关政策措施，包括登记注册、税费减免、财政补贴、融资服务、创业园区建设五方面。同时，该意见在优化创业政策环境的基础上，强调为返乡农民工提供有针对性的创业服务，从创业基础设施建设和创业服务体系建设两大方面对农民工返乡创业所需服务提出了具体要求。

3. 精准扶贫

国家主席习近平在 2015 减贫与发展高层论坛上强调，中国扶贫攻坚工作实施精准扶贫方略，增加扶贫投入，出台优惠政策措施。精准扶贫需要解决的是人和资金的问题，积极吸引外出务工人员返乡创业，既能解决优秀人才的问题，也能解决资金缺口的问题，还能化解农村务工人员家庭与工作的矛盾。返乡创业者参与精准扶贫有着天然的独特优势。首先，返乡创业人员在外务工多年，有一定的经济基层，并在外开阔了视野，获得知识，提升了致富能力；其次，返乡创业人员对家乡有着独特的乡情，同等条件下投身于家乡事业发展更有激情，发展家乡建设更有热情；再次，返乡创业人员熟悉当地的风土人情与自然条件，能因地制宜干事创业，降低了创业风险；最后，返乡人创业员在本地土生土长，有着广泛的人脉资源，更能得到乡亲们的信任与支持。

（二）农民工返乡创业的独特作用

农民工返乡创业带动了农村劳动力就地就近转移就业、创造收入、促进农村和县域经济发展、推动工业产业和农业现代化发展、缩小地区和城乡差异、助力扶贫攻坚等。

1. 带动农村劳动力就地就近转移就业

"新常态"需要"新动力"，返乡创业的农民工就是这股"新动力"中的活跃因素。经济新常态下面对经济转型的阵痛期，传统劳动密集型产业大量转型或升级，对外出务工劳动力市场造成较大冲击。与此同时，创业创新局面峥嵘初现，给经济发展新常态注入新活力，成为经济增长的新引擎。积累了一定资金、技术、管理经验的农民工，是大众创业、万众创新的重要力量。目前，推动农民工返乡创业正契合了大众创业、万众创新的热潮，通过创办企业，把分散在农村的生产要素进行重新组合并产生新的效益，使广袤的乡镇百业兴旺，打开工业化和农业现代化、城镇化和新农村建设协同发展新局面。在地域辽阔的中西部地区，尤其是偏远地区和贫瘠山区虽然有丰富的自然资源，但人才、资金、技术长期匮缺的短板十分突出。我国城市，尤其是大城市，企业密度大、竞争激烈、成本增高，人才、资金、技术的溢出效应十分明显。返乡创业农民工将城乡统筹有机结合，产生经济发展的新动能，带动了人才、资金、技术在城乡之间、东部和中西部地区的合理流动。

农民工返乡创业正在破解着我国农村劳动力转移就业中的诸多难题。我国就业总量压力较大、结构性矛盾凸显。农民工返乡创办的企业多属劳动密集型行业，为当地农村劳动力实现就地就近转移提供了就业渠道，缓解了就业压力，解决了多年来中西部地区留不住本地劳动力、劳动力净流出的难题，解决了就地进工厂、就近就业的劳动力转移问题。地处武陵山集中扶贫攻坚片区的芷江县8家"城归"创办的企业，就地吸纳就业约5000人。创业农民工不仅解决自身就业，而且带动更多人就业，从"就业一人，脱困一户"的加法效应向"创业一人，脱困一批"的乘法效应转变，达到"一人返乡创业，一片可以致富"的就业倍增效果，实现创业带动就业的良性互动发展。

2. 促进县域经济发展

中国特色新型城镇化，要使大中小城市和小城镇协调发展，要促进城乡要素合理流动和公共资源基本均衡配置，形成以工促农、以城带乡、工农互惠、城乡一体的新型工农、城乡关系。农民工返乡创业，带动上千万农民工乃至在今后一个时期有可能带动上亿农民工在中西部地区就地、就近转移就业，促进农村地区和县域经济发展，将成为具有中国特色的新型城镇化道路的新实践。一批批进城务工的农民工，带着资金技术回乡创业，成为农村经济发展的新生力量，初步形成"输出劳务——积累生产要素——返乡创业"的发展模式，使农村特别是落后地区获得了较快发展的外源力量和逐步输入的造血功能，推动了不发达地区乡镇企业和县域经济的壮大，也有效地避免了蜂拥而入的"大城市病"。

返乡创业的农民工对发展当地县域经济不仅是"资金库"，而且是"人才库"，是宝贵的人力资源。其主体是"80后""90后"的新生代农民工，正处于劳动力的青壮时期，又有文化，返乡创业可以促进当地工业与服务业经济的发展，增加地方政府财政收入，提高当地政府公共产品供给水平。当前，农民工回乡创办的企业近半数在小城镇或县城，返乡农民工已成为不发达地区县域经济社会发展的一股重要力量。

农民工返乡创业既是当前解决农村实用人才短缺的现实选择，更是农业现代化进程中构建新型农业经营体系的人才支撑，还能使城市资金、技术、人才向农村流动，这将直接推动新农村建设。返乡农民工有长年在外打工的经历，开阔了眼界，更新了观念，他们知道只有合理发展非农产业才能摆脱贫困落后的状况。在回乡创办企业的过程中，他们充分利用自身优势，大量从事第二、第三产业，促进了农村经济结构的调整和优化，使农村由原来单一的农业向第二、第三产业发展。他们通过发展农产品加工业，带动中西部地区农产品原料基地和营销网络建设，延伸了农业产业链条，促进了工业和农业、城市和农村、农业和商业的有机结合，有效开拓了市场空间，从而带动农业生产向产业化、规模化、专业化、标准化方向发展。尽管目前返乡创业的人数还不算多，但这些人能量大、创新精神强，代表着农村先进生产力的发展方向，对农村经济社会发展的影响越来越大。

3. 促进区域平衡发展，缩小东中西地区差异

我国区域之间、城乡之间发展差异巨大，优势资源向城市和发达地区集聚，是造成城乡和区域差距扩大的一个重要原因。近年来，农民工区域分布出现变化，农民工在东部地区就业增长放缓，在中西部地区和省内就业增长加快，转移就业重心有从沿海向内陆转移、跨省转移向省内转移，以及呈现从东部地区向中西部地区回流的趋势。尽管中西部地区务工收入略低于东部地区，但由于离家较近、生活成本低、便于照顾家庭等因素，使中西部地区就业的吸引力在增强，越来越多的农民工选择在中西部地区就地就近就业，并且可有效地解决留守儿童、留守妇女、留守老人问题，便于人文关怀，同时更是经济下行背景下实现逆势增长的内在动力，有助于带动优势资源回流进而促进农村和欠发达地区发展，成为促进区域平衡发展、缩小地区差异的积极因素。

大量掌握一定技能、吸收了东部务工地区先进经验与理念的外出农民工，返回输出地创业，把资金和发达地区的市场观念、技术、管理带回家乡，这就把城乡、发达地区与不发达地区的发展联系起来，具有建设中国特色新型城镇化的后发优势，打破原来的就地加工农产品、就地招用农村劳动力和就地办厂的局限，进而带动中小企业的跨越式发展，将在广大农村，尤其是中西部地区产生特殊的集聚效应，带动当地快速吸纳东部转移的产业，快速提高当地经济水平和民生水平，有利于促进形成沿海发达地区带动不发达地区、城市带动乡村的发展格局，进而缓解地区发展不平衡、缩小城乡差别。

三、农民工返乡创业的现状

为深入了解农民工返乡创业的情况及存在问题，课题组赴山东省、河南省、甘肃省等地开展实地调研，与相关政府部门、返乡创业农民工座谈，实地走访创业孵化基地和创业园区。并采用人力资源社会保障部就业促进司与中国人民大学合作开展的农民工返乡创业调查数据对农民工返乡创业现状进行分析。

该调查采用随机抽样方法，以全国 2083 个县域的户籍人口为抽样框，按照随机取点，等距抽样方法确定 100 个抽样点。在抽样点所落入的 100 个县，要求各县上报下辖各行政村户籍人口数，进而定位到样本村。再选派调查员到该村，与村会计一同对照该村户籍人口花名册，逐人筛查并标记出曾经外出者（跨乡镇外出半年及以上）、返乡者、返乡创业者（在县域范围内），然后对筛查出的所有返乡创业者开展问卷调查。调查内容主要包括返乡创业的产业分布、区域分布和规模分布，以及返乡创业者的年龄、性别、文化程度、返乡创业遇到的困难和障碍（如融资难等）、创业者的主要诉求、创业者的政策知晓率、对政策的评价等方面。调查采用面访、微信调查和电话调查相结合的方式，共完成 85 个村的调查工作，回收问卷 1606 份，有效调查问卷 1311 份，问卷有效率 81.6%。

（一）返乡创业者多为中青年，经济收入和好的创业机会是返乡创业的主要原因

1. 返乡创业者多数拥有外出经历，中青年是返乡创业的主体。

调查显示，87.96% 的返乡创业者拥有外出经历（跨户籍所在乡镇累计外出半年以上），52.59% 的在外累积时长达 5 年以上，外出累积时长是影响返乡创业的重要因素之一（图 1）。

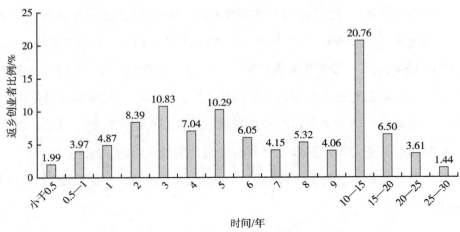

图 1 返乡创业者外出累计时间

创业者平均年龄为 40.85 岁，从年龄结构来看，20—30 岁年龄段占比 13.65%，31—40 岁年龄段占比 35.67%，41—50 岁年龄段占比 36.07%，51—70 岁年龄段占比 14.60%。总体来看，返乡创业者年龄呈"倒 U"型，中青年是返乡创业的主力军（图 2）。

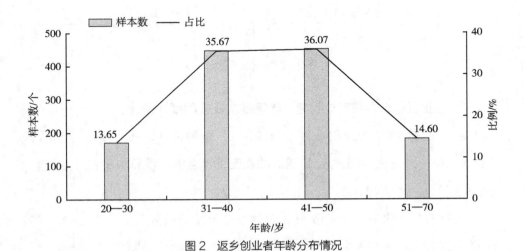

图 2 返乡创业者年龄分布情况

2. 经济收入、好创业机会和为家乡做贡献是返乡创业的主要原因。

调查显示，27.66%、25.76% 和 12.32% 的调查者表示"想赚更多钱""发现好的创业机会""想为家乡做贡献"是其返乡创业的原因。同时，社会氛围和政策引导也对返乡创业起到了积极作用，分别有 9.22% 和 8.11% 表示返乡创业是受周围创业者影响和受政策鼓励及培训启发影响。可见，返乡创业者回乡创业并不以追求经济利益最大化为唯一目的，家乡情怀和故土情节也是重要因素。同时，政策引导和社会氛围也对返乡创业起到了积极作用（图 3）。

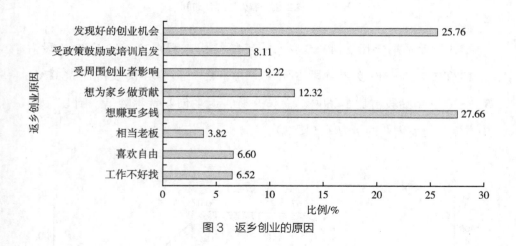

图3　返乡创业的原因

3. 创业项目集中在农林牧渔、零售批发及住宿餐饮行业。

从产业分布来看，创业项目为第一产业的占 33.08%，第二产业占 20.4%，第三产业占 46.52%，超四成的农民工返乡创业项目集中在第三产业（图4）。

从行业分布来看，创业项目为农林牧渔及相关服务业的占 31.08%，零售批发占 16.43%，住宿餐饮占 9.1%，制造业占 9.02%，建筑业占 8.45%，交通运输、仓储、邮政等其他行业累计占比 26.01%（图5）。

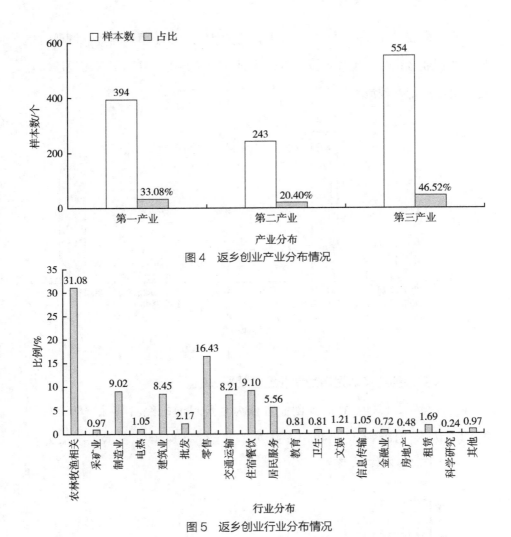

图 4　返乡创业产业分布情况

图 5　返乡创业行业分布情况

4. 少数返乡创业者拥有自有经营场地，办理注册登记的比例不高。

调查显示，41.19% 的返乡创业者自有办公经营场地，32.02% 的租用私人场地，9.05% 的在借用他人场地，2.2% 的在政府提供的园区，17.54% 的没有办公场地（图 6）。同时，仅有 50.79% 的返乡创业者办理了注册登记。其中，76.8% 的办理了注册登记的创业项目是个体户。未办理注册登记的原因比较复杂，由于调查样本中返乡创业项目集中在第三产业和第一产业。这其中有很多属于家庭式的小规模经营，比如蔬菜大棚、早点摊等，调研时发现多数创业者认为此类项目没有办理注册登记的必要，且不了解需要注册登记，更不清楚办理流程。

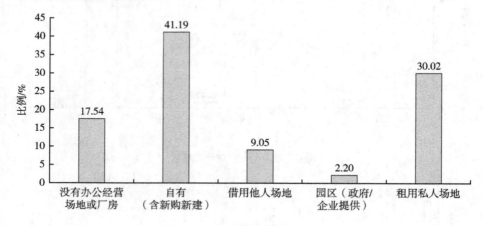

图6　办公经营场地厂房来源

5. 大部分创业者认为当前创业经营状况一般。

调查显示，8.84% 的返乡创业者认为企业目前的经营状况"非常好"；21.82% 认为"比较好"；49.31% 认为"一般"；14.84% 表示"不太好"；5.19% 表示"很不好"（图7）。

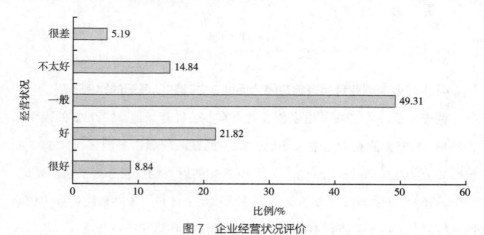

图7　企业经营状况评价

（二）返乡创业在促进就业、增加收入方面发挥重要作用

1. 返乡创业带动就业作用明显。

创业农民工不仅解决自身就业，而且带动更多人就业。调查显示平均每位返乡创业者聘用 4.64 位劳动力，其中聘用亲属（含血缘和婚姻）1.23 人。返乡创业为当地农村劳动力实现就地就近转移提供了就业渠道，缓解了就业压力，实现创业带动就业的良性互动发展。

2. 创业切实增加农民收入。

农民工带着资金技术回乡创业，成为农村经济发展的新生力量，初步形成"输出劳务——积累生产要素——返乡创业"的发展模式。调查显示，返乡创业项目年经营收入在 5 万元以下的占 33.31%；年经营收入在 5 万—10 万元的占 24.98%；年经营收入在 10 万—20 万元的占 17.25%，20 万元以上的占 24.46%（图 8）。另外，返乡创业也使农村获得了较快发展的外源力量和逐步输入的造血功能，推动了不发达地区乡镇企业和县域经济的壮大。

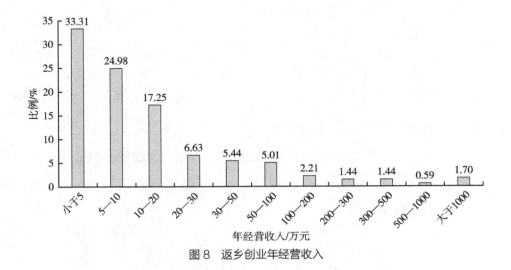

图 8 返乡创业年经营收入

四、农民工返乡创业面临的困难和问题

推动农民工返乡创业契合大众创业、万众创新的热潮，现在创业氛围和环境在不断优化、改善，创业扶持力度也在不断加大。根据实地调研和问卷调查的情况，课题组认为农民工返乡创业总体上仍存在一些问题，如返乡创业层次较低、创新能力不足、较为分散、创业融资难、资源集约难、聚集人才难等问题。

（一）返乡创业者文化水平偏低，创业相关经验不足，创业领域有限

调查显示，返乡创业者以初中文化程度为主，占55.9%；未上过学的占0.70%，小学文化占14.54%，普通高中占13.53%，中专或技校占8.76%，大专占5.08%，本科及以上占1.49%，文化水平偏低（图9）。

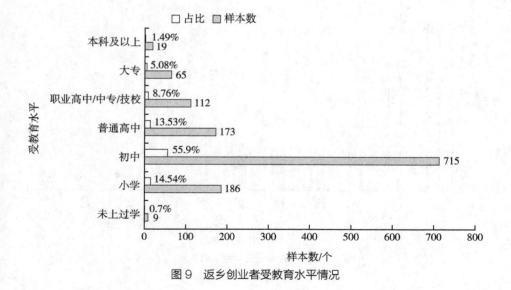

图 9　返乡创业者受教育水平情况

37.46%的返乡创业者与以前工作经历没有关系，返乡创业经验缺乏延续性。62.31%返乡创业者没有其他创业经历（图10）。文化水平偏低，加之缺乏创业经验和相关工作经历，导致农民工返乡创业的领域有限，创业项目同质化现象较多。

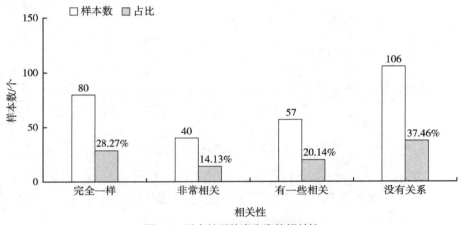

图10 返乡前所从事生意的相关性

（二）返乡创业者社会资源较弱、创新能力不足

超九成的返乡创业者社会资源较弱。返乡创业者中担任村书记或村长（主任）的占比3.72%；担任乡人大代表占比1.98%；担任县级以上人大代表和政协委员占比分别为0.16%；担任乡镇企业负责人占比1.66%；不担任任何职务的占比92.33%（图11）。

另外，在返乡创业的过程中，超四成的创业者依旧沿用传统创业方式，新型创业理念与创业模式的普及与应用有待进一步提升。调查显示，创业过程中引入新产品的占6.71%；提供新服务的占8.97%；创新经营模式的占8.97%；开拓新市场占15.44%；应用或改良新技术占15.04%，没有采用任何创新方式的占44.87%（图12）。

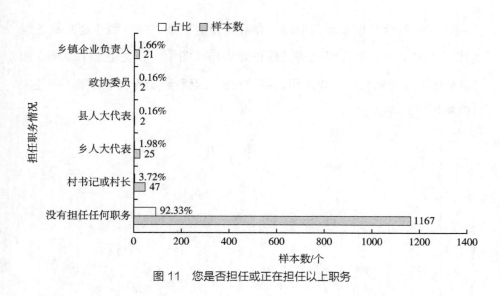

图 11　您是否担任或正在担任以上职务

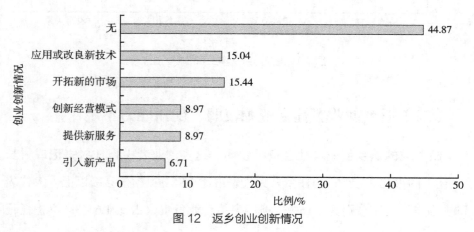

图 12　返乡创业创新情况

（三）创业融资难，缺乏低成本的资金支持

调查显示，17.15% 的创业者认为目前面临的最大困难是缺乏资金，但 55.7% 的返乡创业者从未申请过贷款。融资困难的主要原因，一方面是初创企业缺乏抵押品和信用记录，很难从银行取得贷款；另一方面是小额担保贷款程序比较繁杂，多要求有公职人员做担保，担保门槛较高。返乡农民工创

业资金主要来源于自有资金和亲朋借款，即使利用自有资金创办起企业，也有部分因为流动资金或后续投入不足而导致创业艰难或者失败。

（四）创业资源紧缺，基础设施配套不到位

人力、资金、土地、场地、管理等资源的紧缺，成为农民工返乡创业中面临的突出问题。37.91%的创业者认为目前面临的最大问题是选择缺技术、缺人手、缺用地、基础设施不完善等问题。不少地方"引得进、留得住"人才的创业环境并不宽松，在聚集人才、特别是较高素质技能人才方面存在诸多困难。同样，由于中西部地区特别是一些乡村地区的水、电、交通等基础设施建设配套不足，加上返乡创业的农民工对技术、人才信息了解不全面，也导致创业中的投资成本增加。

（五）缺乏针对性的创业培训和专业的培训师资

实证研究表明，接受过职业技能培训的农民工返乡后更倾向于创业。但目前创业培训还难以覆盖所有返乡创业的农民工。同时，创业培训机构和创业孵化基地所提供创业培训课程和培训方法，还不能完全满足返乡创业农民工的要求。创业培训针对性、实用性不强，直接影响了创业成功率。另外，专业的创业师资和创业指导服务人员缺乏，也影响了创业培训和创业指导服务的质量。

（六）创业政策的知晓和享受度不高

调查显示，58.18%的返乡创业者称没有得到过任何帮扶，得到过帮扶的企业，帮扶内容主要是资金（7.45%）、创业培训（4.42%）、财政奖补（6.87%）等（图13）。55.7%的返乡创业者从未申请过贷款，创业资金多为自有资金或亲戚朋友借款。由此可知，创业政策的知晓度和享受率并不高。

很多研究表明显著影响农民工创业意愿的因素并非主要来自当地基础设施状况等"硬"环境，而更可能来自当地政府的重视与支持，以及当地的创业文化等"软"环境。而且当政府扶助力度较小时，优惠的政策难以成为刺激农民工返乡创业的主要因素，只有当政府扶助力度达到一定程度后，才会真正促进农民工返乡创业。

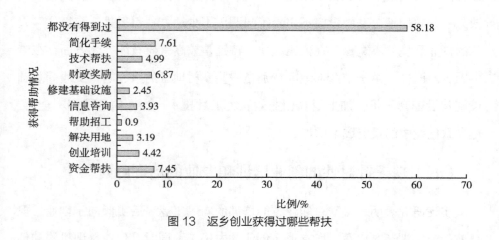

图 13　返乡创业获得过哪些帮扶

五、扶持农民工返乡创业需精准施策

1. 统筹各项政策

将国家和地方支持农民工返乡创业的优惠政策和精准扶贫、农副产品加工、革命老区旅游开发、扶持小微企业、休闲农业、农村电商等方面的政策有机结合，为农民工返乡创业开辟绿色通道。尤其是落实农民工返乡创业定向减税、普遍性降费措施和加大财政金融支持力度等。

2. 将农民工返乡创业与新型城镇化产业发展和乡村振兴相结合

一方面，新型城镇化发展和乡村振兴需要有经济的发展，需要有更多企业的产生，需要有更多有项目和资金的创业者的参与。另一方面，农民工返乡创业需要产业生态环境，无论是从事生产制造业、农业种养殖业、农副产品加工业，还是商贸、餐饮、旅游等服务业，都需要与当地的产业发展规划结合起来，给创业企业的发展提供源源不断的发展后劲。

3. 拓宽返乡创业融资渠道，提升小额贷款担保融资效率

探索设立返乡创业专项贷款、特色农产品开发贷款等信贷产品，提高创业贴息贷款额度，鼓励设立小微企业信贷风险补偿资金。落实创业担保贷款政策，采取自然人担保、园区担保、财产担保、公司＋农户担保多种方式，进一步降低反担保门槛。扩大"两权"抵押贷款试点，探索多种返乡创业抵押品，使返乡创业农民工有更多的金融获得感。

4. 加强初创企业指导服务和已办企业的提升服务

针对返乡创业企业领域单一、层次不高的问题，需加强对初创企业的项目选择指导和已办企业的管理提升服务。初创企业的指导服务包括提供及时的资金和土地服务、市场调查分析及前景预测方面的指导等；对已创办企业的提升，要加强管理能力的建设、市场品牌建设、销售能力提升及人才培养等方面的服务。

5. 提高返乡农民工创业培训的针对性、有效性，加强创业师资能力建设

针对返乡农民工不同创业阶段、不同业态、不同群体，以及不同地域经济特色等所需知识技能特点，编制差异化的创业培训规划。创新创业培训模式，探索实行"课堂培训＋创业实训""技能培训＋创业培训""示范基地培训＋创业项目案例培训"等模式，推广"互联网＋"创业培训，提高创业培训的有效性。提高创业培训有效性。开展农民工返乡创业实训基地认定工作，为农民工返乡创业提供必要的见习、实习和实训服务，提高创业培训实用性。加强农民工培训专兼职师资队伍建设，鼓励高校毕业生和各类优秀人才到农民工培训机构服务。

6. 建立具有特色功能的创业孵化基地和创业产业园区，重点解决缺乏有针对性的创业指导和缺乏经营场所用地的问题

对从事小规模经营创业的返乡农民工，可以通过进入孵化基地的途径解决经营场地的问题，而对需要较大场地的生产制造业、加工业和种养殖业，应通过创业园区提供经营所需场地和配套设施。在建设或整合创业园区之前，应对在外务工农民工返乡创业可能涉及的领域摸底调查。加强孵化基地和产业园区的孵化功能建设，尤其是创业指导和辅导功能的提升。

7. 加强返乡创业政策的宣传

借助广播、电视、报刊和网络多种途径，大力宣传政府的资助扶持政策，扩大政策的知晓度。搭建返乡创业信息发布、共享平台，将最新政策、创业项目介绍、成功案例、创业培训机构名录、培训补贴标准、家乡政府产业规划和发展方面的信息等在网上发布，使有意愿返乡创业的农民工能够确定返乡创业的意向，降低农民工返乡创业的盲目性和日后创业的风险。

参考文献

[1] 黄建新. 农民工返乡创业行动研究［J］. 华中农业大学学报（社会科学版），2008（5）：15-17+23.

[2] 韩俊. 中国农民工战略问题研究［M］. 上海：上海远东出版社，2009：182-220.

[3] 马忠国. 社会流动视角下农民工返乡创业路径研究［J］. 特区经济，2009（12）：183-184.

[4] 程伟. 农民工返乡创业研究［D］. 杨凌：西北农林科技大学，2011.

[5] 白南生. 回乡，还是外出？安徽四川农村外出劳动力回流研究［J］. 社会学研究，2002（3）：64-78.

[6] 刘美玉. 创业动机、创业资源与创业模式：基于新生代农民工创业的实证研究［J］. 宏观经济研究，2013（5）：62-70.

[7] 杨志明. 大力扶持"城归"创业［N］. 人民日报，2017-07-07（17）.

[8] 石智雷，谭宇，吴海涛. 返乡农民工创业行为与创业意愿分析［J］. 中国农村观察，

2010（5）：25-37+47.

[9] 胡俊波. 职业经历、区域环境与农民工返乡创业意愿——基于四川省的混合横截面

数据［J］. 农村人力资源开发，2015（7）：111-115.

[10] 陈文超，陈雯，江立华. 农民工返乡创业的影响因素分析［J］. 中国人口科学，

2014（2）：96-105.

中国老科技工作者助力乡村振兴研究

赵敏娟[1]　　杨志刚[2]

（1.西北农林科技大学；2.陕西省老科学技术教育工作者协会）

摘要：为引导老科技工作者将资源下沉、人才下沉、服务下沉，充分发挥老科技工作者的科技和组织优势，以乡村振兴现实需求为导向，提高农村人口综合素质水平为主要内容。本研究利用实地调研和焦点小组座谈两种方式，厘清各地老科协的发展规模、存在的主要问题及其乡村振兴中发挥的作用，提出我国老科技工作者助力乡村振兴战略实施的对策建议与保障措施，为乡村战略的实施贡献老科协的智慧和力量。

关键词：老科技工作者，乡村振兴，对策与保障

一、引言

乡村振兴战略是全面激活农村发展新活力的重大行动，将从根本上解决"三农"问题（郭晓鸣等，2018；韩俊，2018；黄祖辉，2017）。党的十九大报告做出的实施乡村振兴战略的重大决策部署，是决胜全面建成小康社会、全面建设社会主义现代化国家的重大历史任务，是新时代"三农"工作的总抓手，充分体现了党中央对"三农"工作的高度重视和对新时代国情特征的准确把握（王亚华、苏毅清，2017）。老科技工作者作为一支门类齐全、专

业基础扎实、技术能力精湛、具有高度敬业精神的人才队伍，拥党爱国，在科普、服农助企、建言献策等领域发挥了重要作用（李慷和邓大胜，2019），是实施乡村振兴战略的可靠力量。2016年12月中国科协、科技部、人力资源社会保障部印发《关于进一步加强和改进老科技工作者协会工作的意见》的通知，明确老科协是老科技工作者的群众组织，是党和政府联系老科技工作者的重要桥梁和纽带，中国科协专门增设了老科技工作者专门委员会，这为老科协助力乡村振兴创造了有利条件，提供了有力保障。

二、相关文献综述

（一）乡村振兴战略的相关研究

自党的十九大报告提出"实施乡村振兴战略"以来，各界专家学者对此进行深入解读，现有关于乡村振兴战略的研究主要围绕以下三方面展开。

一是乡村振兴战略内涵的解释和理解，例如韩俊（2018）在文中提出，乡村振兴是以农村经济发展为基础，包括农村文化、治理、民生、生态等在内的乡村发展水平的整体性提升，不仅是农业的全面升级，也是农村的全面进步和农民的全面发展；王亚华、苏毅清（2017）认为，乡村振兴既涵盖了以往各个历史时期党的农村战略思想精华，也顺应国情变化赋予了农村发展以健全乡村治理体系、实现乡村现代化、促进城乡融合发展、打造"一懂两爱"的"三农"工作队伍等新内涵；廖彩荣与陈美球（2017）认为，乡村振兴战略的主要内容涵盖了党对"三农"工作的重视，是党中央新时代"三农"工作的新战略、新部署、新要求；朱启臻（2018）和张军（2018）则认为乡村振兴上升为国家战略，凸显出乡村在国家现代化建设中的重要价值，有效的乡村治理只有在理解和尊重乡村价值的基础上才能得以实现，并从乡村价值定位角度探讨乡村治理问题及乡村振兴；丁忠兵（2018）认为，乡村振兴使新时期我国"三农"工作战略目标提档升级的内在要求，是习近平"三农"思想的集中体现，是破解新时期我国"三农"工作主要矛盾的必然选择。

二是乡村振兴战略的重点和关键。高兴明（2017）认为，乡村振兴包括农业产业、基础设施等十大战略重点；廖彩荣和陈美球（2017）提出乡村振兴战略的核心是"战略"、关键是"振兴"，靶向是"乡村"，建立健全城乡发展体制机制和政策体系是该战略的关键举措；马义华和曾洪萍（2018）认为推进乡村振兴，必须处理好乡村优先发展与城镇化、农民自由流动和土地权益、家庭经营与发展集体经济、财政支持与发挥市场机制作用几个关系；张军（2018）提出经济建设、文化建设、生态建设、福祉建设和政治建设，既是全面振兴乡村的重要内容，也是解决人民日益增长的美好生活需要与不平衡不充分的发展之间矛盾的主要抓手之一；刘合光（2018）建议抓好战略关键点，遵循战略实施阻力最小的路线图，踏准四大路径，规避潜在的风险。由此可见，乡村振兴的重点首先在于解决农民最需要、最基本的公共设施和公共服务，满足他们生存和发展的需要（马晓河，2006）；其次，应抓住人力、地权、资本和技术四个重点，打破历史乡村的乡村发展低水平均衡状态（徐勇，2013）；最后，应遵循战略实施路线，规避潜在风险。

三是乡村振兴战略如何实施。贺雪峰（2018）指出，实施乡村振兴战略要着力为占中国农村和农民大多数的一般农业型农村地区雪中送炭，要为缺少进城机会与能力的农民提供在农村的良好生产生活条件；刘润秋和黄志兵（2018）提出，推进乡村振兴战略，需避免"一刀切"式振兴、运动式振兴、输血式振兴、黑色振兴等政策误区，从农业、农村、农民和农地四方面着手改革，促进要素回流农村，以人的振兴带动物的振兴，逐步实现乡村多元化振兴、内生性振兴和可持续振兴，王亚华、苏毅清（2017）指出，应从脱贫攻坚、稳粮增收保耕、农村经济发展、农业结构调整和农村社会治理等方面着手，并在政策执行上扬弃传统的农村发展观念，等等。

（二）老科技工作者和老科协助力乡村振兴

科技是引领乡村振兴的第一动力（任天志，2018），现代化建设离不开科学技术的有效支撑。现有研究主要围绕科学技术创新、农业技术推广两方面总结了科技对于乡村振兴的作用。例如，刘合光（2018）指出，乡村振兴实现农业农村现代化，要充分利用一切适宜的科学技术成果，发挥科技引领作用，坚持把科技创新作为主攻方向；徐勇（2013）认为，要重视打破历史形成的乡村发展低水平均衡状态，把握人力、地权、资本和技术四个重点，推进农村发展；胡向东（2018）强调，新时期科技创新为乡村经济振兴注入新的关键动能，等等。

科技工作者是科技创新和技术供给的重要力量。当前，"三农"工作面临的人才供给科技创新不足等问题进一步凸显，成为制约乡村振兴战略实现的瓶颈。叶兴庆（2017）指出，城乡发展不均衡导致乡村人才外流和缺失严重，城乡人才流动有着巨大的障碍；乡村人才成长缓慢，缺乏必要的培养和激励机制，农村群众及干部素质偏低，教育落后等问题严重制约了农业农村发展（赵秀玲，2018；张曼，2018）。

老科技工作者和老科协助力乡村振兴。我国老科技工作者是一支门类齐全、专业基础扎实、技术能力精湛、具有高度敬业精神的人才队伍。他们长期奋斗在科研、教育、文化、卫生及农业生产各个领域，积累了丰富的实践经验，为国家经济发展，社会进步做出了突出的贡献。李慷和邓大胜（2019）根据全国老科技工作者状况调查，对老科技工作者服务科技强国建设进行了研究；杜成龙（2018）和范名金（2018）基于老科技工作者的现实作用、奉献作用、科技作用，提出老科技工作者发挥作用的多元对策。

综上，已有文献充分肯定了科技和人才在乡村振兴战略中的重要地位，阐明了落实乡村振兴战略面临的人才资源瓶颈限制和科学技术供给不足的现状。但关于老科技工作者在助力乡村振兴行动中的整体行动规划、工作重点、任务导向和目标导向方面的文献少。同时，少有文献研究老科技工作者建立有关乡村振兴工作成效的绩效考核体系，缺乏相应的支持各级老科协服务乡村振兴的资金保障和政策保障。本研究针对上述不足进行了有益探讨，有助于丰富和完善老科技工作者助力乡村振兴工作的相关研究，具有十分重要的学术价值和实践价值。

三、调查设计和实施状况

本研究在收集各级老科协、老科技工作者相关资料的基础上，围绕各地老科协的发展规模、存在的主要问题及乡村振兴中发挥的作用，主要以实地调研和焦点小组座谈（Focus Group）两种方式对其展开研究。

（一）实地调研

1.典型调研对象的选择

结合研究需要，按照我国老科协组织的特点、地理方位，充分考虑我国区域经济发展差异，在收集各省老科协助力乡村振兴已有工作和成效等基础上，最后确定浙江省老科协（东部）、湖南省老科协（中部）、云南省老科协（西部）、宁夏回族自治区老科协（西部）以及陕西省老科协（西部）为典型调研对象。

2.调研前准备

在中国老科协沟通和帮助下，分别与浙江省老科协、湖南省老科协、云南省老科协、宁夏回族自治区老科协、陕西省老科协进行对接，商议拟实地调研的目的、需求以及需要的材料等。

3. 分组实地调研

2019 年 1 月 27—30 日与 2 月 25—27 日，课题组分别组织调研人员赴浙江省、湖南省、云南省和宁夏回族自治区进行实地调研。调研期间，调研组与各调研地区老科协的领导和相关专家进行了座谈，深入了解了各地老科协在开展相关工作中取得的成绩、经验和面临的困难，以及对《中国老科协助力乡村振兴行动计划（2019—2020 年）》的建议和意见，并在中国老科协的协助下实地走访了相关工作开展较为成熟的乡村和企业。通过调研，取得了丰富的第一手资料，并广泛听取了各地的意见和建议，为《中国老科协助力乡村振兴行动计划（2019—2020 年）》的撰写和修改做了扎实的准备工作。

（二）焦点小组座谈

2019 年 3 月 20—22 日，中国老科协副会长杨继平、陕西省老科协会长张光强分别在江西省南昌市、贵州省贵阳市主持东、西部论证会，广东省、山东省、江苏省、湖北省、江西省、四川省、河南省、陕西省、黑龙江省、甘肃省、贵州省 11 个省老科协负责"三农"的专家参加会议，听取专家的讨论意见，进一步获取对老科协助力乡村振兴问题的深入了解。随后，中国老科协副会长杨继平于 2019 年 3 月 28 日，主持召开了中国老科协和"三农"专委会的讨论会，再次听取专家们的意见和建议，并予以完善。

四、我国老科技工作者助力乡村振兴的优势与现状

老科技工作者和老科协在助力乡村振兴战略落实上具备独特的优势，各

级老科协积极组织老科技工作者采取行动，助力乡村振兴，在推动农业产业升级、制定产业规划、协助技术推广和提供技术服务等方面做出了有益贡献。但也存在诸多问题，亟待解决。

（一）老科技工作者助力乡村振兴的优势

老科技工作者长期奋斗在科研、教育、文化、卫生及农业生产各个领域，积累了丰富的实践经验，为国家经济发展、社会进步做出了突出的贡献。在助力乡村振兴方面，具有五个优势：①数量庞大，在助力"乡村振兴"上能发挥重要作用。据不完全统计，我国老科技工作者600万余人，其中，各级老科协会员达110万人（张丽，2018）。②老科技工作者长期受党的培养和教育，政治觉悟高，富有奉献精神，且长期接触党的相关政策，对"三农"政策的理解较深，在助力"乡村振兴"工作方面具备一定的政策宣传优势。③知识、阅历和经验丰富，具有一定的业务优势。我国老科技工作者中具有中高级职称的人员约占70%（程连昌，2009），大部分接受过国内培训或国外进修，他们长期奋斗在科技一线，积累了丰富的工作经验，在助力"乡村振兴"工作开展上能参与有关的技术指导和科普讲座。④老科技工作者的多年工作经验积累了信息、人员、市场等资源，这些资源可以在助力"乡村振兴"上发挥重要作用。⑤老科技工作者比在职人员拥有更多的时间和精力，且他们中绝大多数的人身体尚佳、思路清晰，有的还正处于黄金时期，退休后有更多的时间和精力参与到"乡村振兴"工作之中（武汉老科协，2018）。

老科协作为党和政府联系科技工作者的桥梁和纽带，是党群众组织的重要组成部分（范名金，2018）。在助力"乡村振兴"上，老科协具有三个优势。一是组织网络优势。老科协组织建设相对健全，在全国31个省、自治区、直辖市的1069个县（市）、3240个乡镇、1776个社区均设有老科协组织；同时，在规模较大的科研系统、产业单位、重点企业也均设有老科协组织。二是队伍优势。目前，老科协已在超过20个省、自治区、直辖市建立了科普服务团，科普讲师团的核心志愿者已超过18000人。众多有着丰富实践经验、专业知识技术及热爱科普事业的银发老人活跃在科普大舞台上，扮演者重要的角色。三是科技人才优势。老科协队伍中涵盖了包括科技、教育、文化、卫生及工农业诸多领域的精英，他们中既有国内顶级科学家，又有各个领域拥有精湛专业技术和一定知名度的专家教授（晨曦，2007）。

（二）老科技工作者助力乡村振兴现状

全国各级老科协一直将服务"三农"放在工作的重要位置（程连昌，2003）。近几年，各级老科协根据国家和地方农业经济发展规划的制订与实施，围绕能源与资源环境、农业转型升级与农民增收、农村社会发展与乡村治理等问题展开调查研究，为乡村建设与发展发挥了积极作用。具体表现在以下几方面。

1. 开展决策咨询，积极建言献策

老科技工作者赴农村实地调研，发现农业生产、农民生活、农村发展及党和国家在"乡村振兴"工作中的不足和缺陷，积极建言献策，助力"乡村振兴"。例如，2017年以来，由宁夏回族自治区老科协王冰等组成的专家组，深入中卫市香山乡、中宁县等硒砂瓜产区调研，形成《关于保障和促进硒砂瓜产业健康可持续发展的调研报告》，深入分析了硒砂瓜产业现状及存在的问题，论证了产业发展思路和措施，并提出相关建议，得到了自治区领导的高度赞扬（中国老科协，2018）。2018年5月，陕西省老科教协三次召开调研座谈会，研究关于元宝枫栽培、元宝枫食用油、元宝枫油中的神经酸开发利用，做大做强元宝枫产业等（中国老科协，2018）。2018年，山东省老科协朱正昌、赵振东等院士专家提出的《关于复制、推广"凤岐茶社模式"，

打造智慧农业齐鲁样板的建议》以《老专家建言》的形式报送山东省有关领导，受到高度重视（山东省科协，2018）。2018年，由宁夏回族自治区老科协王冰等组成的专家调研组，对海原县草畜产业发展及精准扶贫进行了深入调研，形成的《海原县草畜产业发展情况的调研及建议》得到了自治区领导的批示和高度评价（宁夏回族自治区老科协，2017）。

2. 在帮助农民进行技术推广和科技扶贫上发挥了重要作用

通过科技下乡等方式推广农业新品种、新技术，充分发挥老科技工作者的人才优势和专业特长。例如，江西省老科协以产业扶贫为抓手，将强科技支撑、促精准扶贫作为首要目标，开展了一系列工作取得了良好进展与初步成效（江西省老科技工作者协会，2017）。2018年8月26日，安徽省老科协、省老龄办等单位在安徽肥东县古城镇联合了举办花生试验品种推介会，推广了有机种植理念和优质特色农产品种植技术，为农技推广人员和农业生产者提供学习交流的机会（安徽省老科协，2018）。2018年9月5日，西部省区市老科协第十一次协作网会议暨助力乡村振兴论坛在银川市召开，组织专家和代表赴银川市永宁县闽宁镇和中卫市考察学习特色产业发展、精准扶贫和沙漠治理情况（宁夏回族自治区老科协，2018）。

3. 在帮助农村开展科学普及方面发挥了重要作用

老科技工作者多次举办与"三农"相关的科普讲座、咨询、板报，分送科普资料等，提高了农民科学素质；围绕政府有关政策、任务及社会热点，及时拓展新的宣讲内容，帮助农民与时俱进。例如，2018年3月15日至7月19日，中国老科协科学报告团成员史亚军教授的乡村振兴报告会先后在河南省兰考县、济源市、灵宝市等地举办，报告内容包括《新农村建设》《美丽乡村建设》《都市农业创新发展》《田园综合体建设》等，累计3万多名干部现场聆听报告，为当地干部注入了乡村振兴的热情（河南省老科协，2018）。

4. 在帮助农村进行乡风文明建设，开展移风易俗上发挥了重要作用

例如，2018 年 1 月 23 日，贵州省老科协、贵州省科技摄影协会赴贵州省余庆县开展新春送科技文化下乡活动。一天时间内为村民们送春联 500 余幅，绘画作品 10 余幅，拍摄全家福 50 家，受到村民们的一致好评（贵州省老科协，2018）。

5. 在服务乡镇企业、助力乡镇企业创新上发挥了重要作用

例如，2018 年 6 月 12 日，广西壮族自治区老科协第一副会长李锋带领驻会人员到广西壮族自治区农村投资集团农业发展有限公司考察，调研了解当地农业企业的发展态势及新技术的应用，并就企业未来的发展提出了相应建议（广西壮族自治区老科协，2018）。

综上，老科技工作者和老科协为助力乡村振兴战略做出了有益贡献，但各级老科协在农业帮扶上仍呈现出分散化、碎片化的格局，尚未在全国范围内形成网格化的服务体系，未能实现人才资源在全国范围内的有效配置，未能充分发挥集中力量办大事的优势；各级老科协在助力乡村振兴的行动中，缺乏整体上的行动规划和指南，工作重点、任务导向和目标导向不够明确，未能充分发挥老科技工作者服务乡村振兴的技术优势和专业优势，影响帮扶行动的有效性。此外，中国老科协尚未就各级老科协建立有关乡村振兴工作成效的绩效考核体系，也缺乏支持各级老科协服务乡村振兴的资金保障和政策保障。

五、老科技工作者助力乡村振兴对策建议与保障措施

围绕乡村振兴的"五大振兴"实施路径以及扶贫攻坚战略实践，立足老科协组织优势和科技优势，重点从"助力五大振兴"和"助推扶贫行动"六方面落实老科协助力乡村振兴行动，为农业全面升级、农村全面进步、农民

全面发展做贡献。

（一）对策建议

1. 助力精准扶贫行动

（1）开展贫困乡村帮扶工作。以老科技工作者队伍为主要力量，联合科协各类相关团体，组建科技扶贫联合体，在有关贫困县（尤其是深度贫困县）建立科技扶贫服务站和扶贫专业小分队，立足当地资源禀赋，开展针对性的技术指导。在有条件的地区积极助力精准扶贫，确定驻点帮扶的乡村和企业，进村入户，引进种植、养殖等市场前景好、经营风险小的扶贫项目，助力解决脱贫稳固问题，完善稳定脱贫长效机制。

（2）积极创新扶贫模式。积极探索和开展"老科协＋贫困户""老科协＋新型农业经营主体＋贫困户""老科协＋高等院校（科研院所）＋贫困户""老科协＋企业会员＋贫困户"等具有老科协特色的新型扶贫模式，整合资源、形成合力，助力精准扶贫。同时，在实践探索的基础上，总结和提炼老科协扶贫创新工作经验，凝练各类扶贫实践模式。

（3）协助激发贫困人口内生动力。把扶贫与扶志、扶智结合起来，把帮扶救济和可持续脱贫结合起来，注重科技推广和教育引导相结合，充分用身边人、身边事示范带动，营造脱贫光荣、勤劳致富的价值导向和舆论氛围，助力贫困群众树立脱贫的信心和斗志，形成自强自立、争先脱贫的精神风貌。

2. 助力产业振兴行动

（1）助力形成一千个乡村产业兴旺的科技引领示范村。以各类现代农业产业园、现代农业示范区等为重点，依托特色产业规模化经营基地，宣传和推广先进实用科学技术，助力产业振兴。

（2）助力实现科技与乡村发展深度融合。助力新型农业经营主体吸收更多科技含量高、经济效益好、竞争能力强的新品种、新技术、新装备，推动科技与农业农村深度融合，助力形成一千个左右家庭农场、农民合作社、农业企业等科技示范新型经营主体。

（3）助推重大技术成果推广行动。①成果收集。各地老科协要广泛收集或征集具有实用性的涉农"四新"成果（新品种、新技术、新装备、新资材），建立可推广成果项目库。②成果遴选。以绿色种植养殖、新型有机肥料施用、绿色防控技术、集约化高效生产技术、循环生产技术、智能化设施装备、生态环保类产业、绿色化优质精深加工等跨行业、跨系统重大综合性成果为重点，科学论证，精心挑选，形成推广意见或建议。③成果推广。对遴选出的成果加强宣传，通过老科协智库渠道向地方党委政府提出推广建议，并率先在老科协助力脱贫攻坚和乡村振兴示范区（园、点）推广。

3. 助力人才振兴行动

（1）开展农业经营主体带头人培训。依托老科协的组织网络和当地农业培训资源，以家庭农场经营者、农民专业合作社带头人、专业大户、农业产业化龙头企业负责人和农业社会化服务组织负责人等为培训对象，重点培训现代经营知识。

（2）开展老科技工作者与大学生村官结对帮扶活动。以经验丰富、乐于奉献的老科技工作者，特别是懂技术、懂管理的老专家为主要帮扶者，与省和市集中选聘到村（社区）任职的大学生村官为帮扶对象，在工作方法、创新创业、生活等方面提供指导和帮助。发挥老科技工作者的智慧，着力培养大学生村官服务群众、服务发展的能力。

（3）积极开展农户培训。以农户需求为导向，开展先进农技、绿色生产技术、农产品加工技术、农产品营销等农业产业链各环节技术示范、培训和宣讲活动，帮助小农户节约成本提质增效，促进小农户与现代农业发展有机衔接。在有条件的地区，重点开展电商科普、智能手机、数字网络应用等培

训，提升农户通过现代信息技术发展生产和增收致富的能力。

（4）协助开展涉农创新创业科技培训。以中等教育及以上学历的返乡下乡创业青年、中高等院校毕业生、退役士兵，以及农村务农青年为主要对象，参与和助力地方政府开展培训指导、创业孵化、认定管理、政策扶持等工作，吸引年轻人务农创业，提高其创业兴业能力。

4. 助力文化振兴行动

（1）开展科普下乡活动。组建专家科普报告团到农村巡回做科普报告，组织老科技工作者与青少年开展面对面的科普活动。鼓励老科技工作者担任校外辅导员，开展知识辅导、心理疏导，帮助青少年健康成长。

（2）助力农村中学科技馆建设。鼓励老科技工作者参与农村中学科技馆建设，协助地方监管抽查、咨询和调研，参与公益科普活动，为农村中学科技馆提供专家科普讲座或爱国主义教育讲座等服务，为项目发展提供建议。

（3）开展健康下乡和文化下乡活动。组织老专家深入农村和贫困地区开展医疗常识和健康保健宣传、义诊、咨询等医疗服务，积极帮助基层医院、村卫生所与优质医疗单位搭桥牵线。帮助引进农村公共文化产品和服务，倡导老科技工作者深入农村，加强农村科普宣传，丰富农民群众的精神文化需求，提高农民科学文化素养。

5. 助力生态振兴行动

（1）开展绿色发展培训。助力普及生态环保、安全生产等绿色生产生活知识，以农村垃圾分类治理、厕所革命和村容村貌提升为重点，多渠道帮助涉农企业和农户树立良好生态理念，提升乡村居民生态环境意识，助推乡村生态宜居环境建设。

（2）参与农村人居环境改善适宜技术推广与研发。以农村垃圾处理设施、高温气冷堆发电设施、绿色农业技术等为推广重点，倡导、鼓励和支持有条件的老科技工作者参与生态环境设备的研发、示范与推广，助力乡村环境基础设施改善。

（3）参与乡村环境整治行动的监督与检查。鼓励并推荐相关老科技工作者加入基层监督队伍，参与乡村环境卫生整治检查行动，以村容村貌改善、生产生活垃圾治理及资源循环利用为重点，协助基层组织推进乡村环境卫生建设。

（二）保障措施

1. 加强组织领导

各级老科协要坚持在地方党委、政府的领导下，在科协的指导下，紧密结合地方乡村振兴战略规划的核心内容，因地制宜制定本地区老科协助力乡村振兴行动实施方案，明确目标任务，细化实化政策措施。同时，要加强自身组织建设，强化党组织建设工作。要加强与地方党委和地方政府的沟通和联系，通过为地方党委政府提供理论决策咨询、参与乡村振兴项目等工作，助推农业农村发展。

2. 壮大工作队伍

充分发挥老科协智库高端人才在咨政建言、对策研究、舆论引导、社会服务等方面的重要作用，强化老科协的智库功能，着力打造战略性新兴产业资深专家服务团、医疗卫生行业资深专家服务团、服务"三农"资深专家服务团、文化艺术资深专家服务团、高等院校产学研资深专家服务团、新型农业经营主体帮扶团。

3. 保障老科技工作者利益，强化对先进者的宣传表彰

各级老科协要关心老科技工作者的生活、积极保护老科技工作者的切身利益，确保老科技工作者老有所养、老有所学、老有所为，进而充分调动其工作积极性。同时，充分借助现代媒体手段，积极宣传老科协在助力乡村振兴实践中的好经验、好做法，举办经验交流会，提高老科协的社会认知度。各级老科协要认真总结、大力表彰助力乡村振兴行动的先进集体、先进个

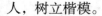

人，树立楷模。

4. 多渠道筹集经费

以项目为依托，积极开展与各级政府职能部门、涉农企业、科研单位（高校）、社会投资者等之间的联系和沟通，多渠道筹集经费，确保各项行动顺利开展。同时，各级老科协组织要统筹使用好项目经费，加大经费使用绩效考评，确保专款专用和使用效果。

参考文献

［1］郭晓鸣，张克俊，虞洪，等. 实施乡村振兴战略的系统认识与道路选择［J］. 农村经济，2018（1）：11-20.

［2］韩俊. 以习近平总书记"三农"思想为根本遵循实施好乡村振兴战略［J］. 管理世界，2018，34（8）：1-10.

［3］黄祖辉. 准确把握中国乡村振兴战略［J］. 中国农村经济，2018（4）：2-12.

［4］王亚华，苏毅清. 乡村振兴——中国农村发展新战略［J］. 中央社会主义学院学报，2017（6）：49-55.

［5］李慷，邓大胜. 支持老科技工作者服务科技强国建设——基于全国老科技工作者状况调查［J］. 今日科苑，2019（6）：81-92.

［6］中国科学技术协会. 中国科协 科技部 人力资源社会保障部印发《关于进一步加强和改进老科技工作者协会工作的意见》的通知［EB/OL］.（2016-12-15）［2020-04-17］. http://www.cast.org.cn/art/2016/12/15/art_458_73567.html.

［7］李慧. 新时代乡村振兴的顶层设计——专访中央农办主任、中央财办副主任韩俊［N］. 光明日报，2018-02-05（10）.

［8］廖彩荣，陈美球. 乡村振兴战略的理论逻辑、科学内涵与实现路径［J］. 农林经济管理学报，2017，16（6）：795-802.

［9］朱启臻. 乡村振兴背景下的乡村产业——产业兴旺的一种社会学解释［J］. 中国农业大学学报（社会科学版），2018，35（3）：89-95.

［10］丁忠兵. 乡村振兴战略的时代性［J］. 重庆社会科学，2018（4）：25-31.

［11］高兴明. 实施乡村振兴战略要突出十个重点［N］. 农民日报，2017-12-09（3）.

［12］马义华，曾洪萍. 推进乡村振兴的科学内涵和战略重点［J］. 农村经济，2018（6）：

11–16.

［13］张军. 乡村价值定位与乡村振兴［J］. 中国农村经济，2018（1）：2–10.

［14］刘合光. 乡村振兴战略的关键点、发展路径与风险规避［J］. 新疆师范大学学报（哲学社会科学版），2018，39（3）：25–33.

［15］马晓河. 新农村建设的重点内容与政策建议［J］. 经济研究参考，2006（31）：26.

［16］徐勇. "根"与"飘"：城乡中国的失衡与均衡［J］. 武汉大学学报（人文科学版），2016，69（4）：5–8.

［17］贺雪峰. 关于实施乡村振兴战略的几个问题［J］. 南京农业大学学报（社会科学版），2018，18（3）：19–26+152.

［18］刘润秋，黄志兵. 实施乡村振兴战略的现实困境、政策误区及改革路径［J］. 农村经济，2018（6）：6–10.

［19］任天志. 农业科技要为乡村振兴插上翅膀［J］. 农村工作通讯，2018（2）：41–43.

［20］徐勇. 中国家户制传统与农村发展道路——以俄国、印度的村社传统为参照［J］. 中国社会科学，2013（8）：102–123+206–207.

［21］胡向东，冷杨，程郁. 科技创新支撑乡村振兴战略［J］. 中国科技论坛，2018（6）：1–5.

［22］叶兴庆. 实现国家现代化不能落下乡村［J］. 中国发展观察，2017（21）：10–12.

［23］赵秀玲. 乡村振兴下的人才发展战略构想［J］. 江汉论坛，2018（4）：10–14.

［24］杜成龙. 发挥老科技工作者作用的思考——基于烟台市的调查研究［J］. 学会，2018（10）：56–59.

［25］范名金. 充分发挥老科技工作者作用的思考［J］. 今日科苑，2018（4）：67–71.

［26］张丽. 实施"银发计划"，利用老科技工作者力量助力"一带一路"沿线国家创新发展的建议［J］. 今日科苑，2018（2）：72–76.

［27］程连昌. 服务"三农"，老有所为［J］. 中国农村科技，2003（9）：1.

［28］武汉老科协. 充分发挥老科技工作者的作用　努力做好建言献策和决策咨询工作［C］// 武汉市科学技术协会. "两区"同建与科学发展——武汉市第四届学术年会论文集. 武汉：武汉大学出版社，2018：176–179.

［29］晨曦. 充分利用老科技工作者人才智力优势［J］. 今日科苑，2007（17）：4–6.

［30］中国老科学技术工作者协会，宁夏老科协《关于保障和促进硒砂瓜产业健康可持续发展的调研报告》得到自治区领导批示［EB/OL］.（2018–06–07）［2020–04–17］. http://www.casst.org.cn/cms/contentmanager.do?method=view&pageid=view&id=cms01034

8ea88aa2.

［31］中国老科学技术工作者协会. 陕西省老科教协三次召开做大做强元宝枫产业调研座谈会［EB/OL］.（2018-06-14）［2020-04-17］. http://www.casst.org.cn/cms/contentmanager.do?method=view&pageid=view&id=cms00565ce988aa2.

［32］山东省科协. 山东省领导对推广"凤岐茶社模式"建议作出批示［EB/OL］.（2018-09-21）［2020-04-17］. http://www.castscs.org.cn/indexdzb/15376.jhtml.

［33］宁夏老科协. 宁夏老科协《海原县草畜产业发展情况的调研及建议》获自治区领导批示［EB/OL］.（2017-12-29）［2020-04-17］. http://www.casst.org.cn/cms/contentmanager.do.

［34］江西省老科技工作者协会. 发挥自身优势　助力精准扶贫——江西省老科技工作者协会助力精准扶贫的实践与思考［J］. 今日科苑，2017（12）：24-28.

［35］安徽省老科协. 安徽省老科协、省老龄办等单位联合举办花生试验品种推介会［EB/OL］.（2018-08-31）［2020-04-17］. http://www.casst.org.cn/cms/contentmanager.do.

［36］宁夏老科协. 西部省区市老科协第十一次协作网会议暨助力乡村振兴论坛在银川召开［EB/OL］.（2018-09-18）［2020-04-17］. http://www.nxdzkj.org.cn/xsxh/xsjl/201809/t20180918_36610.shtml.

［37］河南省老科协. 中国老科协科学报告团乡村振兴报告会在河南引发热烈反响［J］. 今日科苑，2018（8）：11-12.

［38］贵州省老科协. 贵州省老科协、贵州省科技摄影协会开展新春送科技文化下乡活动［EB/OL］.（2018-02-13）［2020-04-17］. http://www.casst.org.cn/cms/contentmanager.do.

［39］广西壮族自治区老科学技术工作者协会. 广西老科协考察广西农村投资集团农业发展有限公司［EB/OL］.（2018-07-18）［2020-04-17］. http://www.casst.org.cn/cms/content-manager.do.

老科技工作者"乡归"
问题与对策研究

类淑霞[1]　张士运[1]　杨　杰[2]

（ 1. 北京市科学技术情报研究所；2. 北京科学学研究中心 ）

摘要： 老科技工作者"乡归"是指通过上学、参军、经商、办企业等途径从农村落户到城市的科技行政管理官员与专业技术人员，或者经历过"上山下乡"的老三届知识青年，在退休后返回家乡为农村建设发挥余热的行为。目前，我国有 1600 万名老科技工作者，这些老科技工作者具有参与农村建设的强大动力和优势，返乡参与乡村建设既有利于乡村振兴战略的实施，在组织建设、工作手段、服务方式、活动方法等方面为农村带来乡村治理创新模式，又能够提升老科技工作者的品牌影响力，成为推动农村发展的重要力量。目前，已有少部分老科技工作者自发回乡参与家乡建设，有的担任村支书、有的指导大学生村官、有的参与农村科技馆建设、有的成为"新乡贤"，老科技工作者的"乡归"为农村带去了人气，解决了农村地区面临的资源、技术等难题，但同时也存在着急需解决的各种问题，需要通过制定相应的政策来有组织、有计划地促进老科技工作者的"乡归"行为。

关键词： 老科技工作者，乡归，问题，对策

一、老科技工作者"乡归"的时代背景与内涵

（一）老科技工作者"乡归"的时代背景

1. 乡村振兴战略的实施为农村发展带来机遇

党的十九大报告中首次提出，实施乡村振兴战略，要求坚持农业、农村优先发展，加快推进农业、农村现代化。这是党中央着眼于全面建成小康社会、全面建设社会主义现代化国家作出的重大战略决策，是新时代农村工作的重要指导思想，是解决我国最大的发展不平衡不充分、加快实现农业农村现代化的重大行动举措，为农村发展带来新机遇。2018 年年初，中央一号文件《中共中央国务院关于实施乡村振兴战略的意见》发布，文件要求全面贯彻党的十九大精神，以新时代中国特色社会主义思想为指导，加强党对"三农"工作的领导，坚持把解决好"三农"问题作为全党工作的重中之重，坚持农业、农村优先发展，按照产业兴旺、生态宜居、乡风文明、治理有效、生活富裕的总要求，加快推进农业、农村现代化，走中国特色社会主义乡村振兴道路，让农业成为有奔头的产业，让农民成为有吸引力的职业，让农村成为安居乐业的美丽家园。文件围绕实施乡村振兴战略定方向、定思路、定任务、定政策，是谋划新时代乡村振兴的顶层设计，为接下来实施乡村振兴战略确定了清晰的路线图。乡村振兴战略的实施也为老科技工作开辟新的阵地提供了机遇。

2. 人口的单向流动导致城乡人口失衡

随着城镇化率提高和外出务工农民规模的增长，我国农村人口持续下降，与 2008 年相比，我国城镇化率由 47.0% 增长到 59.6%，意味着 10 年间，有近 13% 的人口由农村转移到城镇。此期间，我国农村人口由 7.0 亿人减少到 5.6 亿人（图 1）。

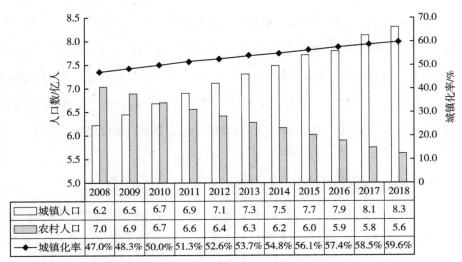

图1　2008—2018年我国城镇化率变化情况

　　从改革开放后，我国人口制度也发生了很大的变化，户口和土地对农民的束缚减弱，大量农民涌向城市打工，国家统计局监测调查结果显示，2018年我国农民工近2.9亿人（图2）。

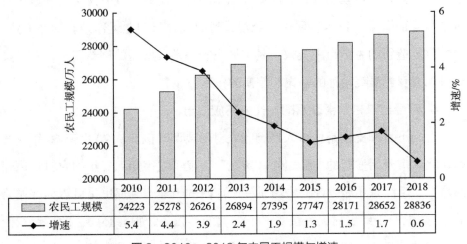

图2　2010—2018年农民工规模与增速

城镇化率的提高和农民进城打工增加了农民收入，提高了农民的生活水平，但是这种农村人口流向城市的单向转移对农村造成了很大的影响，年富力强的都去城里打工，农村剩余人口以老人、妇女和儿童为主。这种农村聚落的"空心化"，农村家庭的"空巢化"造成了我国稀缺的土地资源的极大浪费，破坏了农村的人居环境，为乡村振兴战略实施和城乡统筹发展带来不利影响。

3. "城归"群体是新的人口"红利"

2015 年 10 月 12 日，著名经济学家厉以宁发表演讲时指出，"城归"将成为新的人口红利。厉以宁认为，中国正在悄悄地进行一场人力资本革命，新的人口红利正在产生——"城归"。城归是指城镇返回农村的农民工、大学生、退役士兵等人员。根据 2017 年国家统计局调查数据，2010—2018 年，虽然农民工总体规模保持在 2 亿人以上，但是增速已经放缓，每年净增加农民工数量由上千万人减少到 200 万人以下，2018 年比 2017 年农民工总体规模仅增加了 184 万人，增速首次低于 1 百分点（图 2）。在现有农村"空心"背景下，城归人口基于其特有的城乡联结的社会基础，同时携带着在城市打拼中积累的资本、技术、现代化经营管理的观念与产业运作经验回乡创业，为农村创造新的生产组织模式，具有城乡统筹发展所需的创新因子，并且具有对现有乡村精英治理的补充与替换的作用。

4. 曾经与农村紧密联系的一代人不应淡出

上山下乡和支边是城市人口倒流农村的典型案例。从 20 世纪 60 年代开始，北京市开始发起的"到边疆区垦荒"引发了城市知识青年到农村和边疆的热潮，毛泽东主席发出"农村是一个广阔的天地，到那里是可以大有作为的""知识青年到农村去，接受贫下中农的再教育，很有必要"的指示，使城市"知识青年"离开城市，在农村定居和劳动的群众路线运动成为政府组织。据不完全统计，从 50 年代到 70 年代末上山下乡的知识青年的总数估计有 1200 万—1800 万人。"老三届"是其中的典型代表,"老三届"专指"文化大革命"开始时 1967 届、1968 届、1969 届三届初中、高中在校生,大多数出生于 1947—1952 年。当时,全国城乡的在校中学生约有 1250 万人,"老三届"的分配方向是家在农村的全部回乡,家在城镇的除少数进入工矿企业或参军,大多数人上山下乡。1977 年恢复高考后,1978 年知识青年开始大量返城。上千万名的返城知青中有很多人走上了领导岗位,这一代人现阶段的年龄为 70 岁左右,对农村有着特殊的感情,可以成为老科技工作者"乡归"的重要力量。

5. 老科技工作者作为"新乡贤"将成为一种趋势

2015 年中央"一号文件"提出创新乡贤文化,弘扬善行义举,以乡情乡愁为纽带吸引和凝聚各方人士支持家乡建设,传承乡村文明。"新乡贤"逐渐成为"三农"问题研究的重要议题。在以工促农、以城带乡的"城乡一体化发展"战略进程中,"新乡贤"的时代角色十分突出。他们很多人出自乡村,成就于城市;成长于乡土,弄潮于商海,在乡村与城市的内在关联上,具有天然独特的优势。新乡贤的"衣锦还乡",重建乡村的抱负,无疑是习近平总书记"实现中国梦必须走中国道路,必须弘扬中国精神,必须凝聚中国力量"重要指示在乡村社会的实践。在现代化进程的趋势中,从基层乡土去看中国社会或文化的重建问题,主要是怎样把现代知识输入中国经济中最基本的生产基地乡村里去。作为输入现代知识必需的媒介——人,"新乡贤"的社会建构,具有尝试破解百年中国乡村社会发展困境的珍贵价值。老科技工作者群体,具有其他群体所不具备的优势,是"新乡贤"中的重要一员。在许多地方的乡贤评选中,老科技工作者会占 3 成左右,并且随着新乡贤文化的逐渐深入,老科技工作者参与乡村建设,以"新乡贤"角色成为农村社会治理结构中的一员将变得更加普遍。

（二）乡村振兴战略下老科技工作者大有可为

1. 老科技工作者"乡归"是城乡融合的重要纽带

党的十九大提出：农业、农村、农民问题是关系国计民生的根本性问题，必须始终把解决好"三农"问题作为全党工作的重中之重。要坚持农业、农村优先发展，按照产业兴旺、生态宜居、乡风文明、治理有效、生活富裕的总要求，建立健全城乡融合发展体制机制和政策体系，加快推进农业农村现代化。我国的城乡二元机制从城乡统筹走向城乡融合阶段，老科技工作者返乡发挥作用，可以作为城市和农村进一步融合的桥梁和纽带，城市发展的经验、技术、资金通过老科技工作者的回归传递到农村，提高农村发展水平，最终实现城乡融合。

2. 老科技工作者是乡村振兴的主要推动力量

乡村振兴最大的问题是人的问题，迫切需要转变思想，利用一切可能的方法，做到多渠道、多类型、多层次的引进人才，只有人气旺了，才有可能开展各种建设，农村才能繁荣，生活水平才能提高。从农村走出去的老科技工作者群体，具有丰富的经验、广阔的人脉、宽广的视野，他们才是农村振兴的真正人才，这是当地培养的干部或者城归人员所无法比拟的。

3. 老科技工作者是农村脱贫致富的重要带动者

现代老科技工作者返乡，能够继续发挥潜能，在乡村广泛开展科技咨询、科技攻关活动，助推乡村经济社会持续健康发展。各地老科技工作者在发挥余热的过程中，也出现了多种模式，例如，发挥老科技工作者的智力优势，调动老科技工作者积极性，开展科技下乡服务农村活动，开展老科技工作者参与的农业科技集成创新和推广转化活动；组织老科技工作者指导农民建设生态科技农业基地，推广现代农业先进技术，组织开展技术咨询和培训，提高农民科学素质和职业技能，促进农村发展、农业增产和农民增收；

注重加强宣传地方老科技工作者的典型，引导示范服务"三农"经验和做法等。通过这些形式，充分发挥老科技工作者的带动作用，加速农村经济发展，提高农民脱贫致富。

4. 老科技工作者是承载和传承"乡愁"的主要群体

乡愁是对家乡的感情和思念，对故土的眷恋是人类共同而永恒的情感。以乡村为载体、以乡村为根系形成的乡情、乡思、乡恋、乡愁已经根深蒂固地融入华夏民族的血液里和中华文明的基因里。但是，这种乡愁在城市内已经逐渐弱化，没有在乡村生活过，出生和成长在城市的一代人是无法深切感受到乡愁的。现阶段的老科技工作者大部分出生在农村，童年时期生长在农村，对家乡的感情深厚，对乡愁的理解深刻，他们不仅是乡愁的承载者，而且会通过口传身教将乡愁传承下去。但是，随着时间的推移，出生和成长在农村的老科技工作者比例将逐渐减少，因此迫切地需要通过老科技工作者"乡归"将"乡愁情结"传承给子女、家人、亲戚、朋友。

（三）老科技工作者"乡归"概念、内涵与外延

1. 老科技工作者的概念与内涵

（1）科技工作者的概念与内涵

"科技工作者"是政府和科技界经常使用的一个概念，泛指科技人员，但至今尚未进行比较严格的定义和界定，使其应用受到一定的限制。最早明确提出"科技工作者"概念并运用于实践的是中国共产党领导下的延安解放区。延安解放区提倡职业平等，提出科学技术工作是现代社会的一项重要工作，科技工作者与文艺工作者、法律工作者及行政管理工作者一样，在权利、义务、个人发展等方面应有同等社会地位。在此过程中，"科技工作""技术工作""科学技术工作者"逐渐成为常用名词。科学技术是一个复杂的综合体，是人类关于自然的理论及方法这一知识宝库不断积累的成的知

识系统。从这一角度来说，科学技术分为广义、狭义两种理解。狭义的科学技术，主要包括自然科学及以其为基础的工程技术，以及部分社会科学；广义的科学技术，则包括目前高等教育体系中所有的专业学科。中国科学技术协会将自然科学、工程与技术科学、农业科学、医药科学、部分人文与社会科学领域的学科（只涉及与科学和技术知识的生产、促进、传播和应用密切相关的专业领域）视为科技工作的领域。

具体来说，满足所列条件之一的人即属于科技人力资源：①完成科技领域大专或大专以上学历（学位）教育的人员，或按联合国教科文组织《国际教育标准分类法 1997》（ISCED1997）的标准分类，在科技领域完成第五级教育或第五级以上教育的人员。②虽然不具备上述正式资格，但从事通常需要上述资格的科技职业的人员。

2003 年，由中国科学技术协会组织完成的《全国科技工作者状况调查报告》对科技工作者的定义为：科技工作者主要是指在自然科学领域掌握相关专业的系统知识，从事科学技术的研究、开发、传播、推广、应用，以及专门从事科技管理等方面工作的人员。按行业划分，主要包括工程技术人员、农业技术人员、科学研究人员、卫生技术（医、药、护、技）人员、教学人员五类专业技术人员。该报告选取中组部和人事部的专业技术人员统计中十七个专业技术职务类别的前五类作为"科技工作者"的基本调查人群，分别是工程技术人员、农业技术人员、科学研究人员、卫生技术人员和教学人员（选取其中的自然科学教学人员部分）[①]。

（2）老科技工作者的概念与内涵

老科技工作者是指在上述科技工作者中，已经退休或接近退休，在社会中有一定的社会地位，已经为社会发展做出了一定贡献，科技服务能力较突

---

① 中国科协调研宣传部、中国科协发展规律研究中心编：《中国科技人力资源发展研究报告（简版）》，2008 年 4 月。

出，有一定的技术、组织、服务协调能力的科技人员群体。

（3）老科技工作者"乡归"概念与内涵

所谓老科技工作者"乡归"，是指上述科技工作者中的老科技工作者，狭义上指他们小时生长在农村或祖籍在农村，他们或他们的父辈通过各种途径（上学、参军、经商、办企业等）从农村落户到城市，并在城市长期从事科技生产服务等工作，退休以后有为三农服务的愿望，包括科技行政管理人员、工程技术人员、农业技术人员、科学研究人员、卫生技术（医、药、护、技）人员、教学人员等专业技术人员。

2. 老科技工作者"乡归"的外延

老科技工作者"乡归"的外延可以从以下两方面分析，且每方面都从狭义和广义两个角度研究。

（1）"乡"的外延

狭义空间是老科技工作者或其服务回到自己的家乡，广义外延是回到他人的"乡"。即从回"乡"的"乡"的不同，可以分为（老科技工作者或其服务）回自己的"家乡"和回到他"乡"（他乡定居或为他乡服务）。

（2）"归"的外延

从老科技工作者本人"归"的形态不同，可分为身体回到"乡"和人身并没有回到乡（身体仍在城里）两种情况。一是老科技工作者回到"乡"里且为"乡"提供服务；二是老科技工作者身在城里，服务到"乡"里。换句话说，狭义的"乡归"，是指老干部个人回到自己的"乡里"或他人的"乡里"，发挥作用服务三农；广义的"乡归"，是指老干部个人并没有回乡，而是自己通过现代网络通信技术或各类平台、专家库，发挥自身专长服务三农。

"乡归"的本质是老科技工作者的服务三农，即服务回乡或服务"乡归"。

二、老科技工作者"乡归"助力乡村振兴发展的现状

（一）老科技工作者"乡归"的现状

1. 科技工作者规模

目前，我国尚未有关于老科技工作者相关统计，估测老科技工作者总体规模首先要明确科技工作者数量，对科技工作者数量有两个比较确切的说法：一是统计数据，2017 年 5 月 25 日，国务院新闻办公室举行全国科技工作者日及全国创新争先奖发布会上，中国科协负责人在回答记者提问时指出"截至 2014 年统计，全国科技工作者数量是 8100 万人"，并且在许多重大活动中都采用 8100 万名科技工作者的说法。二是测算数据，2018 年中国科协调研宣传部和中国科协创新战略研究院联合发布《中国科技人力资源发展研究报告——科技人力资源与创新驱动》，该报告测算 2016 年年底我国科技工作者达到 9154 万人。根据科技工作者发展趋势，本课题组采用 2016 年年底科技工作者规模为 9154 万人。

2. 老科技工作者规模

老科技工作者规模是以科技工作者规模作为底数，按照不同年度科技工作者年龄情况进行分段，按照男性科技工作者占比 60%，女性科技工作者占比 40%，女性科技工作者退休年龄为 55 周岁，男性科技工作者退休年龄为 60 周岁，现阶段北京市、上海市平均寿命均超过 80 岁，就业年龄按照 25 岁计算，由于老科技工作者相对生活条件较好，因此按照年龄上限 80 岁进行估算。计算通过两步修正，第一步是用每年城镇人口所占比例进行修正；由于高考是进入科技工作者队伍的主要途径，第二步修正是按照高考比例，以 1999 年我国大学开始扩招为基础，1999 年之后，每 5 年增加比例 10%，

1999 年之前，每 5 年减少比例 10%，这种修正方式基本上与我国历年高考升学率相差不大。

按照上述计算方式，截至 2016 年年底，我国老科技工作者估算为 789 万人。其中，男性（60—80 岁）为 375 万人，占比为 47.5%；女性 414 万人（55—80 岁），占比 52.5%。从年龄段分布看，由于我国男女退休年龄不同，因此 55—59 岁年龄段主要为女性科技工作者，数量为 164 万人，占比 20.79%；60—64 岁年龄段科技工作者 245 万人，占比 31.05%；65—69 岁科技工作者为 167 万人，占比 21.17%；70—74 岁科技工作者为 122 万人，占比 15.46%；75 岁以上科技工作者为 91 万人，占比 11.53%。60—70 岁老科技工作者是"乡归"的主要群体，估算此年龄段人员为 412 万人（表 1、图 3、图 4）。

表 1　我国老科技工作者数据估算

单位：万人

年龄段分布	男性	女性	合计
55—59	—	164	164
60—64	147	98	245
65—69	100	67	167
70—74	73	49	122
75—80	55	36	91
合计	375	414	789

根据对老科技工作者的实际情况调研，保守估计每 25 个老科技工作者中有 1 个能回乡并参与家乡建设，按照这个比例，全国能够做到乡归的老科技工作者规模大概为 31.6 万人，这部分人员可以成为乡村振兴战略的重要人才储备，迫切需要制定一定的政策，提高老科技工作者乡归的积极性，促使这部分人员能够回乡并发挥余热。

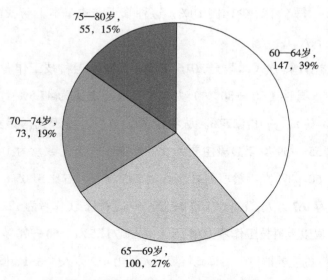

图 3　我国男性老科技工作者年龄分布

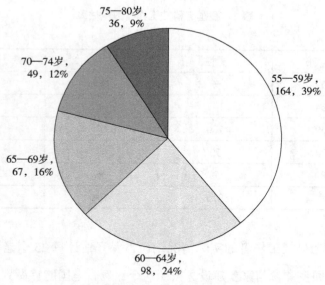

图 4　我国女老科技工作者年龄分布

（二）老科技工作者"乡归"的类型

通过对老科技工作者"乡归"行为的调研，从乡归时间、乡归动因、乡归成就等方面对老科技工作者群体现状进行类型分析。

1. 按"乡归"居住时间划分

从归乡时间看，老科技工作者可以分为三类：一是长期居住在农村（半年以上），这一类人员基本上是回到原籍，在原籍有继承的宅基地，并且身体较好，家庭子女没有负担，不用培养第三代，完全融入农村生活；第二类是短期（3—6个月），这类老科技工作者基本上也属于在原籍有继承的宅基地，但是由于气候、家庭等原因，每年会在农村住一段时间，在工作地和原籍之间进行流动；第三类为偶尔回乡型，这类人员在农村没有宅基地，或者宅基地条件不好，或者在农村有亲属或者合作对象，偶尔由于各种原因回乡后小住，没有长期居住的计划。

2. 按"乡归"动因划分

从老科技工作者回乡的原因可以划分为四种类型：第一种，家乡还有父母或者亲人，退休后为了与亲人团聚回乡；第二种是虽然没有亲属在农村，但是由于落叶归根的思想，退休后回到农村养老，这种是为"乡愁"而归，回归故土、思乡心切，"乡愁"就像一种隐形的"黏性剂"，在情感的隐秘深处吸引着曾经从乡村里走出去的各种各样的人，这就是中国传统文化中所特有的家乡情结；第三种是退休后还希望能够发挥余热，尤其是在农村建设如火如荼的当今时代，主动回到农村、建设农村，属于因"机遇"而归。以上三种都属于主动回乡，还有一种属于被动回乡，一般是因为家乡各级政府动员回乡，带领家乡人员作出一番事业，这种类型以退休官员为多，并且回乡后承担村里的一些职务，例如福建厅局级高官赖文达退休后回到家乡新建村担任村支部书记。

3. 按"乡归"前职业划分

从乡归前工作职业可以划分为三类，第一类是官员，这类一种比较典型的"乡归"人员，做官后衣锦还乡，回归故里，回乡后一般都会用自己的资源为家乡建设做出贡献；第二类是教师、医生等技术人员，回乡后可以利用自己的技术优势为相邻服务；第三类是企业高管人员，这类人员回乡后一般通过创办、领办企业等方式带领家乡农民致富。

4. 按"乡归"后行为划分

从乡归后老科技工作者行为可以划分为两类：一是回乡不再参与家乡建设，仅作为普通村民安度晚年；第二类是参与村集体各种管理活动，发挥余热，带领家乡人民致富，这种也是应该鼓励的乡归方式。

（三）老科技工作者"乡归"服务模式与特点

1. 老科技工作者"乡归"服务模式

第一类是以培训模式开展的乡归活动，主要包括公益宣传、宽泛培训、一对一指导、临时服务指导等。农民不仅需要生产科技知识，还需要生活方面的科学知识，如推广科学生活方式的活动、卫生保健知识、社会性文化仪式活动等。老科技工作者能以自己特殊的形式展示他们关心公众、热爱社会、乐于奉献的良好形象。老科技工作者还利用科协等组织的活动，开展广泛的培训教育工作，例如，从农业单位退休的果树专家为农民开展种植果业技术培训，及时给果农"充电"，让果农不断掌握新的果树栽培技术，进一步提升果农们的果树管理水平，为地方果业发展打下了坚实的基础。老科技工作者"乡归"后，还可以培育农村基层干部，一对一指导大学生村官处理农村事务、科学普及等，如截至 2016 年，江苏省海门市老科协先后有 120 名老科技工作者帮扶 76 名村干部，在省委组织部的主持与组织下，在全市还建起了 17 个"老科技工作者与大学生村官对接互动、创新创业科技示范基地"，累计引进了 38 个科技项目。

第二类是以咨询形式开展的乡归活动，主要包括咨询服务及制定科技决策等。咨询服务主要指在老科技工作者乡归服务三农的过程中，地方有科技需求的农民、农业经营主体和其他产业需要科技的人，可以请教和询问老科技工作者，由老科技工作者提供科技帮助，或者提供解决问题的帮助。此外，老科技工作者可以为地方政府提供科技咨询，地方政府部门参考老科技工作者的合理建议，对确立科技重点项目的前景有了科学的把握。例如，原农业部老局长李毅峰，退休后经常到地方作宣讲和报告，特别是关于农村振兴战略的报告，为许多地方的农村工作指明了方向。

第三类是以是发挥牵线搭桥作用，在城市与农村之间建立联系，主要包括协助引进项目、协助寻找专家等。老科技工作者"乡归"服务三农，可以通过自己的资源优势和人脉优势，积极协助地方引进政府项目，解决农民就业，提高农民收入，以及实现促进地方经济发展的目标。例如，宁夏回族自治区老科协与吉光新能源有限公司签订服务协议，积极向自治区有关领导反映宁夏吉光新能源有限公司高倍聚光光伏技术实现产业化所面临的问题。在老科协推动下，中国老科协陈至立会长、齐让常务副会长以及自治区和银川市有关部门和领导相继到吉光公司调研考察，研究解决推进高倍聚光光伏技术成果在我区实现产业化的相关问题。目前，该项目已被财政厅和科技厅列入自治区重大科技专项，并给予经费支持。自治区科协将宁夏老科协吉光新能源服务站列入自治区科协2017年度"科技社团学术交流与人才合作项目"并予以资助。

第四类是以创办企业、联合科研等形式开展各种活动。老科技工作者"乡归"服务三农，可以成为创办企业的桥梁。老科技工作者为中青年创业者提供咨询和技术指导。调研发现，老中青年相结合创业成功的概率较大。老科技工作者还可以根据自己的特长，指导和参与地方科研机构的科研项目，培育科研人员，提升地方科研人员的素质，确保科研顺利进行。例如，江西省老科协林业分会组织带领全省林业系统老科技工作者培育油茶良种，先后选择油茶优良单株115株，协助营建油茶育种园13.3公顷，经过几年的试种测产最终选定其中9株为选优株，预计最优品种可达亩产茶油80千克。

2. 老科技工作者"乡归"服务特点

（1）义务性强

老科技工作者退休以后，他们多数身体尚好，不甘于赋闲在家，有着继续为国家做贡献的强烈愿望，依然有为社会服务、发挥自己余热的意愿。因为具有乡村情怀，并常怀为乡村振兴出一份力量的想法，所以能自愿且义务性地服务三农。因此，老科技工作者服务三农具有很强的义务性。

（2）自发性多

调研显示，目前老科技工作者服务三农主要是个人自发进行的，而通过老科协等组织的相对较少。自发性多说明目前我国老科技工作者服务三农的规模小，需要政府设计一定的机制和制度，需要政府建组织、搭平台、聚人才、储信息、设基金和强保障，才能壮大老科技工作者服务三农的规模，提高老科技工作者服务三农的效果。自发性多则迫切要求把老科技工作者组织起来。例如，老科协组织是与老科技工作者之间架起沟通的主要桥梁，是老科技工作者"老有所学、老有所乐"的园地。通过老科协组织，更有利于老科技工作者发挥自己的长处，发挥自己的余热，在服务"三农"的过程中更有针对性。老科协组织是一种通过社团组织为三农服务，为乡村振兴服务的形式。

（3）空间分离

老科技工作者的原居住空间是城市，而农民居住在农村，科技供给者和科技需求者的空间是分离的。空间分离性必然要求需要一定的组织、平台、信息库、基金和保障才能保证老科技工作者顺畅地服务三农。

（4）需求多样

由于我国地大物博，不同农村地区的科技需求存在很大差异的，是多样化的；即使同一个地区的不同农户的科技需求也存在很大差异，也具有多样性。需求多样性说明真正回到自己家乡的老科技工作者不一定能够服务的当地农村。因此，需要老科技工作者服务他乡的三农的科技需求。这就需要有一个老科技工作者的人才库，人才库中聚集各行各类老科技工作者。

三、老科技工作者"乡归"存在的问题

老科技工作者"乡归"无论从老科技工作者本身、农村集体还是二者之间的联系渠道，都存在着许多方面的问题，归结起来的核心问题有四个：一是老科技工作者的组织比较分散，两端的服务渠道都不通畅；二是有意愿归乡的老科技工作者群体信息不清；三是由于城乡之间的差别，在居住方面由于制度原因造成的住房障碍；四是老科技工作者群体的特殊性形成的生活保障问题。

（一）老科技工作者"乡归"服务沟通渠道不畅

1. 缺乏系统性的顶层设计

虽然国家和各地出台相关政策，鼓励老科技工作者发挥余热，参与到各行各业的建设中去，但是对老科技工作者"乡归"服务农村方面，尚缺乏顶层的思考和设计，没有健全完善的方案，迫切需要从老科技工作者角度和农村发展需求角度进行系统化设计，在"建组织—搭平台—聚人才—设基金—强保障"等方面做出总体安排。

2. 缺乏完善的组织管理体系

尽管与老科技工作者相关的协会、学会、中介组织等，在发挥老科技工作者作用过程中起到了非常明显的组织效果，但是这些组织发展程度参差不齐、规范性不够、机制与制度建设滞后，缺少专项的经费支持，组织活动受到多方限制，需要制定顺畅的组织管理体系。

3. 缺少统一的老科技工作者"乡归"服务平台

老科技工作者服务乡村的对接平台建设主体以企业、相关农业基层部门为主。目前，我国部分地区老科技工作者服务社会的平台已经初步建立，主要有政府相关部门（老科协）、企事业单位自身搭建的平台、社会组织、其他中介机构搭建的四类平台。有三类社会组织搭建对接平台：服务于科技工作者的社会组织，例如中国科协以及北京市科协；直接服务于老科技工作者的社会组织；社会组织联盟、中介机构搭建的对接平台初步形成。对接中介机构具有两种性质，即事业单位和企业。

但是，这些平台等基本上是各自为政，没有形成一个统一的整体，在老科技工作者归乡过程中没有形成链条式的贯通上下的有效服务管理途径，影响了老科技工作者"乡归"作用的发挥。

4. 老科技工作者群体组织管理不健全

由于老科技工作者"乡归"群体中绝大多数属于退休人员，这些人员的移动性大，缺乏有效的组织方式。由于不能较好地掌握满足农村地区需求的老科技工作者分布情况，所以很难对农村需求做出及时有效的应对，因此，需要建立专家信息库，用信息化的手段对专家进行分类管理。

（二）有意愿回乡工作的老科技工作者信息不清

由于老科技工作者已经从原单位退休，并且缺少专门针对老科技工作者的调查和统计，因此，目前面临的最大问题是老科技工作者底数不清，尤其是不能掌握能够回乡的老科技工作者数量、地区分布，以及老科技工作者自身情况等信息。所以，迫切需要建立相应的机制，将能够"乡归"的老科技工作者纳入统一的管理平台。

（三）老科技工作者"乡归"居住环境存在体制障碍

我国实行的是城乡二元土地管理制度，并且农村宅基地相对稳定，而老科技工作者基本上已经从家乡走出几十年，除了一部分在家乡有继承的宅基地，大部分老科技工作者的城镇人员身份使之不具备在农村购置宅基地的资格。这种制度造成了老科技工作者乡归的壁垒，迫切需要设计和制定相关政策，使老科技工作者能够长期或者短期居住在农村。

（四）老科技工作者乡归生活保障不利

在现有的政策体系框架中，缺少关于老科技工作者乡归服务中生活、医疗、交通、劳动报酬、风险防控等方面的保障措施，造成老科技工作者服务的积极性下降、出现意外缺少应急措施等情况，因此，需要制定多方面的保障体系，形成良好的服务环境。

1. 农村地区生活配套设施不完善

农村地区建设资金的来源渠道主要是政府投入和农村居民自行解决，没有其他方面的有效资金投入，而单靠政府的投入毕竟有限，并且政府的作用也主要是起引导、鼓励、示范，不可能全包全揽，面面俱到，主要还是靠农村居民自身投入和资源来积极地美化自己的家园。由于公共基础设施的投入不足，导致卫生、环境、公共设施等方面配套很差。农村的环境卫生成为制约老科技工作者乡归的重要因素。

2. 老科技工作者乡归期间医疗问题

老科技工作者在农村生活期间的面临着医疗问题。尽管所有的老科技工作者都在退休城市有医疗保险，并且由于年龄等问题，许多老科技工作者患有一些需要长期服药的慢性病，但由于医院开药一般是一周的药量，最多不超过半个月，所以老科技工作者在农村期间的医疗是一个很大的问题。如果大量的老科技工作者到农村居住生活，必须解决医疗保险的异地报销的问题。

3. 老科技工作者乡归服务费用问题

回乡的老科技工作者在为家乡服务的过程中产生的一些费用报销问题，

例如，通信费，去外地活动的交通费、住宿费等如何解决，现阶段尚未有相关的政策。现在，许多老科技工作者一直采取的方式是自己垫付这部分费用，地方政府非常愿意为真正发挥作用的老科技工作者提供这部分费用，关键是没有相应的政策依据，在现实情况下暂时无法解决。这些都是现阶段阻碍老科技工作者乡归存在的现实困难，也是迫切需要解决的现实问题。

四、促进老科技工作者"乡归"对策建议

（一）建议发出新号召鼓励老科技工作者"乡归"

建议对全国老科协工作者与老科技工作者"乡归"情况开展专项调研，就新时代对老科协如何更好地动员、组织广大离退休老科技工作者积极参与乡村振兴建设活动，以及老科技工作者关心支持参与乡村振兴的方式开展专项研究并提出建议，力求以中央文件的形式，发出新的号召，提出新的要求，从而加强老科技工作者"乡归"的组织力度，提高老科技工作者"乡归"的积极性和主动性。

（二）打通老科技工作者与农村之间的沟通渠道

1. 建立老科技工作者"乡归"组织管理体系

依靠中国科学技术协会成立全国老科技工作者乡归联络办公室，办公室主要职责为负责老科技工作者乡归服务农村计划和战略制定、指导各地老科技工作者协会开展乡归项目和服务的开展、负责老科技工作者乡归服务的宣传工作、维护和管理全国老科技工作者乡归专家信息库、监督和管理老科技工作者乡归保障基金的运行和使用等。

依托各省、自治区、直辖市科学技术协会成立老科技工作者乡归服务办公室，主要负责本省、自治区、直辖市老科技工作乡归服务农村专家库

管理、信息发布、基金经费申请审核等相关工作；各地级市科学技术协会成立老科技工作者乡归服务办公室，主要负责本市老科技工作乡归服务农村专家库管理、信息发布、基金经费申请审核、农村服务需求信息汇总等相关工作；行业协会和各企事业单位指定老科技工作者乡归服务农村专门的联络人员，负责本组织或单位专家入库、项目及基金经费申请等工作。

2. 发挥各级政府老科技工作者"乡归"组织职能

老科技工作者乡归服务农村，需要与农村地区进行充分的对接，为实现无障碍沟通与对接，需要在政府层面成立相应的组织实现信息的沟通。根据老科技工作者现有组织与管理的特点，政府方面的对接组织设置在地级市以下层面。根据各地政府的实际情况，增加现有与之相关的机构的职能，例如增加农业局的职责，让其承担农业农村发展过程中对老科技工作者需求与联系职能。县、乡政府是接待和协调老科技工作者乡归的主要机构，建议在政府层面成立老科技工作者乡归服务办公室，负责本区域内服务需求，以及回乡老科技工作者的接待与保障工作；各级村委会根据自身发展情况，提出服务需求并上报到县、乡服务办公室。对到农村开展工作的老科技工作者要进行必要的协助。

3. 搭建老科技工作者"乡归"信息交流与管理平台

为实现老科技工作者和农村地区需求的对接，加强信息的对称与交流，更好地保障老科技工作者为三农服务，须建设老科技工作者乡归信息交流与管理平台。信息交流平台是建立在中国科学技术协会网站上的综合管理系统，承接地方发展需求和老科技工作者对接，以及相关服务监督与管理。

平台的主要功能一是在农村地区和老科技工作者之间建立沟通联系的线上渠道。各级政府将农村发展需求随时发布在平台上，老科技工作者也可以把自身优势及经验在平台上分享技术等内容，通过平台的交汇实现信息的沟通；二是平台承载整合老科技工作者乡归专家信息库，并对通过信息库达成的服务项目进行统计、监督和管理。通过平台上的基金申请和运作接口，实现对老科技工作者服务的经费保障和补偿。

（三）建立老科技工作者"乡归"专家信息库以摸清底数

构建老科技工作者乡归服务专家信息库，实现网络信息化管理。根据农村发展现状和现代农业产业体系的特点，老科技工作者乡归专家信息库可以采取四级结构模式。一是老科技工作者乡归专家总库，归口管理为中国科学技术协会，负责专家库的搭建与运行管理；二是各省、直辖市、自治区及各行业老科技工作者专家库接口，专家库中有各地区的接口，各省市负责各地专家入库和管理；三是市县乡老科技工作者专家库接口，负责入库专家审核并核实专家信息；四是各单位老科技工作者专家库接口，负责录入本单位专家信息并将信息提交和上报。

入库专家实行账号管理，每名专家拥有唯一的账号，各单位和各级、各行老科技工作者协会需要对所属专家的账号信息进行维护和更新，出现变化情况时要及时督促专家进行信息修改。根据管理人员规模可以定期开展专家入库活动。

（四）联手老科技工作者"乡归"作用的载体

1. 联手农村中学科技馆

针对我国农村中学生与城市中学生科学素质差距越来越大的问题，2012年8月，中国科技馆发展基金会实施"农村中学科技馆"项目，以加强对农村中学学生及周边居民的科普工作，截至2016年年底，已经在全国29个省、自治区、直辖市和新疆建设兵团，建设了293所农村中学科技馆，科普受众达到137万人次。农村中学科技馆的建设培养了农村中学生讲科学、爱科学、学科学、用科学的意识。农村中学科技馆的设立解决了从城市到农村科普最后一公里的难题，对培养农村青少年的动手能力、创新意识和创新能力等起到了很好的促进作用，这也是落实国家精准扶贫的一个重要抓手。但是，由于农村地区师资力量短缺以及科普人才不足，很难充分发挥农村中学科技馆的成效。

老科技工作者回到家乡后可以加入到农村中学科技馆建设体系中，一方面，老科技工作者时间较为灵活，可以充分利用农村中学生的业余时间、课间休息时间，以及放学时间等来进行科普，而且中学生可以以轮流方式进入科技馆展厅听老科技工作者的讲解，特别是附近没有科技馆的中学也可以安排进馆学习。另一方面，老科技工作者的实践经验比较丰富，往往精通某一领域的专业科普知识。在科普过程中，老科技工作者可以根据农村中学生关心的相关问题，精心准备，做较深入透彻的理论分析，让农村中学生理解得更全面。

2. 联手大学生村官

大学生村官是指近年来由政府部门正式批准选聘的大专或以上学历的应届毕业生、毕业1—2年的本科生、研究生到村任职，担任村党支部书记助理、村主任助理或其他"两委"职务的工作者。知识型的大学生"村官"给农村建设带去了新的思维、新的发展观念，但在实际工作中，大学生"村官"的短板也十分明显，工作推进艰难、身份处境尴尬、前途发展茫然等问题也非常突出。

老科技工作者具有坚定的政治素养、丰富的社会经验、睿智的战略视野，与大学生村官在某些方面具有完美的互补特性。因此，老科技工作者可以与大学生村官联手开展行动，为每一名大学生村官配备老科技工作者作为工作顾问，通过对大学生村官思想上引导、工作上支持、创业上帮助、生活上关心，既能解决大学生村官的知识、技能、经验欠缺问题，又可以将老科技工作者的思想和资源传递到农村，还避免了产生老科技工作者服务农村的精力不足、时间冲突等问题，是一个双赢的举措。

3. 联手农村地区乡贤馆

乡贤，过去是指乡里贤能者和"荣归故里""衣锦还乡"的官宦，现在主要是指对家乡经济社会发展和道德建设有突出贡献的人士。新乡贤是指在当代乡村，一些曾为官在外而告老还乡，或在外为教而返归乡里，或长期扎根乡间而以自己的知识才能服务乡间的一些有爱乡情怀的人。从 2017 年开始，各地掀起了建设乡贤馆的热潮，乡贤馆的建设有利于传颂乡贤美德、弘扬乡贤文化，乡贤馆内以展示乡贤事迹为主，总结他们的嘉言懿行、善行义举，展示、传承乡贤崇文重教、崇德向善、敬老孝亲的优秀传统。乡贤馆的建设有利于发挥乡贤的精英作用和带头作用，助力脱贫攻坚，推动乡村振兴。同时，乡贤馆也是宣传和推介农村、搭建农村与外界的合作之桥、友谊之桥，通过乡贤馆可以为农村提供信息、推荐项目，引进资金、招徕客商，出谋划策、建言献计。

从家乡出来多年的老科技工作者，在家乡人眼中，许多已经作为新乡贤的存在，因此各地建设的乡贤馆或者进行的乡贤评选活动中，一般十之一二都是老科技工作者；二是乡贤馆可以为老科技工作者为家乡服务建起沟通的桥梁，通过乡贤馆和乡贤文化建设，将老科技工作者整合为一个集体，通过开展各项活动，共同为家乡出谋划策；三是乡贤馆本身就是老科技工作者发挥作用的阵地，老科技工作者可以作为乡贤馆的讲解员，为家乡人民传播优良传统。

（五）加大老科技工作者"乡归"生活服务保障力度

1. 多种措施解决老科技工作者"乡归"的住宅问题

老科技工作者乡归的主要服务战场是在农村，由于我国土地制度、户籍制度、生活水平差距等原因，传统的老科技工作者回到农村的方式已经变得不可行。因此，需要创新途径，实现老科技工作者不仅能够"下得去"还要"留得住"。可以制定相应的政策，通过农村宅基地租住、建设村级标准住房、与养老地产结合、与乡村面貌改造结合等灵活方式解决老科技工作者长期或短期"乡归"住房问题。

2. 分散排放集中处理解决农村下水问题

由于农村住房分散，建设集中的下水管道等基础设施存在投资大、效益低等问题，因此，农村下水一直是影响农村生活环境的主要因素。虽然大的市政建设不可行，但是在一个村庄内进行下水统一处理在实践上是没有问题的。例如，在福建省漳州市，赖文达担任新建村支部书记后，要求村里住宅改造设计必须通过村委会审批，其中重要的一项就是下水的设计，室内在装修过程中统一处置，由农民负责，住宅外面由村委会负责，废水排放到室外的废水池，然后由村委会安排专人统一处理。新建村建造这种下水处理系统每户成本大约1500元，村集体补助900元，个人负担600元，通过这种方式，新改造的房屋基本上都解决了下水问题。

3. 突破现有制度框架，实现老科技工作者异地医疗报销

由于老科技工作者服务对象的非固定性，因此需要实现医保异地漫游。在工作地点突发疾病的医疗费用可以先行垫付，在不需要先行申请的情况下，提交发票和收据后实现报销。

4. 为老科技工作者在农村地区服务提供生活保障

老科技工作者短期内居住在农村地区，需要解决生活和居住问题，对这种短期居住可以通过允许老科技工作者租住农村地区住房，参与产业助力和规划咨询项目的，可以在资助金额中给与一定的住房补贴；鼓励县、乡政府建设专家公寓，用于老科技工作者在工作期间居住；在农村地区生活期间，由当地县、乡政府提供生活保障或者生活补助，确保老科技工作者的工作环境良好。

参考文献

［1］于海艳. 促进科技社团发展的法律对策研究［D］. 沈阳：东北大学，2012.

［2］朱波. 激发济南市科技社团发展活力问题研究［D］. 济南：山东大学，2012.

［3］张恒. 中国科技社团创新发展的瓶颈、成因及对策分析［D］. 上海：复旦大学，2013.

［4］滕德兴. 情洒西岭，爱满乡村——记常宁市西岭镇老科技工作者协会分会会长李书斌［J］. 今日科苑，2015（6）：51.

［5］姜羽. 宁夏发挥老科技工作者作用的调查研究［C］//宁夏社会科学界联合会，宁夏社会学会. 2014年宁夏社会学会学术年会，2015.

［6］赵媛. 积极发挥老科技工作者在新农村建设中的作用［J］. 今日科苑，2011（15）：58-61.

建设国家草种专业化生产带的调查研究与对策探析

隋晓青[1]　朱进忠[2]　李寿山[2]

（1.新疆农业大学草业与环境科学学院；

2.新疆维吾尔自治区老科技工作者协会）

摘要： 基于我国目前草种业的发展现状与未来对草种业发展的紧迫性，本项目旨在通过研究影响或阻碍我国草种产业建设与发展的瓶颈问题，分析我国草种业建设滞后的原因，明晰今后发展自主知识产权草种业的途径，以打造国家级草种生产基地建设为目标，研究在西部六省、自治区建设草种生产带的可行性，根据六省、自治区资源禀赋优势和草种产业建设发展现状，提出建立国家草种专业化生产带区域布局，构建"产学研育繁推"一体化的工作体系，形成具有中国草品种特色的制种中心，实现"中国草"主要用"中国种"的目标。

关键词： 草种，生产带，草牧业，现状，对策

一、草种业现状

（一）全国草种业现状

1.草种供求现状

我国草种供需矛盾尖锐，安全隐患大。《全国生态环境建设规划（1999—

2050）》提出，改良草原达到 9 亿亩[①]，草种田面积稳定在 145 万亩；预测每年需要草种 70 万吨以上。2017 年全国草种田总面积 146 万亩，生产草种 8.4 万吨。其中，多年生草种生产田面积以紫花苜蓿居首，其次为披碱草、老芒麦。目前，全国草种年生产能力不足需求的 15%，缺口巨大，草种业的发展成为草牧业发展和草原生态修复的瓶颈。草种进口量持续增长，草种业安全隐患突出。20 世纪 90 年代初期，我国草种进口量年均不超过 1000 吨，2018 年进口达 5.63 万吨，对国外市场的依存度高达 40%。其中，城市绿化草种 90% 以上依赖进口，苜蓿、无芒雀麦、冰草等饲用和生态草种 50% 以上依赖进口。

北美洲和欧洲是我国草种进口的主要来源地，而对一些草原生态修复工程中的主要草种，抗逆性强的乡土草种国外无法供种。因此，加强草种业建设，从根本上解决草种国产化和自给问题，是缓解供需矛盾和草种业健康发展的长久之计。

2. 草种基地建设及运行现状

良种生产"四化"建设滞后，配套监管制度不完善。与我国农作物种业相比，草种业尚处于起步阶段。草种的良种生产还未达到品种布局区域化、种子生产专业化、种子加工机械化和种子质量标准化的"四化"建设要求。在监管制度方面，《中华人民共和国草原法》《中华人民共和国种子法》中虽然强化了种子市场的监管和行政执法职能，但部门规章中只有《草种管理办法》，尚缺少草种业发展的支持政策，在土地、投资、税收、招投标等管理政策上难以惠及。由于草品种培育、种子生产的专业性和特殊性，在新品种推广中，尚未建立从品种选育、种植、管理、收获、加工等配套研究和生产体系。

3. 草种经营主体建设及经营现状

由于草品种培育、种子生产的专业性和特殊性，在新品种推广中，尚未

---

① 1 亩 =666.7 平方米。——出版者注。

建立从品种选育、种植、管理、收获、加工等配套研究和生产体系。同时，专业化草种生产加工企业注册资金多在 1000 万元以下，规模小且数量少，企业科技力量薄弱，产业链条不完整，抵御市场风险能力差，加之国产品种种子优质不优价、低价竞标、受进口品种冲击等恶性竞争，致使我国草种业长期处于低水平发展状态。此外，缺乏草种质量控制体系和市场监管，尚未建立草种生产认证制度，假冒伪劣种子在市场流通、品种混杂等问题无法杜绝，严重影响了草种企业的正常发展，现有草种企业多数经营举步维艰。

（二）西部六省、自治区草种业发展现状

西部六省、自治区即指新疆维吾尔自治区、甘肃省、宁夏回族自治区、陕西省、内蒙古自治区和青海省六个省、自治区。该区域地处 73° 40′ E—126° 04′ E，31° 09′ N—53° 23′ N，总人口 12458.2 万人，总面积约 429 万多平方千米，占全国总面积的 44.7%，是我国重要的畜牧业生产基地。

1. 草种基地建设及运行现状

草种生产需要特定的生态区域，要在适宜的气候条件、生产条件下才能达到优质、高产、高效。适宜牧草生长的地区不一定是种子生产的适宜地区。自 20 世纪 80 年代以来，国家开始在全国不同区域建立草种繁育基地，到目前为止，西部六省区在国家农业综合开发项目等专项资金支持下，先后建立了 70 个草种良种繁育基地，形成了种子基地在各区域分散布局。其中新疆维吾尔自治区建立良种基地 24 个、甘肃省 10 个、内蒙古自治区 20 个、宁夏回族自治区 13 个、青海省 3 个。这些基地的建设，在一定程度上缓解了我国生态治理、家畜饲草生产等重大战略政策实施中草种缺乏的现状。

从草种布局来看，西部六省、自治区建立的良种繁育基地主要以苜蓿为主，主要分布在新疆维吾尔自治区、甘肃省、内蒙古自治区和宁夏回族自治

区，专业化种植面积大约 4 万亩；其次为燕麦种子生产基地，主要分布在青海省和甘肃省，种植面积大约 30 万亩；第三为禾本科多年生牧草种子生产基地，主要包括披碱草、老芒麦、早熟禾和中华羊茅，主要分布在青海省，种植面积大约 17 万亩；规模较小的牧草品种包括：苏丹草种子基地，主要分布在新疆维吾尔自治区；猫尾草、红三叶种子基地，主要分布在甘肃省，种植面积大约 1 万亩。除此之外，这些种子基地还生产无芒雀麦、羊草、梭梭、花棒、沙拐枣等，种植面积大约 1 万亩。

从运行状况来看，该地区种子基地建成后交由地方或企业自主经营，由于缺乏后期机制投入和相关政策支持，缺乏必要的竞争力，多数繁育基地由于种子产量低、经济效益差，导致生存困难或停产。近年来，随着国家"粮改饲""草牧业"等重大战略政策的实施，以苜蓿、燕麦为主的种子市场供不应求，各地加大了苜蓿和燕麦种子的生产，以苜蓿和燕麦种子生产为主的基地运行状况有所好转。但是，各草种繁育基地仍存在规模小，系统性差，整合度低的问题，整体对草种产业重视力度不够，草种业市场不规范。草种基地管理体制僵化，资金和技术支持缺乏，产品效益低，市场竞争力差，运行维持状况差，活力不足。

2. 草种经营主体建设及经营现状

草种经营主体以企业自主生产和农户分散式生产为主，农户生产的主要目的是自留种用，自繁多为无序、分散生产，一般不进行交易和流通。企业以自主生产和纯进口草种经营，在自主生产过程存在草种市场监管相对缺失、生产经营较为混乱是当前的突出问题，草种质量认证和检测体系不健全，经费投入不足，经营中存在恶性竞争。

进口草种冲击力度大，牧草用种 50%—80% 依赖进口，生态建设用种以国产为主，绿化用种基本为进口，早熟禾和高羊茅对进口的依赖度很高。本土草种经营主体受市场波动和政策影响大，企业活力不足，生产不规范，不稳定，竞争力低。不同区域企业发展不均衡，发展环境差异大。

二、我国草种产业存在的主要问题

尽管我国有较长的发展草种业的历史，发展草种业具有得天独厚的自然气候条件和良好的社会外部环境，但从总体上看，草种产业发展还相对滞后，存在的主要问题有以下六方面。

（一）缺乏科学规划和产业化布局

尽管西北地区地域广袤，土地资源丰富，但优良草种在农区种植量较少，没有形成种植规模，在草种专业化生产中缺乏长远的科学规划与布局，制种田面积小且分布不均衡，管理粗放，几乎没有采取必要的田间管理措施，基本处于广种薄收的状况，一些适宜制种的地区，草种产业开发利用滞后，近几年才起步进行探索性建设。西北地区草种既有各自的特点，也有很大的趋同性。通过各级政府扶持与区域校企合作，充分发挥高校、科研院所的技术优势，企业投资经营管理的优势，地方政府的推广优势，建立若干相互紧密联系的草种产—学—研—育—繁—推一体化的中心，建设西北地区独特的草种生产带，对尽快改变现状，促进草业发展具有迫切的现实意义。

（二）种业发展支持体系不健全

与农作物种子基地相比，饲草、生态和草坪用种基本被边缘化。由于生物育种行业主要以商业化、市场化为主，而生态建设的林草种子育种是公益性的基础产业，因此需要国家投入。但是，目前，林草育种缺乏相应的政策与配套经费支持，只有国家级的林草良种基地、采种基地和种质资源库能获得国家投资，而申报国家级的基地必须是自治区级的基地达到一定年限后才具有申报资格，而自治区级的基地目前尚无资金支持渠道，地方财政又无法配套，导致资金短缺、管理跟不上，始终达不到申报国家级基地的水平和资格，无法获得国家投资，形成恶性循环。这也是之前建设的采种基地最终被废止和现存基地少、草种单一的主要原因。例如，2000—2015 年，陕西省各类各级草种繁殖项目共计 9 项，但近 3 年已无执行项目，黄河管理局的草种繁殖项目虽然有较大的保留面积，但是产种情况不清，实际上仅仅是长寿牧草生长着而已，缺乏必要的经营管理，在项目结束后无法持续运行。因此，当前财政、税收、信贷等政策扶持力度在草种业发展中还有待进一步加强。

（三）牧草种子生产缺乏行业标准

目前，缺乏健全的草种认证体系和相应的组织，不管是育种家或企业生产的种子都缺乏制度保障、等级认定和标签制约，对草种的种植、生产、收获、加工及贮藏各个环节也没有制定具体的行业标准，造成市场上营销的种子遗传混乱，再加之目前市场监管缺位，受利益驱动，许多经营者无证经营，出售种子时不提供任何质量证明，致使草种来源不清，品牌、质量没有保证，从而导致市场流通的草种真假优劣难辨，合格率大打折扣，出了问题也无法追根溯源，同时也使部分优特草种的出口价格受到严重的影响，造成了很大的经济损失。上述产业发展中面临的诸多乱象，干扰了牧草种子市场的正常秩序，直接影响到牧草行业的健康有序发展。

（四）优良的当家品种退化

由于近年来对草籽场和牧草种子生产专业户的扶持和建设不够，草种生产手段落后，使种子品质下降、混杂严重，而使用这些劣质种子用于种子田的繁殖，导致了优良品种的生产性状退化，表现为产量下降、品质变差、抗性减弱、易受病虫危害。例如，鄂尔多斯地方优良品种"准格尔苜蓿"退化较为严重；内蒙古农牧学院培育的"草原2号"杂交苜蓿、老芒麦，陕西省本地具知识产权的3个苜蓿品种（关中苜蓿、陕北苜蓿、西农9707）和"彭阳早熟沙打旺"等优良牧草品种保种面积极小，年产种子仅几吨，而且也存在品种退化问题。为保证这些牧草的优良性状不致丢失，急需提纯复壮。

（五）草种生产管理技术落后

由于缺乏资金、技术的投入和草业专业人员技术支持，以农户自行组织的草种生产经营水平差，而基层地区的企业当前也没有形成一套完整的牧草制种生产技术和运作模式，再加之缺乏有效的管理，很多种子田不能按照种子生产标准化建立，生产上未执行统一的管理办法和质量分级标准，不进行科学的田间管理，不除杂，不设隔离带，切叶蜂辅助授粉缺失，种子收获及清选加工技术落后，缺乏必备的机械，造成同一草种在一地的总产量、质量变化很大，极不稳定，所生产的种子品种混杂，品质退化，异种子超标，净度和发芽率不符合要求，市场流通受阻，草种繁育者的利益也常得不到应有的补偿。

（六）繁种复合型人才队伍缺乏

当前，草种业生产中尚缺乏相应的草业专业技术人员，牧草的种植技术人员基本是基层的非专业人员进行，"育—繁—推"机构生产、管理人才队伍匮乏，生产布局不合理，生产企业各自为政、生产随意性大，专业指导不足，技术含量不高，形不成合力，因而缺乏核心竞争力。此种情况与草种业发展的客观要求不相适应。另外，林草基地的经营主体都在基层，西部地区条件相对艰苦，所需人才引不进，现有人才留不住，相关的管理人才和专业技术人才更加匮乏，自身技术力量薄弱，科技支撑不足，上级技术指导和服务不够，严重制约着草种业的长足发展。

三、建设草种产业的条件与基础

（一）建设草种产业技术储备

审定登记草品种丰富，涵盖多个科属，可推广利用国产品种多。科研团队建设、技术水平在最近几年发展迅速，团队建设完善，技术水平提升快。草种种植、田间管理、收获、加工、清选等方面的技术已基本成熟。草种地方面的技术引进、试验示范和推广、培训工作系统完善。形成原种、良种繁育、防杂保纯、种子分级、种子检验方法、种子加工机械、种子包装、贮藏、运输的一系列标准、规程和办法。创新"科研单位＋基地（农户）＋企业"的生产经营模式，建立"原种田—原种繁育田—种子生产田"三级良种繁育推广体系，助力草种企业良性经营和发展。积极筛选退化生境、生态型草种，研发逆境下草种栽培技术，形成节水灌溉、喷灌、滴灌、田间管理、水肥一体化、牧草生产、收获、加工、储藏等成熟技术。目前，我国从事草种繁育科研人员约150人，多集中于高校和科研单位。至2018年，我国共审定登记559个新品种。其中，育成品种208个，引进品种171个，地方品种59个，野生栽培品种121个，平均每年审定通过17个。从数量上看，与发达国家相比差距较大，但从发展草种业的起步来讲，可以满足现在的发展。从"十一五"以来，我国开始重视牧草的育种工作，育成新品种的数量在逐年增加，这为加快种业建设持续发展，向世界水平迈进奠定了基础。

（二）建设草种产业的优势与条件

西部六省、自治区属于干旱半干旱地区，气候以温带大陆性气候为主，日照充足，年日照时数可达2500—3500小时，年降水量为150—350毫米

（青海省部分地区高达550毫米），丰富的光能资源和可控的灌溉条件为牧草生长和种子繁育创造了得天独厚的草种生产环境。同时，西部六省、自治区人均占有耕地面积平均为3.85亩，是我国人均耕地面积的2.6倍多，特别是该地区有可供开发的土地资源丰富，有进行草种繁育的传统，历史上一直是我国草种生产与供种地。

另外，该地区涵盖范围广，涉及多样的气候区，同时拥有丰富的野生牧草种质资源，为不同草种的生产提供了得天独厚的环境。青海省的冷凉地区适宜燕麦种子扩繁和高寒多年生牧草种子生产；新疆维吾尔自治区、甘肃省、内蒙古自治区、宁夏回族自治区光热资源丰富，是温带牧草种子生产的理想区域，同时为干旱区草种繁殖提供丰富的种质资源；陕西省南北跨越大，水热土壤条件优，可适宜繁育我国北方、南方和中部地区的大部分牧草种子。

四、建设我国专业化草种生产带的思路与建议

（一）建设思路与区域布局

1. 建设思路

（1）草种业发展定位，在满足国内市场需求的基础上，借助西部地区地域和"一带一路"建设的区位优势，将所生产的种子出口国外，走向国际市场，形成部分外向型的草种企业。

（2）草种业建设与发展必须列入国家中长期发展规划，通过长期建设，形成一定数量的国家级草种基地和现代草种企业。

（3）草种基地建设要充分利用与发挥区域的自然条件优势与生产潜能，以优势资源地段形成产业发展的核心区，辐射相关地区乡土和特殊种业的发展。

（4）草种业建设在起步阶段应以国家调控为主导，在种植基地的布局、建设数量与标准、企业准入条件应有严格限制。草种基地的布局应与草种繁育的生物学要求、自然地理优势的发挥匹配。

（5）地方各级政府应积极发挥政府的引导和服务功能，搞好社会化服务，主动解决龙头企业发展中遇到的困难和问题，组织推广地方优良品种扩繁，发挥地方品种优势。树立草种业的名优品牌意识，努力培育品牌，占领市场，推进草种产业化经营。

（6）以市场为主导，把育种环节、繁育环节、销售环节有机结合起来，各方资源整合协作，快速提升草种业的创新能力、供种能力、竞争能力，确保优良草种供种数量和质量，实现草种产业的可持续发展。

（7）基地建设要体现中央投资的引领作用，同时充分发挥调动地方、企业和社会各方的积极性，构建多元化投入机制。

（8）重视与高校和研究院所的有效结合，培养种子繁育生产的专业技术人员，做好育、繁、推一体化工作。

（9）完善现代草种业发展配套的政策与法规，加强种业生产、市场的监管。

2. 区域布局

生产带的布局，依据各区域自然环境条件、草种生物学特性和草种生产的适宜性进行布局。以往的研究证明，新疆维吾尔自治区有发展草种生产的先天优势。该地区地处干旱区域，适宜农作地段的降水不足200毫米，种植业基本靠灌溉，草种生产过程中水分供给可控性强，适宜国内多种优良牧草的繁殖，在产量与质量上有保证。新疆维吾尔自治区土地面积相对较大，十分有利于草种生产规模经营，鉴于以上条件，在国家草种基地建设布局上，新疆维吾尔自治区应作为国家草种生产的制种中心重点建设。甘肃省、陕西省、青海省、宁夏回族自治区与内蒙古自治区可根据各自条件与优势，建设一些具有地区特色的草种生产基地。

（1）牧用草种生产带建设

牧用草种是指主要用于人工草地建植以牧用为目的的草种。牧用草种生产带建设应以我国人工草地建设中种植的主栽草种进行基地布局。

苜蓿草种生产基地：苜蓿为豆科苜蓿属多年生草本植物，是世界上栽培最广的豆科牧草，素有"牧草之王"美誉，是我国牧草生产的主打品种。紫花苜蓿适应性较广，喜温暖且半干燥、半湿润的气候条件和干燥、疏松、排水良好且富含钙质的土壤。年降水量在500—800毫米地区最适宜栽培种植。种子生产适宜年降水量150—300毫米有灌溉条件的地区进行。依据苜蓿生物学特性、种子生产对自然条件的要求和原有工作基础，新疆维吾尔自治区是我国苜蓿种植的发源地，气候、水土条件十分有利于种子繁殖，新疆维吾尔自治区有望建设成我国最大的苜蓿种子生产基地，应作为国家级苜蓿草种的主繁区；内蒙古自治区的鄂尔多斯市、甘肃省河西走廊的酒泉市建立部分辅助基地。所生产种子可以满足国内用种之需。

红豆草草种生产基地：红豆草属豆科多年生草本植物，是世界上广泛栽培的牧草。我国主要在甘肃省、新疆维吾尔自治区、四川省的川西北种植。红豆草喜温暖干燥气候，植株生长的最适温度为日平均气温18—25℃，适宜在年降水量300—600毫米地区种植。种子生产适宜在年降水量300—400毫米地区种植。依据红豆草的生物学特性和在我国的地理分布，种子基地的建设应以甘肃省为主生产区，新疆维吾尔自治区为辅生产区建设一定面积的基地。生产种子可供甘肃省、新疆维吾尔自治区、陕西省、内蒙古自治区、四川省等地使用。

沙打旺草种生产基地：沙打旺为豆科多年生草本植物，是我国特有的栽培、绿肥和水土保持草种。依据沙打旺的生物学特性，种子基地的建设应以内蒙古自治区西部与宁夏回族自治区北部引黄灌区为主生产区。生产种子可供河北省、河南省、山东省、山西省、陕西省、内蒙古自治区等地使用。

鸭茅草种生产基地：鸭茅喜温暖湿润气候，植株生长的年降水量600—800毫米，最适宜温度为日平均气温10—28℃地区生长，野生种主要分布在我国新疆天山和四川省的峨眉山、二郎山、凉山和岷山。依据鸭茅的生物学特性和在我国的地理分布，种子基地的建设应以新疆维吾尔自治区为主生产区，四川省为辅生产区建设一定面积的基地。生产种子可供新疆维吾尔自治区、陕西省、甘肃省、河北省、云南省、内蒙古自治区、四川省等地使用。

梯牧草草种生产基地：梯牧草喜冷凉湿润气候，适宜在年将降水量700—800毫米地区生长。梯牧草对温度要求不高，当土壤温度在3—4℃时开始发芽，当秋季气温低于5℃时停止生长。在我国野生种仅分布于新疆维吾尔自治区天山山地，甘肃省有由国外引进培育而成的岷山梯牧草。依据梯牧草的生物学特性和在我国的地理分布，种子基地的建设以新疆维吾尔自治区为主生产区，甘肃省可为辅生产区，生产种子可供新疆维吾尔自治区、甘肃省、四川省等地使用。

无芒雀麦草种生产基地：无芒雀麦野生种在我国有广泛分布，是山地草甸草地的优势种。适于凉爽的半干旱、半湿润的气候，适宜在年降水量400—800毫米，年均温3—10℃地区生长。无芒雀麦在我国的甘肃省、内蒙古自治区、河北省、陕西省均有大面积种植。依据无芒雀麦的生物学特性和以往种植基础，种子基地的建设应以甘肃省陇东地区为主生产区，陕西省榆林市为辅生产区，生产种子可供新疆维吾尔自治区、甘肃省、陕西省、内蒙古自治区、河北省、四川省等地使用。

披碱草属草种生产基地：披碱草属包括老芒麦、垂穗披碱草、披碱草和短芒披碱草4种。在我国北方有广泛分布。适于冷凉与温凉地区生长。适宜生长于年均温 –5—8℃，年降水量350—750毫米地区。依据几种披碱草属牧草生物学特性，以及种子生产对自然条件的要求和原有种植基础，草种生产基地建设以青海省为主生产区，甘肃省的祁连山北麓和甘南高原为辅生产区，生产种子可供国内其他地区使用。

中华羊茅草种生产基地：中华羊茅属禾本科多年生草本。野生种在我国主要分布于四川省、青海省与西藏自治区，适于冷凉与温凉地区生长。中华羊茅具有较强的抗旱与耐寒能力。适应性强，在青藏高原海拔为2300—3800米的地区均生长发育良好，在内蒙古自治区、四川省、青海省、甘肃省等省、自治区人工种植表现较好。依据中华羊茅生物学特性，以及种子生产对自然条件的要求和原有工作基础，草种生产基地建设以青海省为主生产区。生产种子可供青海省、西藏自治区、甘肃省等地使用。

羊草草种生产基地：羊草属禾本科多年生旱生与中旱生禾草，适宜在年均温度 –5—7.5℃，年降水量350—500毫米地区种植，是欧亚草原主要建群种，是我国北方内蒙古自治区、吉林省和黑龙江省建立永久性人工草地的主要草种。基于羊草生物学特性和原产地的地理分布，适宜草种繁殖地应建立于内蒙古自治区的锡林郭勒盟，生产草种可供内蒙古自治区、吉林省和黑龙江省使用。

冰草属草种生产基地：冰草属牧草包括扁穗冰草、蒙古冰草和沙生冰草，均属旱生牧草。耐旱、耐寒，适宜在干燥、寒冷的气候条件下种植。三种冰草在年降水量250—400毫米地区生长良好，内蒙古自治区、宁夏回族自治区、青海省、新疆维吾尔自治区均有人工栽培。基于冰草属草种的生态生物学特性和工作基础，草种基地宜建立在内蒙古的乌兰察布与宁夏回族自治区中部干旱区。生产草种可供内蒙古自治区、宁夏回族自治区、新疆维吾尔自治区使用。

燕麦草种生产基地：燕麦属禾本科一年生草本植物，最适宜生长在气候凉爽、雨量充沛的地区。对温度要求较低，生长期炎热干燥不利于生长。燕麦在我国的北方地区有广泛种植。依据燕麦的生物学特性和以往种植基础，种子基地的建设应以内蒙古自治区的中部、青海省为主生产区。生产种子可供新疆维吾尔自治区、甘肃省、陕西省、内蒙古自治区、河北省、山西省、陕西省、云南省、宁夏回族自治区、四川省等地使用。

苏丹草草种生产基地：苏丹草属禾本科一年生草本植物，适宜生长在气候温暖、雨量较多或有灌溉条件的地区。苏丹草在我国的南北方地区都有种植，依据苏丹草的生物学特性和在以往种植基础，种子基地的建设应以新疆维吾尔自治区、宁夏回族自治区为主生产区，内蒙古自治区西部为辅生产区。生产种子可供新疆维吾尔自治区、陕西省、内蒙古自治区、宁夏回族自治区、江苏省、湖北省等地使用。

（2）生态建设用种草种生产带

生态建设用种主要指用于干旱区退化草地生态系统补播、重建的草种，基地建设的种子生产以天然草地采种为主。

锦鸡儿草种生产基地：包括柠条锦鸡儿、小叶锦鸡儿，属豆科锦鸡儿属灌木类植物，是我国荒漠、半荒漠、草原地带广泛分布的植物。柠条锦鸡儿在内蒙古自治区的鄂尔多斯市库布齐沙漠、阿拉善盟的巴丹吉林沙漠，甘肃省、宁夏回族自治区，以及陕西省的沙区均有生长；小叶锦鸡儿主要分布于内蒙古自治区中北部的草原地区。基于上述两种锦鸡儿的地理分布，种子基地应以内蒙古自治区中西部为主生产区，宁夏回族自治区为辅生产区。生产种子可供新疆维吾尔自治区、陕西省、内蒙古自治区、宁夏回族自治区等地使用。

梭梭、沙冬青、霸王草种生产基地：梭梭、沙冬青、霸王均属超旱生小乔木和灌木，是我国内蒙古自治区、宁夏回族自治区、甘肃省与新疆维吾尔自治区荒漠地带广泛分布的植物。依据上述植物集中分布区和以往种子生产基础，种子基地建设应以内蒙古自治区西部为主生产区，生产种子可供内蒙古自治区、宁夏回族自治区、新疆维吾尔自治区等地使用。

木地肤、驼绒藜、蒿类草种生产基地：木地肤、驼绒藜、蒿类均属超旱生小半灌木，是我国北方荒漠地带广泛分布的植物。依据上述植物集中分布区和以往种子生产基础，种子基地建设应以内蒙古自治区西部、新疆维吾尔自治区北部荒漠地带为主生产区，生产种子可供内蒙古自治区、宁夏回族自治区、新疆维吾尔自治区、甘肃省等地用种。

（二）建议

1. 将专业化草种生产带建设列入国家发展规划

在国家草产业布局中，强化种业发展的顶层设计和长远规划，将西北地区专业化草种生产带建设列入国家发展规划，可为实现草种国产化和提升草种业的国际竞争力奠定基础。在新疆维吾尔自治区北部、内蒙古自治区西部、宁夏回族自治区北部与中部，甘肃省河西走廊，陕西省榆林市，青海省海东市等地建设主要草种生产区，构建"以大型企业为载体、以种植基地为依托、以科技创新为支撑、培育一批龙头企业和产业集群"的发展模式，给予政策、财力的重点支持，提升草种业科学与技术的创新能力，提高草种产能和自给能力，增强核心区辐射带动作用，保障优质草种供给，摆脱大部分草种依赖进口的现状。应高度重视的是，坚决杜绝计划经济时期和改革开放初期对草种业基地建设"撒胡椒面式"的财政支持方式。

2. 健全草种业政策规章，补齐政策短板

按照党的十九大报告提出统筹山水林田湖草系统治理的方针，在深入贯彻实施《中华人民共和国草原法》《中华人民共和国种子法》和《草种管理办法》的基础上，完善草种业相关土地、税收、投资等配套政策，完善促进产业化发展的激励政策和监管措施。

首先，实行草种生产三级认证制度和种子生产补贴政策。加强品种知识产权保护，建立推广符合国内种子生产的三级认证制度，提高优良品种的市场竞争力，规范种子市场，实现种子销售优质优价。

其次，完善草种质量控制与监管政策法规。加强种子质量监督和检测管理体系建设，将草种打假纳入农资打假综合执法工作中，保护优良品种的使用、生产者和消费者的正当利益，保障种子市场贸易的健康持续发展。

最后，围绕草种龙头企业制定种子生产的激励和优惠政策。为扶持草种龙头企业的发展壮大，要从根本上解决土地分散、机械化水平低等限制问题，在企业税收、贷款、保险等方面提供优惠和便利，实现种子生产的规模化、专业化，提高种子生产者的经济效益。

3. 加强种子产量提升创新工程建设

草种生产对生产环境选择、"种、管、收"等技术环节具有特殊要求，通过加强草种产量提升创新工程建设，培养专业技术人才，开展以种子增产高效管理技术的系统研究与示范，提高种子生产能力和水平，不仅为草种业的国产化奠定扎实基础，而且是现代草业发展的迫切需要。

第一，针对草种生产的专业性和特殊性，加强专业技术人才的培养，要着重抓好以下两点：一是充分利用高等农业院校的教学资源，扩大育种专业招生规模，设立行业管理、经营人才培养专业，根据产业需求确定招生规模，从而打造我国草种业高端人才队伍。二是充分利用涉农中等、高等职业院校教学资源，设立草种产业技术工人培养专业，尽快解决我国草种产业技工人才短缺问题。

第二，坚持创新驱动，引导和支持种子生产企业独立或采取与高等院校、科研单位联合方式建立研发团队，形成以市场为导向、资本为纽带、利益共享、风险共担的产学研相结合的草种业技术创新体系。

第三，加强草种扩繁体系的建设，整合科技资源，在我国西部依托现有的大学和科研机构的育种家，组建国家草种繁育研究中心，积极探索联合攻关、成果共享、知识产权得到保护的研发机制，为充分发挥育种家、种子科技专家的智慧和才能提供坚实的组织保障。

第四，重点支持在西部六省、自治区建设国家草种种质资源库，加强种质资源收集保存和评价筛选，将育成的乡土品种资源和野生品种资源整合起来，为开展系统的基础种子生产技术研发与示范提供支撑。

五、结语

纵观我国西部六省、自治区的气候、土地、草种生产历史与技术积累，发展草种业能充分利用与发挥该区域的农业自然资源优势，具备与草种生产水平先进国家相似的生产条件，是我国建设与发展草种产业的理想之地。

种子是基础性农业生产资料，位于产业链的最上游，可创造巨大的社会效益与经济效益，一方面，可有效解决当地劳动力就近就业，促进社会和谐，保障社会的安定；另一方面，可实现草牧业、草原生态和国土绿化持续健康稳定发展，保障国家食物和生态安全，美丽乡村振兴和文明宜居城市建设等事业的发展。草种业在我国的发展是一个朝阳产业。

参考文献

［1］全国畜牧总站草业处. 我国草种业发展研究报告［EB/OL］.（2015-08-15）［2020-09-07］. https://max.book118.com/html/2019/0814/8060076037002042.shtm.

［2］赵峰. 立足资源优势着力打造中国牧草种业基地［EB/OL］.（2015-08-15）［2020-09-07］. https://max.book118.com/html/2020/0907/7114141016002166.shtm.

［3］刘富渊. 中国苜蓿种子生产［EB/OL］.（2016-08-15）［2020-09-07］. https://max.book118.com/ html/2020/ 0907/5224121023002342.shtm.

［4］负旭江. 中国苜蓿草种业［EB/OL］.（2015-10-25）［2020-09-07］. https://max.book118.com/html/ 2020/0907/7024053020002166.shtm.

［5］刘自学. 中国苜蓿种子贸易与市场［EB/OL］.（2015-10-25）［2020-09-07］. https://max.book118.com/ html/2020/0907/5014144024002342.shtm.

［6］师尚礼，曹致中. 论甘肃建成我国重要草类种子生产基地的可能与前景［J］. 草原

与草坪，2018，38（2）：1-6.

[7] 张明均. 牧草种子生产现状与对策探索 [J]. 中国畜禽种业，2017，13（1）：9.

[8] 李娜. 国外草地农业发展实践及模式借鉴 [J]. 世界农业，2017（1）：142-147.

[9] 毛培胜，侯龙鱼，王明亚. 中国北方牧草种子生产的限制因素和关键技术 [J]. 科学通报，2016，61（2）：250-260.

肉猪饲养中国模式的探索

芪　弘　潘保雪　周燕娜

（北京基础健康科技发展中心）

摘要： 本项目致力于探索一种全新的、创造性的、独一无二的肉猪养殖模式——在饲养过程中不使用抗生素、生长激素，同时确保肉猪的低患病率与稳定成长。利用人工智能与信息技术的科技手段与肉猪饲育技术，创造生产与生态发展两立的生命本位、快意生活、人与自然和谐的价值体系，从而形成肉猪饲养的中国模式。项目的研究以"用文化讲好中国文化""用产业做好中国模式""用美食讲好中国故事"作为切入点，围绕我国肉猪饲养中的品质、环境、收益作为研究的核心内容，调研与实地考察国内外成功项目案例与先进技术，与国内行业专家学者展开深入的合作与研究，力争将肉猪饲养的中国模式项目尽快落地。

关键词： 肉猪饲养，食品安全，中医药科学，人工智能，大数据，信息化技术，可循环体系，环境污染，饲育技术

一、发展全新的肉猪饲养模式的背景与意义

（一）发展全新的肉猪饲养模式符合国家战略

实施乡村振兴战略，是党的十九大作出的重大决策部署，是决胜全面建

成小康社会、全面建设社会主义现代化国家的重大历史任务，是新时代"三农"工作的总抓手。

党的十八大以来，在以习近平同志为核心的党中央坚强领导下，坚持把解决好"三农"问题作为全党工作的重中之重，持续加大强农惠农富农政策力度，扎实推进农业现代化和新农村建设，全面深化农村改革，农业、农村发展取得了历史性成就，为党和国家事业全面开创新局面提供了重要支撑。5年来，粮食生产能力跨上新台阶，农业供给侧结构性改革迈出了新步伐，农民收入持续增长，农村民生全面改善，脱贫攻坚战取得决定性进展，农村生态文明建设显著加强，农民获得感显著提升，农村社会稳定和谐。农业农村发展取得的重大成就和"三农"工作积累的丰富经验，为实施乡村振兴战略奠定了良好基础。

农业、农村、农民问题是关系国计民生的根本性问题。没有农业、农村的现代化，就没有国家的现代化。当前，我国发展不平衡不充分问题在乡村最突出，主要表现在：农产品阶段性供过于求和供给不足并存，农业供给质量亟待提高；农民适应生产力发展和市场竞争的能力不足，新型职业农民队伍建设亟须加强；农村基础设施和民生领域欠账较多，农村环境和生态问题比较突出，乡村发展整体水平亟待提升；国家支农体系相对薄弱，农村金融改革任务繁重，城乡之间要素合理流动机制亟待健全；农村基层党建存在薄弱环节，乡村治理体系和治理能力亟待强化。实施乡村振兴战略，是解决人民日益增长的美好生活需要和不平衡不充分的发展之间矛盾的必然要求，是实现"两个一百年"奋斗目标的必然要求，是实现全体人民共同富裕的必然要求。

在中国特色社会主义新时代，乡村是一个可以大有作为的广阔天地，迎来了难得的发展机遇。我们有党的领导的政治优势，有社会主义的制度优势，有亿万农民的创造精神，有强大的经济实力支撑，有历史悠久的农耕文明，有旺盛的市场需求，完全有条件、有能力实施乡村振兴战略。必须立足国情农情，顺势而为，切实增强责任感使命感紧迫感，举全党全国全社会之力，以更大的决心、更明确的目标、更有力的举措，推动农业全面升级、农村全面进步、农民全面发展，谱写新时代乡村全面振兴的新篇章。

（二）肉猪饲养业的现状与问题

目前，中国的规模型肉猪养殖业大多采用欧美式一体化大规模养殖系统，通常具有采用以进口谷物为原料的合成饲料，大量使用抗生素与激素等化学药剂，投资采购无菌饲养设备，饲养过程中的各工程环节由不同的企业组织负责。由于精肉切割由超市等终端用户负责，所以流通主要以整扇肉为主。以上的传统模式在现有的社会发展趋势下造成了许多问题，比如，由于过度依赖进口谷物饲料，国际市场环境的变化会导致饲养成本的大幅波动；大量使用化学药剂造成的环境污染与食品安全问题；无菌饲养的设备规模大、成本高，增加了投资的风险；饲养规程的各工程模块间缺乏信息交换，信息管理分散，一体化品质管理的观念淡薄；各个工程阶段缺乏技术者设计的标准化技术与相应的工程化标准管理；缺乏全供应链体系化的经营管理，"三产"融合不足，导致品质控制薄弱与溯源困难。

另外，现有的传统养殖场因不注重环境卫生条件，加上缺乏健全的疾病监控、防御体系，相应设施设备和专业技术人员不到位，导致自身成为病毒细菌容易滋生蔓延并传播的重要区域，一些病毒细菌性疾病不但危害养殖动物的身体健康，造成产量与品质的下降，损害养殖场的经济效益，同时在养殖场动物上滋生的某些病菌，如HN型流感病毒，也会有传播至人类的可能，对养殖场内员工乃至更多人的身体健康存在着一定的威胁。

2018年8月3日，中国首例非洲猪瘟（ASF）在辽宁省沈阳市确诊，至今已涉及6省10起，造成数以万计的生猪死亡。非洲猪瘟是由非洲猪瘟病毒（ASFV）引起的一种急性、烈性、高度接触性的传染病，发病率高，病死率可高达100%。截至目前，仍未研发出防治非洲猪瘟的有效疫苗，扑杀是唯一手段，后续疫情的发展存在较大不确定性。所以，从饲养环节中注重肉猪的健康成长、免疫力提升、与饲养环境的改善。

（三）发展全新肉猪饲养模式的意义

随着人们生活水平的逐步提高，人们对食品安全的重视程度越来越高，对安全、高品质猪肉的需求越来越旺盛，传统的养殖系统逐渐无法满足日益变化的消费需求。

本项目的研究致力于探索一种全新的、创造性的、独一无二的肉猪养殖模式——在饲养过程中不使用抗生素、生长激素，同时确保肉猪的低患病率与稳定成长。利用人工智能与信息化的科技手段与肉猪饲育技术，创造生产与生态发展两立的生命本位、快意生活、人与自然和谐的价值体系，从而形成肉猪饲养的中国4.0模式。

用文化讲好中国文化。在中国悠悠千载的历史底蕴中，天、法、道与自然的转承启合一直是帝王家与平民百姓家都信奉的文化理念。受中国文化的启发，将中医科学运用于肉猪饲养业。

用产业做好中国模式。该模式坚持三产融合发展，创造一个去中心化、去中间化、主客一体的全新的平台发展模式。其中，一次产业通过中医药饲料来实现科学化肉猪饲养，二次产业则是优化资源，采用OEM加工模式，利用第三方的低温物流、系统管理订单SCMS供应链管理系统等提高经营效率；三次产业将借助新零售、饮食与健康长寿研究中心等来为整个肉猪供应链赋能。

用美食做好中国故事。中国饮食文化是中华民族基本文化基因的核心内容，讲究五味调和，"色香味俱全"，有着奇正互变的烹调法和畅神怡情的美食观。而猪肉，作为中国饮食文化的重要食材。让每一位中国人吃到健康、放心、高品质的猪肉，让每一份猪肉都能演绎最本土的中国风情，在世界的舞台上绽放光彩。

二、现有肉猪饲养模式的分析

（一）肉猪饲养现有模式的分析

生猪出栏量反映了我国肉猪饲养行业体量之大与猪肉在我国饮食结构中占有的重要地位。2012—2017 年，我国生猪出栏量保持在 6.6 亿头以上。2017 年，全国生猪出栏量达 6.89 亿头，同比增长 0.5%；2018 年我国生猪出栏量为 6.94 亿头，同比增长 0.7%（图 1）。

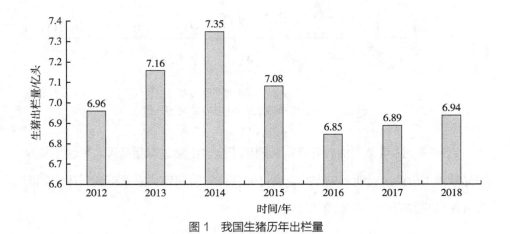

图 1　我国生猪历年出栏量

目前，我国主要生猪养殖企业是温氏股份、牧原股份、正大集团（中国）、正邦科技、雏鹰农牧、中粮肉食、宝迪、新希望、天邦股份、大北农、唐人神等。

2018 年，我国共出栏生猪 6.94 亿头。其中，九家上市养殖企业共出栏 4476.3 万头，出栏量占 6.45%（图 2）。而 2017 年共出栏 3442.46 万头生猪，占据 4.9% 的市场份额，2018 年行业集中度比 2017 年有所提升。可见，我国的生猪供应以中小型企业或农户养殖为主，上市公司的市场占有率并不高。但是，中小型养殖户普遍在管理专业化、抗风险能力方面存在问题，同时容易产生环境污染、食品安全的隐患，也缺乏与未来市场需求进行评估的能力。

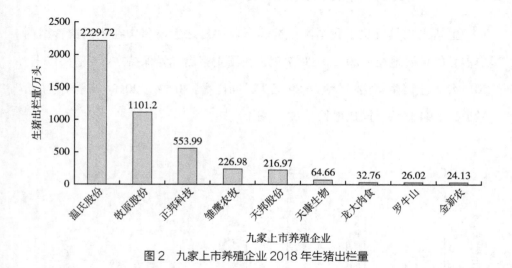

图 2　九家上市养殖企业 2018 年生猪出栏量

近年来，随着猪肉消费升级，涌现出了众多土猪、黑猪品牌，专注于提供高品质肉类生产及行业解决方案，通过创新技术引领现代农业革新，为中国消费者提供更加安全、美味的优质食品。

（二）肉猪饲养国外模式的调研

1. 美国肉猪饲养业的现状

美国的肉猪饲养业总体规模化程度较高，以大规模化的养猪场为主。1950—2001 年，由于美国的经济实力增强，生物技术不断创新，加强了优良种猪的培育等。同时，政府的环保政策也对生猪养殖业提出了新的要求，使肉猪饲养业发展迅速，规模化进程不断加快，养猪场总数由 300 万个左右急剧下降到 8 万个左右，平均每个养猪场生猪存栏数由 19 头急剧增加到 76 头。进入 21 世纪以来，美国的肉猪养殖业的规模化发展速度相对放缓，但大规模养殖场的数量和存栏比重仍在稳步上升。经过长年的发展，美国的规模化养殖场拥有比较专业化的生产模式，采用全自动的饲养管理系统，实现了网络化发展，生产效率较高。在肉猪的交易环节，美国大规模的养殖场大多采用合同制的交易方式，用来降低饲养企业的风险。

2. 德国肉猪饲养业的现状

德国的肉猪养殖业大多采用家庭与工厂、适度规模与大规模相结合的模式。以家庭为单位的适度规模化生产与以工厂为单位的大规模养殖相结合，其中适度规模化养殖规模为 1000—1200 头，大规模养殖规模为 5000—10000 头。同时，受到规模效应的影响，肉猪养殖场总数在不断减少，2000—2014 年，德国生猪养殖场的总数由 14.1 万家减少到 2.6 万家，降幅为 82%，规模化程度不断加强。在饲养环节中，德国以州为单位，进行专业化的分工与协作，在不同的饲养阶段采用不同的自动化与网络化相结合的管理模式，提高效率，增加效益，降低风险。

3. 丹麦肉猪饲养业的现状

丹麦的肉猪养殖业以中小规模饲养为主，具有生产方式灵活、专业化程度高的特点。虽然饲养规模小，但可以涵盖育苗场、育肥场，从生产到销售环节都有专业化较高的部门负责，平均饲养 10000 头肉猪仅需要 3 个劳动力。丹麦拥有体系化的肉猪的良种繁育科学，并且疫病防控监管严格。生猪育种科学系统，拥有健全的良种繁育体系，种猪繁育计划——Dan Bred 促使丹麦生猪良种繁育体系进一步完善。2014 年，丹麦共有 35 个原种核心场及 157 个扩繁场，共培育出将近 8 万头良种母猪。生猪养殖防御体系完善，猪肉市场监管严格，法律法规保障制度健全，严格禁止使用生长激素，并制定了严格的食品卫生标准和管理制度，猪肉产品使用、营销、物流等环节均有详细不间断的原始记录。

国内外肉猪饲养业的对比详见表1。

表1　国内外肉猪饲养业的对比

国家	发展规模	综合生产能力	市场交易
美国	规模化养殖起步早、发展快，以大规模养殖为主	生猪生产专业化与网络化相结合，拥有全自动生产性能测定系统	采用生猪远期合约的交易方式，降低风险
德国	适度规模化生产与大规模养殖相结合	生猪养殖分工专业化，疫病防控体系完善，法律明确	采用生猪期货的交易方式，转移风险
丹麦	规模化程度高，以中小规模养殖为主	生猪管理专业化，育种科学重视环境保护	已建立生猪养殖合作社及协会组织
中国	散养为主，规模化程度初步形成	生猪生产质量低，专业化程度弱，初步形成生猪良种繁育体系，法律法规不明确	交易方式较为传统，龙头企业带动作用较弱，较为分散

三、肉猪饲养中国模式的探索

（一）肉猪饲养中国模式的综述

1. 肉猪饲养中国模式的概要

肉猪饲养中国模式是将中医药科学技术利用到肉猪饲养中，结合信息智能化的管理形成的解决方案，从而实现肉猪饲养过程中对环境零污染、猪肉品质的升级、猪肉产品产业链的整体收益性提升（图3）。本项目的研究将围绕品质、环境、收益这三项核心目标，对实现这些目标进行路径的设计与技术的调研（图4）。

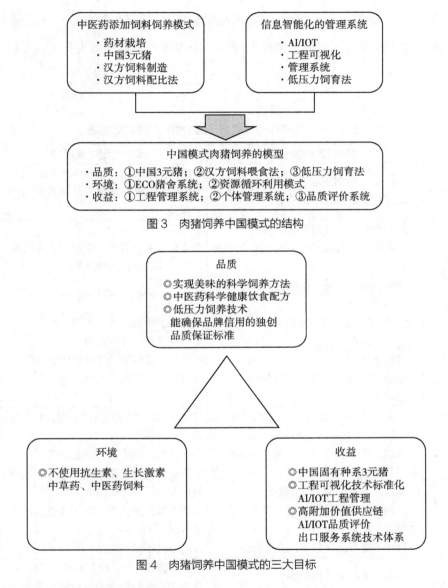

图3 肉猪饲养中国模式的结构

图4 肉猪饲养中国模式的三大目标

2. 肉猪饲养中国模式与传统大型饲养模式的比较

将肉猪饲养中国模式的基础模型与传统大型饲养模式的进行对比，分别从饲料生产、饲育、加工流通、信息化管理等方面进行技术化的对比（表2）。对比的结果显示，中国模式从饲育环节的环境污染问题、管理的信息化程度、成本控制、收益性、猪肉的品质都具有不同程度的提升。在整个猪肉产业链中与加工、流通、销售的环节，中国模式能更好地与其他环节进行对接或整合。

表2　肉猪饲养中国模式与传统大型饲养模式的比较

	肉猪饲养中国模式	传统大型饲养模式
理念	用中医讲好中国文化，用产业做好中国模式，用美食讲好中国故事	◎欧美式大规模一体化生产系统（饲料生产与养猪事业的垂直统合型事业模型）
饲料生产技术	中医药饲料、中草药发酵饲料 ◎资源循环型环境适合农法　自然有机栽培 ◎土地资源自用最大化地稳定种植生产	◎主要以进口谷物为原料的合成饲料 ◎饲料品质与成本的不稳定
饲育技术	ECO饲育方法 ◎中药饲料添加剂（原则上不使用抗生素·生长激素） ◎绿色猪舍 ◎猪舍周围栽培牧草，把养猪场与外界环境隔离开	◎大量使用抗生素与激素 ◎造成环境的巨大负荷 ◎无菌饲养需要投资高额的设备费用 ◎规模大，投资风险高
加工流通技术	三产融合性猪肉加工工厂、综合物流中心 ◎处理·加工工程统合管理、一体化低温品质管理 ◎低压力宰杀处理/低温熟成 ◎根据菜单进行类别切割，活用剩余部位并进行加工 ◎订单管理、品质管理、追踪管理	◎各工程由不同的企业负责，相互间缺乏信息交换 ◎一体化品质管理的观念淡薄 ◎市场主要以流通整扇肉为主，精肉切割由超市等终端用户负责 ◎残余部位的活用困难（委托专门工厂进行加工） ◎追踪机制尚未完备
信息化技术	三产融合的经营可视化体系 开发并运用综合性软件，促进产业与工程间的合作⇒品质管理、生产性管理、收益提高等 SCMS（产业链管理体系） ◎未来预测、风险管理	◎信息管理分散、没有形成完整的体系， ◎各个工程阶段没有专业技术者制成的标准化技术 ◎各工程涉及不同领域，只有部分工程实现了最优化。 ◎没有全供应链的经营改善构想 ◎SCMS尚未完全整备

3. 基于我国的国情的肉猪饲养模型

基于我国的国情与行业背景，根据肉猪饲养中国模式的理念与技术特点，设计了 3 个规模的肉猪饲养模型，分别是小型规模（年出栏 800 头），中型规模（年出栏 2500 头），大型规模（年出栏 10000 头）。并且根据这 3 种生产规模，做了投资经营的基础测算，得出了初步的数据（表 3）。

表 3　肉猪饲养中国模式的饲养模型

小规模模型		中规模模型		大规模模型	
出栏头数	800 头 / 年 2—3 头 / 日	出栏头数	2500 头 / 年 7 头 / 日	出栏头数	10000 头 / 年 28 头 / 日
母猪头数	28 头	母猪头数	85 头	母猪头数	340 头
分娩舍	1 栋	分娩舍	3 栋	分娩舍	10 栋
生育舍	2 栋	生育舍	5 栋	生育舍	20 栋
营业额目标	640 万元	营业额目标	1920 万元	营业额目标	7680 万元
营业利润目标	149 万元（24%）	营业利润目标	533 万元（27%）	营业利润目标	3781 万元（49%）
设备投资	987 万元	设备投资	2328 万元	设备投资	9310 万元
技术投资	150 万元	技术投资	497 万元	技术投资	497 万元
人材	培养所有者	人材	培养技术管理员	人材	培养技术管理员
人材育成	所有者制度 研修制度 资格认证 远距离教育	人材育成	研修制度 资格制度 资格认证	人材育成	研修制度 资格制度 资格认证

（二）发展中国模式的肉猪饲育体系

1. 发展中医药饲料的生产与加工体系

中医药是我国的传统文化，是古人留给我们的宝贵财富。我们分别与位于湖北省恩施土家族苗族自治州与浙江省丽水市的中草药种植基地与饲料加工工厂进行合作与调研，在各方研究与实践的基础上将饲料配方的设计、中草药的种植、饲料的加工等环节进行整合并实践检验。其中，所采用的中草药材包含夏枯草、何首乌、板桥党参、淫羊藿、苦参、大黄等。

2. 发展中医药饲料喂养法

采用中医药饲料配方进行喂养，在每一个生长阶段根据生长的需要调整配比，原则上不使用抗生物质、成长激素，同时保证生猪的高生长性、低患病率（高生长率、高收益率）。通过饲料的配比加上猪肉适当的运动，可形成柔软美味的瘦肉、香甜且入口即化的脂肪。根据实践的结果，我们与日本肉猪饲养模式的统计值进行比较，得出了更优异的数据表现（表4）。①保育前期（14日）：抑制应激反应，预防痢疾，提高免疫力。成分为夏枯草、重寄生属、何首乌、鸣子百合、牡丹皮。1头猪的所需量为0.13千克。②保育后期（20日）：帮助消化和成长，预防血吸虫病等。与麦芽、山楂、何首乌、淡竹叶、蒲公英、鱼腥草等配合使用。每头的必要量为0.13千克。③成长期（124日）：帮助消化和成长。预防血吸虫病。与麦芽、山楂、何首乌、淡竹叶、蒲公英、鱼腥草等配合使用。每头的必要量为1.6千克。④肥育期（70日）：改善猪肉的口感和色泽，提高肉的脂肪量、氨基酸量、胶原蛋白等，降低胆固醇。配合使用乌药、茴香等香草。每头的必要量为1千克。

表4 中国肉猪饲养模式与日本肉猪饲养模式的比较

项　目	中国模式测试值	日本模式统计值
母猪分娩次数 / 年	2.50	2.20
分娩头数 / 母猪	12.0	11.0
断奶头数 / 母猪	11.88	9.00
分娩断奶期的生存率 /%	98	89.1
年出库头数 / 母猪	29	20
肥育猪事故率 /%	2.0	3.0

续表

项 目	中国模式测试值	日本模式统计值
出生后出库天数	231	180
出库时体重 / 千克	150	110
分娩—出库体重增加 / 日	0.85	0.52
平均 1 头母猪的销售额 / 万元	22.5	3.6

3. 中国模式的种猪培育

使用中国原产猪。中国的养猪历史久，不管在日本还是欧美国家，中国原产猪都是稀少种，会用于品种改良上。中国原产猪业具有许多优点：繁殖能力高、肉质松软、口感醇厚。研究报告显示中国原产猪的抗压性强。培育中国原产系的雄种猪，未来可以开发生产率、味道都更胜一筹的中国系 3 元猪这一新品种。

4. 推广低压力饲养法

猪对环境的变化和刺激等十分敏感，饲养环境往往会影响猪的成长，让它们产生压力症候群或其他身体不适，即为 PSE。PSE 表现为肌肉颜色淡（pale）、组织软（soft）、水分多（exudative）。PSE 猪肉的市场价值低，不能作为高级猪肉流通。

为了生产更优质的猪肉，必须要在生猪的饲养环境上做文章，根据对国外许多成功案例的分析，我们选用两种技术：发酵地板与饲养空间设计。

发酵地板是由木屑等有机素材制作而成，可以细搜猪的粪尿进行自然发酵，成为饲料、肥料的原料（图 5）。同时，粗放式养猪，猪和土地充分接触，可以在发酵地板上玩耍。日本熊本县的 Sevenmeat 公司中用发酵地板饲养的无压力猪——"玩耍猪"也已经成为品牌化的高级猪肉。

 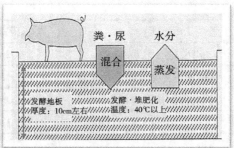

图 5　发酵地板示意图

饲养空间设计：一般进行划区域饲养，1 个区域饲养 10 头猪左右（图 6）。现在为了降低猪的压力，让猪自由玩耍和休息，在自由空间饲养的方法正在普及。虽然识别出库猪为哪个种类的问题是当前遗留的技术性课题，但是因罹患率降低、成长率增高，而广受好评。

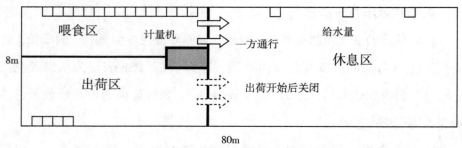

图 6　饲养空间划分示意图

（三）发展中国模式的绿色循环型肉猪饲养基地

1. 开发无污染、适合肉猪健康生长的猪舍

猪舍的设计理念为生猪创建可以自由活动、低压力、整洁低臭的成长环境，同时实现对环境的零污染。具体划分为分娩舍和生育肥育舍。

（1）分娩舍：区划充分，减轻母猪的压力（表 5）。

表5　分娩舍规格

项目	建筑物			区划			
容纳数量	长	宽	高	区划数	长	宽	面积
32头	16米×2	6.5米	2.5米	32	2米	2.2米	4.4米^2

所需栋数

（1）大规模 10000头/年（28头/日）⇒10栋

（2）中规模 5000头/年（14头/日）⇒5栋

（3）小规模 2500头/年（7头/日）⇒3栋

（2）生育肥育舍：2层式发酵地板猪舍、自动分类系统联动（表6）。

表6　生育肥育舍规格

项目	建筑			区划			
容纳数量	长	宽	2层式	区划数	长	宽	面积
500头	80米	8米	5米	1	75米	6米	450米^2

所需栋数

（1）大规模 10000头/年（28头/日）⇒20栋

（2）中规模 5000头/年（14头/日）⇒10栋

（3）小规模 2500头/年（7头/日）⇒5栋

2. 发展绿色可循环型肉猪饲养基地

绿色可循环型肉猪饲养基地是指对土壤零污染、水源零污染的肉猪饲养基地。根据这个原则，需要减少或者停止饲养过程中对化学药剂的使用，实现饲料及肉猪粪尿等资源的循环利用。中医药饲料喂养法通过中草药的科学配比提高肉猪的抵抗力与生长性，从而替代抗生素、生长激素等化学药剂，降低排泄物的恶臭及污染；通过发酵地板的技术减少猪舍地板上的有机物残留，吸收粪尿实现自然发酵；在养猪场内建设发酵槽来进行肉猪排泄物的发酵处理，发酵后可作为饲料、肥料再利用；用中草药巨菌草在养猪场的周围种植作为天然的隔离墙，巨菌草也是饲料原料之一。图 7 为绿色可循环型肉猪饲养基地的示意图，规格为长 300 米，宽 100 米，面积 45 亩，可饲养肉猪 2500 头，绿色部分是种植的中草药巨菌草。

图 7　绿色可循环型肉猪饲养基地

3. 建设肉猪饲养的绿色循环系统

如图 8 所示，通过发酵地板吸收肉猪的排泄物等有机素材，然后利用发酵技术制作成适合中草药巨菌草的肥料，施在饲养基地周围绿化带的巨菌草地上，将巨菌草加工后使用在肉猪的饲料中，实现可持续发展的有机资源循环利用。

图 8　肉猪饲养的绿色循环系统

（四）发展基于智能信息化的饲育管理系统

1. 肉猪饲养的工程化管理系统

建设工程化、标准化、可视化的信息系统。在饲育过程中，通过智能化设备自动采集成长关键阶段的饮食记录、体重记录、体温记录、出库判定，为每一头猪生成个体信息数据库；采用工程管理系统管理肉猪的成长信息，对品质、生产率、收益进行分析与管理；根据以上的信息与分析数据生成工程管理诸表：品质规格书、出库发票、饲养作业指示书、饲养设计模拟、生产计划、经营计划（图9）。根据数据和分析指导一产的生产与二产的加工。

图9 肉猪饲养的信息化管理系统

2. 肉猪个体管理系统

通过温度湿度传感器、自动饲料补给器、饲料补给量传感器、图像识别体重计算软件、红外线摄像头、体温传感器等智能化的信息采集设备收集肉猪个体的信息数据，根据彩色代码个体识别系统进行智能的数据整理与个体数据库的建立。利用对个体数据的监控与精密管理实现品质与效益的提升（图10、图11）。

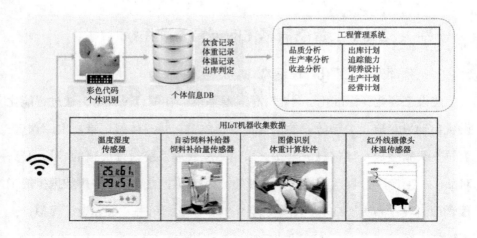

图 10　肉猪个体管理系统

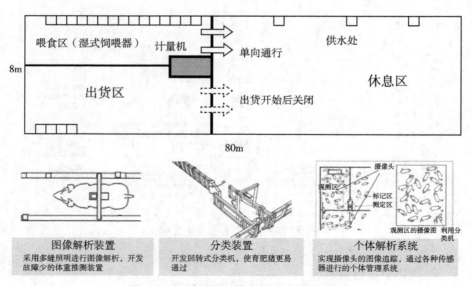

图 11　肉猪智能识别与区域分离管理系统

通过专家在日本的调研与实体考察，了解到日本正在进行一项全新的技术的实践和检验。该技术可以通过对肉猪个体的识别与分析，将猪舍内的猪自动分离到各自的区域中。实践中，每个区域饲养 500 头，不需要过多的饲养劳动。区域中设计了更大的自由空间，能减少猪的压力。对技术的引进只需投资图像解析和红外线传感器等 IoT 机器设备，可以大量地降低人力成本与管理效率，实现真正的个体化管理。

3. 引进国际上先进的智能化管理解决方案

结合国际先进的肉猪饲养经验，基于人工智能技术实现养殖过程中全链条的智能决策，自动调节风机、水帘、暖气等设备，从而智能控制猪舍温度、湿度等，如有预警或者需要人工进行干预的情况，智能系统会分发任务给饲养工人。通过对肉猪饲养全链条进行智能化管理，可以大大降低人工成本，节省饲料使用量，缩短出栏时间，从而大幅度提高饲养效率，提高收益。

在肉猪的生长环节，通过智能化的精准喂食、智能分群、生长跟踪、环境智能调控、病疫检测，实现高效率的管理与监控；在种猪的繁殖环节中，进行智能化的发情检测、产房报警、环境智能控制、仔猪保温、病疫检测；通过数据的采集可智能化地控制肉猪的蛋白与脂肪比例，在猪肉的品质管理上实现安全可溯源。

4. 发展猪肉品质评价系统

参考日本精肉等级划分协会的分级办法，形成生产者、销售者、检验机构、监督机构与消费者多方共享的品质信息系统。

品质规格：猪肉的等级由带骨腿肉的外观决定。肉猪饲养中国模式中，对精肉的概观、味道、口感、香味等各方面进行科学评价，然后以菜品适应性的基准判定品质规格（表 7、表 8）。

品质信息的共享：肉猪饲养中国模式中，活用个体管理系统，在网上公开品种特征、饲养环境、饮食法等生育记录，与消费者分享成长信息。

信息化的品牌体系：打造品牌，将肉猪饲养中国模式的药草栽培、中医药饲料制造、饲料喂养、绿色可循环肉猪饲养、中国系三元猪等生产信息与消费者共享。构建与消费者共享价值的品牌体系。

表7 猪肉品质评价系统

肉猪饲养中国模式　独创的品质保证标准	
品质等级 （用☆星数表示）	☆☆☆☆☆；☆☆☆☆；☆☆☆； ☆☆；☆
消费者视角 各部位的评价	肉和脂肪的概观评价（颜色、色泽、鲜度）
	肉和脂肪的味觉评价（味道、口感、香味）
	各部位的菜品适应性评价

表8 带骨腿肉的等级基准（日本畜肉等级划分协会）

划分等级		（5个等级）极上、上、中、普通、等外
测　量		带骨腿肉重量，背脂肪的厚度
外观	匀　称	整体来看，长度、宽度适当，没有长方形，各部位充实
	带　肉	各部位有一定厚度，肉量饱满，容易转移
	脂肪附着	背脂肪覆盖状态和腹部脂肪的附着状态
	工　序	放血、疾病等带来的损伤、解体处理技术和保存方法是否妥善
肉　质		肉的紧致及纹理、肉的色泽，脂肪的色泽和质量

（五）发展三产融合型管理

将肉猪饲养体系与猪肉的切割、加工、产品开发、物流、菜单设计、品牌开发、销售等环节形成产业链，实现从饲养基地到餐桌的精细化管理，让消费者买到可溯源、标准化的高品质、健康、美味的猪肉产品。

（六）构建适用于智能信息化的肉猪饲养人才配置

设计最适合技术开发与储备型的人才配置系统（图12）。将人才配置分为基干人才与辅助人才。基干人才负责项目的开发与技术管理，要求能理解项目的构建与系统的开发理念，能使用计算机与智能设备进行项目的管理与运营；辅助人才负责猪舍的具体饲育管理，要求能按照工作指南执行业务，尊重并忠实于品质管理规则。

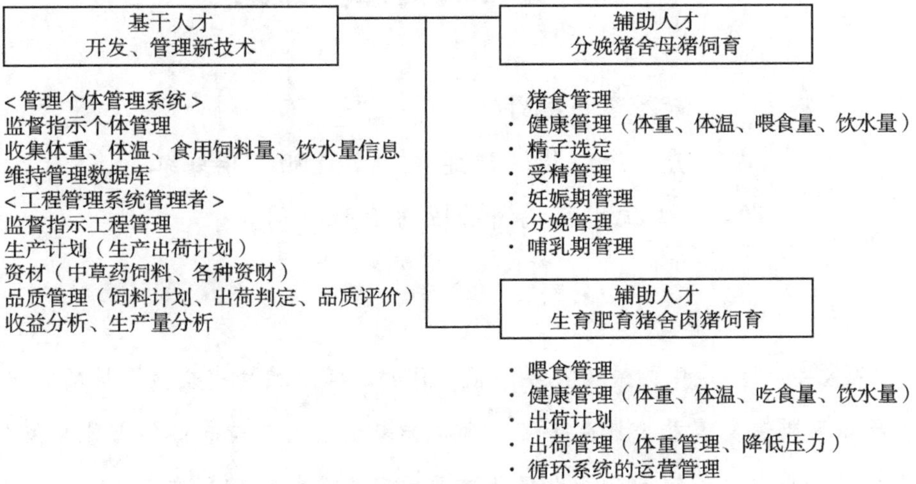

基干人才 开发、管理新技术	辅助人才 分娩猪舍母猪饲育

\<管理个体管理系统\>
监督指示个体管理
收集体重、体温、食用饲料量、饮水量信息
维持管理数据库
\<工程管理系统管理者\>
监督指示工程管理
生产计划（生产出荷计划）
资材（中草药饲料、各种资财）
品质管理（饲料计划、出荷判定、品质评价）
收益分析、生产量分析

- 猪食管理
- 健康管理（体重、体温、喂食量、饮水量）
- 精子选定
- 受精管理
- 妊娠期管理
- 分娩管理
- 哺乳期管理

辅助人才
生育肥育猪舍肉猪饲育

- 喂食管理
- 健康管理（体重、体温、吃食量、饮水量）
- 出荷计划
- 出荷管理（体重管理、降低压力）
- 循环系统的运营管理

图 12 肉猪饲养人才配置

参考文献

[1] 智研咨询集团. 2018 年中国养猪行业发展现状、生猪养殖格局及行业未来发展分析［R］. 中国产业信息，2019.

[2] 陈蕊芳，申鹏，薛凤蕊，等. 国内外生猪养殖业发展的比较及启示［J］. 江苏农业科学，2017，45（7）：331–334.

[3] 赵黎. 德国生猪产业组织体系：多元化的发展模式［J］. 中国农村经济，2016（4）：81–90.

[4] 何伟志. 赴丹麦，瑞典畜牧业考察报告［J］. 农业经济与管理，2011（6）：55–61.

[5] 黄伟忠. 丹麦生猪产业发展与质量安全监管［J］. 中国畜牧业，2014（16）：55–58.

未来水稻生产与仓储的
智能发展顶层设计

谢慕寒　毛奇峰　马俊杰　陈　刚

占　蕾　谢红华　魏建良　李晓翔　华红红

（杭州安鸿科技股份有限公司）

摘要： 水稻是中国最为重要的粮食作物。随着粮食安全重要性的突出，以及高品质粮食需求的日益高涨，面向未来水稻生产与仓储的智能化发展已经成为当前中国粮食产业发展的重要内涵。本文以智慧农业为导向，对面向未来水稻生产、仓储的智能发展进行顶层设计，提出了"1+3+2"的水稻生产与仓储管理服务的顶层框架，包括一个基础大平台与五大服务模块。在此基础上，重点对水稻智能栽种平台、稻谷智能仓储管理平台、水稻大数据管理服务平台进行了设计与分析，完成了主要功能设计与服务流程。同时，以品质水稻绿色化、智慧化、优种化的发展为导向，融合品种品质、产地品质、绿色品质三大类评价指标，对水稻品质评价指标进行了统一构建。

关键词： 水稻，种植，仓储，智能化

一、研究背景

（一）主要背景

1. 粮食安全与品质发展要求

民以食为天，食以安为先。党的十九大报告强调：确保国家粮食安全，把中国人的饭碗牢牢端在自己手中。作为一个十几亿人口的大国，食品安全和粮食安全至关重要。从粮食生产看，在产量保持较高水平的同时，结构性矛盾凸显，品种间供过于求和供给不足并存。从粮食消费看，人民群众的需求正在从"吃得饱"向"吃得好""吃得健康""吃得放心"转变。正因为如此，2018 年中央一号文件提出实施质量兴农战略，深入实施优质粮食工程。国家粮食局更是大力推动实施以"优粮优产、优粮优购、优粮优储、优粮优加、优粮优销"为内涵的"五优联动"，将高质量发展要求贯穿产业发展全过程、各环节，蹄疾步稳地推进粮食产业强国建设。

2. 农业 4.0 时代的快速到来

农业产业从最早以体力劳动为主的小农经济时代；生产过程依靠人力、畜力来完成，以使用手工工具、畜力农具为主的农业 1.0 阶段；到以机械化生产为主、适度经营的"种植大户"，并在农业各部门中最大限度地使用各种机械代替手工工具进行生产的农业 2.0 阶段；再到以互联网和现代科学技术为主要特征的农业时代 3.0 阶段，微电子和软件在农业领域广泛应用，并在农资流通、育种育苗、植物栽种管理多方面实施程序化和互联网的渗透；而如今，以物联网、大数据、云计算和人工智能为主要技术支撑的全要素、全链条、全产业、全区域的，以无人化主要特征的智慧农业，也即农业 4.0 阶段，正在加速到来，并将给全产业链带来巨大的、根本性的改变，依托数据的服务，将成为未来农业的核心。

3. 美好生活引导粮食绿色化

党的十九大以来，人民日益增长的美好生活需要对农业发展提出新的、更高的要求。我国农业生产需要进一步调整发展战略和思路，坚持走绿色、可持续发展之路，加快农业生产由满足人民温饱需求向满足人民营养健康需求转型升级。为此，实现美好生活必须大力发展绿色农业。绿色农业是指在符合资源、环境、生态安全要求下，满足人民日益增长的营养健康需求的优质农业。绿色农业代表着我国农业发展的方向。一是人民群众的营养健康需求日益增长，对食物的需求逐步由吃饱转向吃好，食物营养健康和绿色无污染已成为消费者优先考虑的问题，这为绿色农业发展提供了广阔的市场空间；二是农业生产方式发生了巨大变化，由种植业、畜牧业、渔业向加工业、物流业延伸发展，绿色农业的范围不断扩展；三是农业业态发生了巨大变化，生产、加工、流通和消费都出现新变化，电商、物联网、植物工厂、智慧农业等新模式、新业态不断涌现，为绿色农业发展创造了有利条件。

（二）现有问题

1. 种植环境日益恶化

近年来，我国水稻种植的自然环境面临较为严峻的挑战。一是种植土地污染严重，根据 2014 年环境保护部与国土资源部联合发布的《全国土壤污染状况调查公报》数据，全国土壤调查点位的 16.1% 受到了污染，其中耕地部分的污染比例为 19.4% 以上；二是灌溉用水污染，耕地污染与水污染密切相关，根据相关资料数据：在全国境内的 700 多条重要河流中，有 50% 的河段、90% 以上的沿河水域污染严重，大比例受污染的河水使污水灌溉成为常态；三是气象异常及农业气象灾害严峻，受全球气候变化影响，随机极端天气气候事件频发，灾害的不确定性与防御难度增大，防灾减灾形势日趋严峻；

四是种子成为潜在危机，不仅市场集中度低导致优质品种推广乏力，2015年，市场前5名的企业约占国内种业市场总份额的6%。美国前三大种业公司国内市场份额超过50%。同时，种业发展水平与国外先进水平还有明显差距，以研发为例，国际种业巨头孟山都1年的研发投入接近100亿元人民币，而我国具有一定规模的1500家种子企业，一年全部的研发也仅33亿元人民币。

2. 种植技术发展滞后

一是大量使用化肥农药。作为全球水稻的生产和消费大国，中国是世界上使用农药和化肥较多的国家，而水稻用水占了全国总耗水量的一半以上。残留的农药最终进入人们的餐桌，长期使用化肥使土壤板结，耗水量不断增加，使农田生态系统遭到严重破坏。二是种植密度过高，典型在以小稻田为主的江南地区尤为明显。水稻种植过密则田间过于荫蔽，影响个体发育，病虫害较重，成穗率低，产量降低。三是机械化程度低，农业生产中个体种植始终占据主导地位，一家一户小面积手耕种植模式还非常普遍。机械化操作尽管近年来取得较大进展，但在播种等环节还较为薄弱。2016年全国水稻机种水平还仅为44.45%。实际上，除了耕、种、收三大环节，施肥除草、病虫害防治等植保，以及产地烘储等作业环节机械化水平更是与日本、美国等国差距明显。

3. 水稻管理挑战突出

目前，我国水稻在管理体制上从属两个不同部门。其中，仓储的数据及管理归属于国家粮食和物资储备局，水稻种植数据则由农业农村部种植司管理，二者之间的信息相对独立。由于粮食储存和水稻种植的产业链未能形成信息共享，因此便存在水稻在全产业链信息的断层，难以实现从水稻的种植、田间管理、收购、仓储、加工、流通为一体的追溯体系。在此大环境下，即使种植了高品质的水稻，在仓储阶段也不得不与其他品质参差不齐的水稻混杂存储，迫使优质水稻退出市场，这是典型的一种劣币驱逐良币现象。因此，迫切需要打通相关数据，让优粮可追溯，管理可分类。

4. 缺乏经营运作思维

一是缺乏有效的生产计划。水稻生产者由于过于分散的市场结构及信息链接机制的滞后，难以获取准确的市场信息，供给与需求的关系往往是随机的，导致大量主体缺乏长期的生产规划。二是经营能力的不足，典型的表现为农业从业人员老化与专业化经营人才缺乏并存，从业经验的人人传承日渐困难，出现旧有经验传承不足，新兴能力获取乏力的两难困境。三是水稻经营缺乏核算，主要表现为对经营成本缺少把握、对投入与产出缺乏核算、缺少肥料与农药合理的用量计划，以及农资成本不断提高，使水稻种植成为一个相对风险较高的行业，因此迫切需要信息、技术与渠道的稳健支撑。

5. 智慧农业发展受困

不管是国内还是海外，通信和信息技术（ICT）供应商和农业机械制造商等都在开发各种各样的系统。总体上，环境数据、作物信息、生产计划、生产管理、生产技术等农业数据系统已较为全面，但其中一个较为关键的阻碍是：各个系统之间很少有相互合作，且系统数据格式不同，使农业大数据较难形成。同时，依靠口口相传的农耕文明散落在不同的行业、部门和地域之中，彼此尚未形成一条完整的产业链和作业工程书。各个渠道与平台中公开数据的杂乱无章，导致农业 ICT 进度缓慢。因此，迫切需要基于异构数据，形成农业大数据中心，进而对提高生产效率、发展智慧农业发挥关键性的作用。

二、研究现状

目前，智慧农业在世界上很多国家，尤其是农业发达国家已得到快速发展，其推动农业发展的效果显著，相关研究也受到国内外科研院所和高校学者的高度关注。

（一）实践研究

美国作为世界科技发展的引领者，智慧农业发展起步早，成效显著。在20世纪70年代，随着计算机技术的应用普及，美国就已对智慧农业投入巨大发展资源，较早开发出农业专家系统，实现农田自动化灌溉，借此实现了农业生产自动化管理、控制。同时，美国还建成了世界上最大的农业计算机网络AGNET，其覆盖范围包括全美46个州、加拿大6个省等。目前，美国农业生产的耕作设备智能化程度已经大范围实现通过物联网进行平台监控，而得益于对智慧农业的重视与应用，美国依靠占世界人口2%的农民数量，成为全球最大农产品出口国（何迪，2017）。日本也非常重视运用信息技术建设现代智能农业，典型的做法包括：采用精度极高的播种机器，并且根据卫星信息进行自动播种；使用高精度传感器采集气象数据和作物生产数据，实时共享给农户，为其浇灌、施肥提供依据；发展食品全程流通电子追溯系统；推广农用机器人进行农业生产等（向国春，王磊，2016）。荷兰的温室控制世界闻名，于20世纪70年代开始应用计算机系统进行管理，其开发的温室环境控制系统实现了自动供水、施肥等功能，技术水平居世界前列。澳大利亚也非常重视新技术在农业种植上的应用，将全球定位系统（GPS）、农田遥感监测系统、信息采集系统、地理信息系统（GIS）、农业专家系统、智能化农机具系统、农场数字化管理系统等众多先进技术运用到耕作上，农业生产实现了从耕作到播种、施肥、施药再到收获各个环节的精准化，并将农民利用先进农业技术的能力作为发展重点之一（郭永田，2016）。

（二）理论研究

在理论研究层面，国外学者对智慧农业的研究主要分为气候智慧农业

（CSA）、物联网智慧农业等领域。阿多尼斯（Adornis，2015）研究了气候对农业生产的影响，指出应通过监测气候变化解决农业生产中的一些问题。卡罗琳（Caroline 等，2017）提出气候智慧农业快速评估（CSA-RA）方法，旨在以气候、社会文化、经济和技术相结合方式探索智慧农业的发展和应用。帕尔塔（Partha，2017）主要研究各种物联网技术的应用场景及实践挑战，在全面分析农业领域与物联网相关的设备和无线通信技术后，建立起为智慧农业提供智能服务的传感器物联网系统，以及一揽子应用解决方案。阿米娜（Amina 等，2018）探究了纳米结构生物传感器在智慧农业中的应用，以有效地降低农业生产对于环境的污染。国内关于智慧农业的研究起步较晚，但是进步较快。在实践探索层面，国内智慧农业在国家政策大力支持下，近年已取得了可喜进展。赵胜利（2015）结合物联网硬件系统、GIS 技术、Web技术、云服务技术等设计出大田作物生长感知与智慧管理软件平台。章璐杰（2017）设计了基于物联网技术的智慧农业管理系统，其中软件采用分层的思想设计了整体系统架构，并且基于软件系统设计原则对软件系统的架构进行了探索。韩明月（2016）设计并实现了一个农业自动控制系统，该系统包括的模块有基于 ARM 的控制板卡和扩展板卡、3G 通信模块和太阳能供电模块等。

综上所述，发达国家的农业集约化、现代化程度很高，利用传感器、大数据等先进的科学技术已形成了系统化的行业体系。同时，发达国家重视农业大数据的收集、分析、利用，拥有先进的农业共享平台，数据资源利用率高。而我国国内智慧农业发展相对缺乏系统性设计，技术独立分散，资源共享不足，难以实现集中管理。对目前已经实际投入应用的智慧农业系统而言，其作用往往局限于远程查看环境信息和手动控制设备，远未达到智能化水平。

三、顶层设计总体框架

（一）总体定位

本文以智慧农业为导向，面向未来水稻生产、仓储的智能发展进行顶层设计，积极推动水稻种植、仓储过程中的全系机械化、稻米品质化、数据共享化、模式体系化，通过平台化服务的构建，让不会种水稻的人学会种水稻、让每个种水稻的人拥有最好的技术、让每块土地上都能种出安心、安全、高品质的水稻。

（二）设计原则

1. 技术驱动原则

项目业务模式的设计与落地，要充分应用物联网、云计算、移动互联网等新兴技术，在提升自动化程度的同时，降低运营管理成本。

2. 联动发展原则

不仅要利用好中国水稻种植现有的经验与资源，更为重要的是要将日本水稻种植的经验加以吸收，融合创新，形成发展合力。

3. 平台发展原则

必须遵循平台化的发展策略，不仅要将水稻种植、仓储过程加以覆盖，而且要总结形成经验，通过平台服务方式，为全行业提供高质量的种植、仓储服务。

4. 增值发展原则

本顶层设计不是简单的技术应用，而是结合技术的应用采集大米大数据，进而在大数据的基础上实现水稻种植、仓储过程的优化，提升整体品质。

（三）总体顶层设计

"未来水稻生产、仓储的智能及智慧发展的顶层设计"项目总体形成"1+3+2"的概念架构（图1）。通过互联网技术实现对水稻产业链的整合，为水稻行业相关主体提供专业化、标准化、智慧化的生产与仓储服务，同时，积极构建形成稳健可预期的B2B产销合作模式，为中国品质水稻发展提供良好支持与保障。

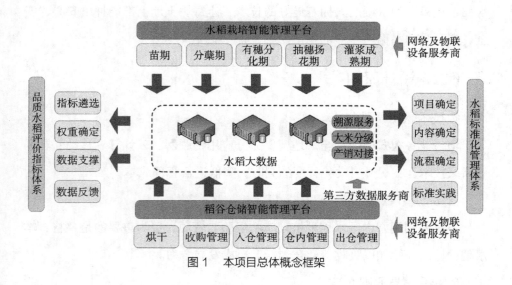

图1　本项目总体概念框架

四、主要模块设计

（一）水稻智能栽种平台设计

1. 概念设计

基于中国水稻种植栽培的情况，"水稻栽培智能管理平台"利用互联网、物联网技术，对水稻栽培过程的各环节进行渗透融合，强化数据的采集与分析，以标准、精细、服务为导向，打造统一的水稻栽培智能管理平台（图2）。具体来讲，水稻栽培智能管理平台概念设计，包括6个主要的栽培过程，借助物联、网络技术，提供7类服务。

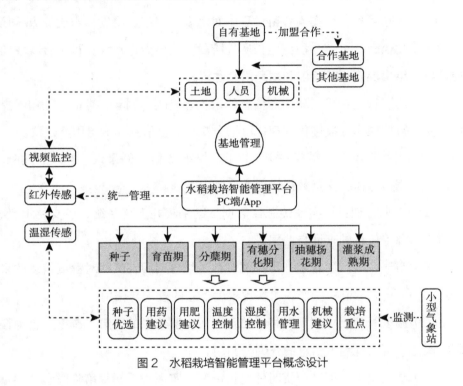

图2　水稻栽培智能管理平台概念设计

（1）基地管理模块。主要通过基地数字化管理解决方案的设计、实施与对外输出，对实施方自有基地、联盟基地及其他合作基地进行精细化管理，包括土地管理、作物管理、人员管理、机械管理，以及与种植管理共享互通的栽培管理。

（2）栽培管理模块。栽培管理包括种子优选、用肥、用药、用水、机械建议等过程，实现对土、水信息的定期化监测，机械作业建议，栽培重点的智能提示，以及结合视频的用肥、用药技术指导。结合小型气象站，实现田间温湿度、风力、风向、雨量、PM2.5等参数的实时监测。

2. 功能设计

（1）种子管理：可实现种子信息的录入、修改、删除、查询、调用等操作，支持数据操作的痕迹化管理；建立统一标识码，全平台采用。

（2）育苗管理：可实现育苗过程中对水温、室温、湿度、水土配方等信息的数字化监管；可结合秧苗生长所处阶段，给出操作建议；可结合视频监控信息，给出疾病预防建议和用药用肥建议。

（3）用药管理：可实现用药信息的录入、修改、删除、查询、调用等操作，支持数据操作的痕迹化管理；可结合视频监控信息，给出用药建议。

（4）用肥管理：可实现基肥、追肥、穗肥等信息的录入、修改、删除、查询、调用等操作，支持数据操作的痕迹化管理。

（5）用水管理：可实现传感器数据自动采集并上传系统，可支持水量、水质、水温等信息的查询与调用。

（6）空气相对湿度管理：可实现对种子培育期间空气相对湿度信息的采集、调整、自动控制等操作，可实现湿度信息的查询与调用。

（7）温度管理：可实现对种子培育期间温度信息的采集、调整、自动控制等操作，可实现温度信息的查询与调用。

（8）栽培重点：可结合实时的生长情况，实现对不同栽培阶段水稻的重点操作信息及注意事项进行智能化提示。

（9）机械建议：可分基地、分过程实现对水稻种植过程中使用的拖拉机、插秧机、除草机、收割机等机械进行系统建议，并实现对机械信息进行录入、修改、删除、查询、调用等操作。

（10）视频监控：可实现将育秧、种植、田间管理等工况数据叠加到视频上传至监控中心。

3. 主要流程

水稻栽培智能管理平台是本项目中最为核心的平台。在此，我们对其主要的业务流程进行分析。

（1）基地管理模块：基地管理模块的流程主要是实施方自有及外部基地的加盟，以及通过视频技术与人工手段进行基地信息的录入等管理（图3）。具体如下。

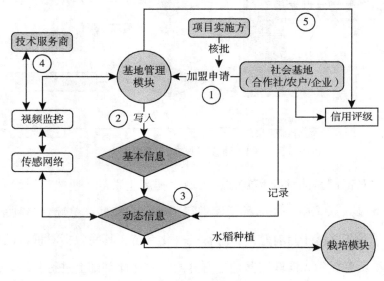

图3　基地管理模块主要流程

①社会性基地向平台申请加盟，提交相关材料；平台及项目实施方进行审核，审核通过后，成为联盟基地，进入基地管理范畴；②由平台方记录及更新每个自有基地的基本情况，加盟基地的基本信息采用审核模式；③动态更新基地作物生长及环境信息，温度、湿度、视频等信息采用技术方案自动采集，其他信息采用人工方式采集；④由第三方构建视频监控及传感网络，实现对基地情况的即时掌握；⑤平台方通过基本信息、动态信息的完整性与质量，为联盟基地的信用评价提供数据源。

（2）栽培管理：种植管理模块的流程主要包括有种子选择、育苗等5个主要过程（图4）。具体如下。

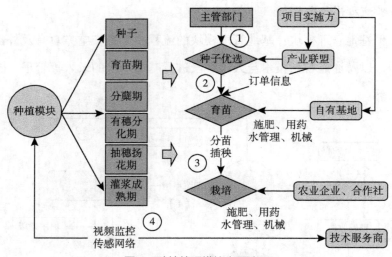

图 4   种植管理模块主要流程

①主管部门协同项目实施方，区域水稻产业联盟，遴选若干优质品种，平台将其录入系统中，作为种子库进行采购。②根据订单计划与种植安排，进行种子采购并基于自有基地，进行统一化育苗，其间包括对秧苗的种植管理。③秧苗育成后，向联盟基地进行分发，并在此基础上进行栽培。多余秧苗可向社会个体或企业售卖；经插秧后，栽培是该阶段重点，包括施肥、用药、水管理、机械建议、栽培重点等。④第三方服务商提供整体的视频监控及传感网络解决方案，为育苗、栽培过程提供视频监控、智能虫害识别等服务。

（二）稻谷智能仓储管理平台设计

1. 概念设计

基于国内水稻仓储管理的实际情况，"稻谷智能仓储管理平台"借助物联网等现代信息技术，对稻谷仓储过程的各个环节进行一体化管理，以系统化、标准化、智能化为导向，打造统一的稻谷仓储智能管理平台（图 5）。具体来讲，主要包括 6 个仓储过程，并借助物联、网络技术提供异常识别等服务。

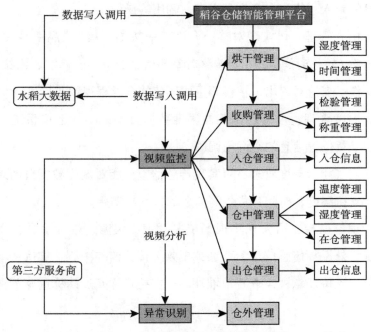

图 5　稻米仓储智能管理平台概念设计

2. 功能设计

（1）烘干管理：可实现对晾晒烘干方式、晾晒烘干时间、水分比率、责任人等信息的录入、修改、删除、查询、调用等操作，支持数据操作的痕迹化管理。

（2）收购管理：按照收购原粮的品类，可实现品种、等级、收购时间、责任人、收购数量等信息的录入、修改、删除、查询、调用等操作，支持数据操作的痕迹化管理。

（3）入仓管理：原粮入仓，由平台方进行入仓信息的记录，实时更新仓储信息系统数据，可实现品种、等级、责任人、收购数量等信息的录入、修改、删除、查询、调用等操作。

（4）仓中管理：由平台方对在库原粮进行在库粮食总量、等级、位置等的管理，以及温度、湿度等质量管理，可实现品种、等级、责任人、收购数量等信息的录入、修改、删除、查询、调用等操作。

（5）出仓管理：可实现对某一仓库某一货位原粮/成品粮品种、等级、数量、出库/转移时间、出库/转移对象等信息的录入、修改、删除、查询、调用等操作；支持对售出、转移等重要环节的全过程视频监控。

（6）温度管理：可实现传感器温度数据自动采集并上传系统，支持温度、时间、货位等信息的查询与调用。

（7）空气相对湿度管理：可实现传感器空气相对湿度数据自动采集并上传系统，支持温度、时间、货位等信息的查询与调用。

（8）视频监控：可实现将现场工况数据（粮温、粮食水分、仓温、仓湿、外湿、外温等传感信息）叠加到视频上传至监控中心；支持粮堆外形三维可视化，支持任意视角查看粮堆外形；支持扦样及过磅称重环节视频及图片取证。

（9）异常管理：可利用视频监控、红外感应技术，对货位内部、外部发生的火情、虫害等异常情况进行自动识别与报警。

3. 主要流程

从业务层面来讲，"稻谷智能仓储管理平台"主要涉及两大部分，一是烘干模块；二是存储模块（图6）。将其主要流程梳理如下。

（1）烘干管理。烘干管理模块的流程主要以机械作业为主，具有较强的规范性。具体为：①根据各自水稻收割情况，在线制订烘干计划并提交，项目实施方对烘干计划进行核批；②按照烘干计划，对部分水稻收割后进行堆放处理，并对堆放的气候条件、时间等做好信息记录；③按照烘干计划，对部分适合自然晾晒的品种，进行晾晒；其余品种进行烘干处理，对相应作业进行记录；④对晾晒或烘干后的稻谷进行质量检测，给出评级，进行记录。

（2）仓储模块流程。仓储模块的流程主要为仓储硬件的管理以及仓库中

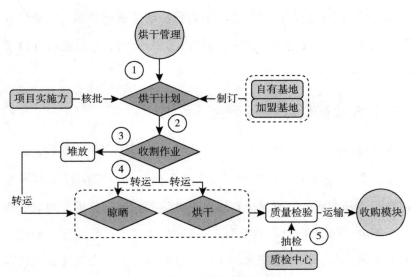

图6 烘干管理模块主要流程

粮食的管理（图7）。具体为：①原粮入仓，由平台方进行入仓信息的记录，实时更新仓储信息系统数据；②仓中管理，由平台方对在库原粮进行在库粮食总量、等级、位置等的管理，以及温度、湿度等质量管理；③出仓管理，

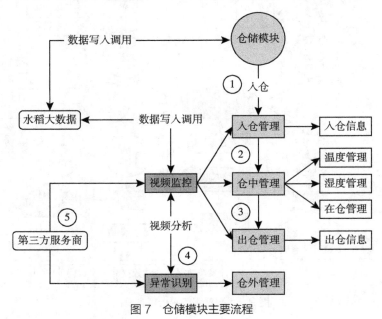

图7 仓储模块主要流程

由平台方进行出仓信息的记录，实时更新仓储信息系统数据；④平台方与第三方服务商联合，以技术与人工结合的方式，对仓内、仓外进行异常情况的识别。

（三）大数据管理服务平台

1. 概念设计

大数据管理服务平台是基于"未来水稻生产与仓储的智能发展顶层设计"建设后逐步形成的数据基础，通过对数据的挖掘与分析，向电子栽培手册、农场的电子履历、经营支援系统、自动化植保、产品追溯、产品评级等增值服务发展延伸，形成围绕水稻生产、仓储的服务生态系统。大数据管理服务平台是整个项目平台中后期发展的核心所在（图8）。

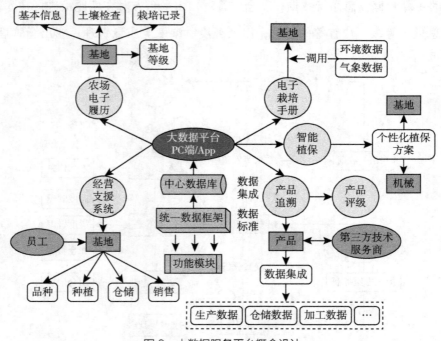

图 8 大数据服务平台概念设计

2.主要功能

（1）电子栽培手册。重点是利用气候、环境等大数据，不仅将水稻栽培数据电子化。在此基础上，通过运用成熟的算法模型，给出下一步栽培作业内容。

（2）农场的电子履历。重点是通过将土壤检查、栽培记录等数据电子化，并对农场的规模、地形、土质、地理位置等数据电子化，建立覆盖全面的电子化农村履历。

（3）经营支援系统。重点是通过算法模型，结合水稻生产基地的特定条件，为经营者或员工提供品种选择、种植作业、仓储选择、销售对象等全方位的经营服务。

（4）产品追溯服务。重点是通过对生产、收购、仓储、加工、物流、营销管理等环节数据的采集与有效集成，形成整体的覆盖产品生命周期的数据描述产品，也可由第三方技术服务商提供技术支持。产品评级服务，主要结合追溯环节中形成的过程数据，包括种子、土壤情况、用肥、用药情况等，以及质检中心的质量检测数据，再附加上生产基地或生产者的信用数据，进行综合的评级，形成若干产品级别。

（5）智能植保。重点是通过对作业基地数据、机械作业特点数据的掌握，制定个性化的植保方案，为无人机等自动化作业机械进行作业方案的优化，减少人为干预，实现智能化植保。

（四）水稻品质评价指标构建

通过对世界稻米发展趋势的分析，结合现有世界各国稻米评价标准的优点，基于对我国稻米实际情况的调研与了解，设计一套综合性的水稻品质评价指标体系。

1.世界稻米标准发展的趋势

世界稻米标准的发展表现出四大趋势：①质量内涵多元化，各种专用稻米（蒸煮米、淀粉米、饲料米、工业用米、酿造米）质量特征内涵得到开发；②标准更加系统化，各种系列标准得到发展；③对常规食用大米的卫生质量越来越得到重视；④大米质量的精确度越来越高，实验技术的改进、水平的提高，不仅使现有指标的测定更加精确，而且会增加更多的指标，从多维角度来界定大米的质量，对大米质量的描述更贴近本质。

2. 存在问题

（1）标准较为分散孤立。标准的制定主体有国家质量监督检验检疫总局、农业部、国家粮食局，以及各地政府和部门、企业。标准太多，引用者难以选择，制标和认证部门各执一词，甚至出现了不用"国标"用"行标"现象，削弱国家标准的权威性。因此，标准管理部门应及时清理现有标准，归并同类标准，废除不合时宜的标准。

（2）评价指标覆盖面不全。目前的评价标准中，对稻谷产品的绿色评价等方面还较为缺乏，随着智能技术的发展，某些之前难以采集的过程性数据得以采集，因此，包括光照、土壤、水、肥等信息，均可以进入水稻品质的评价指标体系中。

（3）品种产地因素考虑不足。现有我国标准中，对水稻大米的品质评价中，基本没有考虑品种与产地等信息，但实际上品种产地等是影响稻谷品质非常重要的因素，日本等国也非常重视这些信息。

（4）评价标准水平偏低。我国现有的稻米产品标准中不完善粒、带壳稗粒、稻谷粒指标过宽，加工精度分级与国际标准分级要求不一致，导致我国稻谷尽管质量标准很多，但质量水平相对偏低。

3. 现有评价方法

从目前来看，水稻品质评价主要有两个维度，一是感官评价法，二是稻米理化指标法。感官评价法是指稻米在规定条件下蒸煮成米饭后，品评人员通过眼观、鼻闻、口尝等方法对米饭的色泽、气味、滋味、黏性及软硬适口程度进行综合品尝来评价稻米食味的过程。稻米理化指标法是指用仪器设备分别检测稻米的物理性状和化学特性。然后根据其与稻米食味的相关关系来评价稻米的食味品质。

然而在理化分析这些指标过程中采用的是生米。由于人不是吃生米，而是吃米煮熟的饭，生米在变饭过程中，其各项理化指标已发生了质的变化。因此，常常存在稻米检测达到国标等级，但米饭的口感食味不一定好的情况。故采用稻米理化指标也存在不足。

由于感官评价法容易受主观因素的影响，而且结果重现性较差。所以，人们一直在寻求用物理化学的方法来代替人的感官，使不能量化的语言表达转化为可以用精确的数字来表达的方式。日本佐竹公司开发了米粒食味计和米饭食味计两种仪器。米粒食味计除了能测定食味值，还可以测定大米的直链淀粉、蛋白质、水分、脂肪酸含量。米饭食味计可以测定米饭的外观、硬度、黏度、食味等。食味计主要是以近红外透光谱技术为基本原理。其理论基础是感官评价的结果（一般是综合评价）和大米的成分及理化特性间具有一定的关系，预先输入制作好的预测回归式，根据稻米各成分在近红外区的反射波长不同，然后通过多元回归式测定稻米各成分含量及理化特性的值，再借助计算机及相应软件计算米饭的食味值。

4. 品质指标的提出

对优质食用稻而言，其优质的标准是一个综合性状。目前，国内外评价稻米品质的指标一般包括碾米品质（如整精米率）、外观品质（如粒型、垩白度、透明度）、蒸煮和食用品质（如直链淀粉、胶稠度）、营养品质（如蛋白质）等。

在此基础上，结合品质水稻绿色化、智慧化、优种化的发展大趋势，品种品质、产地品质、绿色品质三大类评价指标，以期对现有指标进行完善。在基础指标上，我们提出了包括品种品质、产地品质、干燥品质、存储品质、加工品质、外观品质、蒸煮品质、食用品质、营养品质、绿色品质10个一级指标，共31个二级指标，以期对水稻品质形成全生命周期的评价（表1）。

表1 水稻品质评价指标

编号	一级指标	二级指标
1	品种品质	种子等级
		推荐级别
2	产地品质	土壤状况
		光照时间
		用肥状况
		温度状况
3	干燥品质	干燥时间
		水分
4	存储品质	存储温度
		相对湿度
5	加工品质	糙米率
		精米率
		整精米率
6	外观品质	垩白度
		垩白粒率
		透明度
		不完善粒
		异品种粒
		谷外糙米含量
		色泽气味
7	蒸煮品质	直链淀粉含量
		糊化温度
		胶稠度

续表

编号	一级指标	二级指标
8	食用品质	气味
		外观结构
		适口性
		滋味
		冷饭质地
9	营养品质	粗蛋白质含量
10	绿色品质	农药残留
		重金属残留

五、结束语

　　本文以智慧农业为导向，对面向未来的水稻生产、仓储的智能发展进行顶层设计，积极推动水稻种植、仓储过程中的全系机械化、稻米品质化、数据共享化、模式体系化，提出了"1+3+2"的水稻生产仓储管理服务的顶层设计，包括在一个基础大平台延伸出五大服务模块。在对水稻种植、仓储的产业链进行梳理的基础上，总结得到了关键步骤。进而结合日本水稻种植仓储的先进经验，对水稻种植仓储的关键步骤进行植保、病虫害防治、烘干等作业的优化，并嵌入传感技术、互联网技术、视频技术进行自动化、智慧化服务设计与嵌入，最终形成整体顶层方案。展望未来，我们将依托本顶层方案，结合具体的智慧水稻项目，进行方案的工程化实施，通过应用示范提升中国水稻的智能化发展水平。

参考文献

[1] 何迪. 美国、日本、德国农业信息化发展比较与经验借鉴 [J]. 世界农业，2017（3）：

164-170.

［2］向国春，王磊. 日本利用一切高科技发展智慧农业［J］. 植物医生，2016（6）：11-13.

［3］郭永田. 充分利用信息技术推动现代农业发展——澳大利亚农业信息化及其对我国的启示［J］. 华中农业大学学报（社会科学版），2016（2）：1-8.

［4］Adornis D N. Climate smart agriculture：achievements and prospects in Africa［J］. Agricultural Systems，2015（143）：180-199.

［5］Caroline M，Kelvin M S，Jennifer T，et al. Climate smart agriculture rapid appraisal（CSA-RA）：A tool for prioritizing context-specific climate smart agriculture technologies［J］. Agricultural Systems，2017（151）：192-203.

［6］Partha P R. Internet of things for smart agriculture：Technologies，practices and future direction［J］. Journal of Ambient Intelligence and Smart Environments，2017，9（4）：23-37.

［7］Amina A，Fabiana A，Danila M，et al. Nanostructured（Bio）sensors for smart agriculture［J］. Trends in Analytical Chemistry，2018（98）：95-103.

［8］赵胜利. 作物生长感知与智慧管理物联网平台架构与实现［D］. 南京：南京农业大学，2015.

［9］章璐杰. 基于物联网的智慧葡萄园管理系统的优化研究［D］. 杭州：浙江大学，2017.

［10］韩明月. 面向智慧农业的物联网自动控制系统设计［D］. 哈尔滨：哈尔滨工业大学，2016.

中国农业 4.0：
探索智慧农业发展之路

宋青宜

（杭州中农智耕商务咨询有限公司）

摘要： 我国农业在过去几十年间虽然取得了重大的发展，实现了从传统农业（农业 1.0）、机械农业（农业 2.0）到现代农业（农业 3.0）的跨越。但仍旧面临着产业链不完整、劳动力不足、机械化程度低、食品安全等一系列问题。这些问题严重制约着农业的发展。随着社会的进步、互联网的发展、政府的政策支持及中国农业的迫切需要，中国农业已经开启了一扇全新的大门——正在向农业 4.0 时代，即以物联网、大数据、云计算和人工智能为主要技术支撑的全要素、全链条、全产业、全区域的以无人化主要特征的智慧农业转型。

本文基于中国农业的发展现状，对农业 4.0 从发展构想、设计规划、解决方案实践等方面进行考虑，旨在建立完善的智慧农业体系、形成符合我国农业发展要求的、有中国特色的智慧化农业发展方案，为我国政府在促进现代农业发展方面提供可行性的实施方案，为我国由传统农业向现代农业转型助力。

关键词： 农业 4.0，三农，乡村振兴，智慧农业，解决方案

一、"农业 4.0" 的背景

（一）我国农业的现状

根据光华博斯特发布的《2018 中国农业资源与市场大数据及品牌农业发展趋势报告》，我国农业在几十年间取得了重大的发展，耕地面积仅占国土面积的 7%，却可以供养全球 1/5 的人口。但是，我国农业企业目前还处在规模扩张阶段，产业链不完整，上下游产业化水平高，中游较低。随着农业现代化的发展，更出现了劳动力不足、机械化程度低、食品安全等一系列问题，制约着农业的发展。

1. 劳动力短缺

从农业发展面临的社会课题来看，劳动力短缺将成为制约农业发展的一大瓶颈。在广大农村，农业从业者老龄化问题严峻，今后离农人数也仍将会大量增加，弃耕土地面积也会随之扩大。同时，离农人数的增加，农业生产所需的知识，以及从业经验的传授与继承情况令人担忧，从其他行业转入农业的新型农企增加，普遍缺乏经营经验与技术。长此以往，农业距离标准化与产业化的目标将会更加遥远。

2. 农业基础薄弱

我国农业基础薄弱，已经无法适应经济发展的需要。首先，粗放经营导致我国农产品竞争力不强，国际农产品进口冲击越来越大，越来越多低端农产品滞销。其次，农业种植成本偏高和优质农产品偏少，导致农民种地不赚钱。长此以往，我国农产品已经出现供大于求的结构矛盾。最后，农业生产很大程度上依赖大量的化肥，但是肥料中营养元素的失衡与农户在化肥、农药上的不合理施用，导致的耕地质量下降，直接影响到农产品产量和质量。

3. 生产经营模式落后

我国农业生产仍然以落后的传统生产模式为主。

在生产层面，机械化程度低，只能凭经验耕种、施肥、灌溉。这不仅浪费大量的人力物力，而且对农业可持续性发展带来严峻挑战。目前，农村经济的发展仍然以资源的大量消耗和生态环境的破坏为代价，对环境保护与水土保持构成严重威胁。

在经营层面，以农村分散式的一家一户小生产的落后格局为主，对经营成本缺少把握，对投入和产出缺乏核算，滥用肥料与农药也导致农资成本不断提高。农产品产量的增长依旧是单纯靠量的增长，质量安全意识薄弱。

在收益层面，农民的收入来源仍然以单纯家庭经营性收入为主体。农产品质量参差不齐，难以实现农产品标准化，高品质农作物生产困难，产品竞争力难以提高，农民收入在低水平间徘徊。随着消费者对产品的要求不断提高，农业经营者对产品的把握能力、对市场信息的获取能力却没有随之提升，因而导致长期的生产规划缺乏。

4. 安全问题突出

当前，我国的农业生产过程中，存在非常严重的农药、化肥滥用与误用的问题。我国是世界上生产和使用化肥数量较多的国家。虽然化肥的使用对于我国农业生产发挥着巨大的作用，但是随着长期不合理地使用化肥，耕地的理化性状、土壤微生物区系等遭到不同程度的破坏，耕地质量下降，耕层变薄，有机质含量低，表土流失、土壤板结、土壤酸化、次生盐渍化等问题突出。而且，广大农村农户们在发挥肥料营养方面，忽视了植物营养的全面性、多样性及土壤健康和食品安全，农产品安全问题突出。

综合以上背景分析，如果在未来的产能竞争中占据一席之地，必须要实现农业的可持续发展。首先，要更大范围、更广层面上改变传统的发展与经营模式，大力发展现代农业及智慧农业；其次，要用先进的科学技术装备农业，大幅提升农业产量和劳动生产率，合理使用化肥与农药，减少生产成本，提高农产品质量；最后，在农业产生过程中实现可持续发展的生态观，保障农业生产的生态环境在可承受范围内。

（二）政策背景

民以食为天，国以农为本。自党的十九大首次明确提出实施乡村振兴战略，我国新时代乡村振兴发展的宏伟蓝图逐步展现于世人面前。2019年，中央一号文件提出必须坚持把解决好"三农"问题作为全党工作的重中之重不动摇，要稳定粮食产量，完成高标准农田建设任务，大力发展紧缺和绿色优质农产品生产，推进农业由增产导向转向提质导向，深入推进优质粮食工程。2019年3月全国两会再次提出，近14亿中国人的饭碗，必须牢牢端在自己手上。乡村振兴战略有力实施，必须加快农业科技改革创新，大力发展现代种业，实施地理标志农产品保护工程，推进农业全程机械化。同时，为促进农业全面可持续发展，农业农村部提出到2020年中国农业要实现化肥零增长，耕地质量提升0.5个等级。一系列文件的颁布、政策的出台将为土地改革、农业规模化经营、三产融合、智慧农业等领域带来新的发展机遇。

（三）发展需求

我国农业在过去几十年中一直缓慢发展，农业支持工业，农村支持城市，这导致农业反倒成为中国经济的短板。然而，随着社会的进步、互联网的发展、政府的重视和政策的支持及我国农业自身发展的迫切需要，已经为我国农业开启了另一扇大门，我国农业的大变革时代到来，中国农业4.0已经向我们招手。尽管我国智慧农业发展还处于初级阶段，但是智慧农业是我国农业现代化发展的必然选择。

1. 智慧农业的优势明显

智慧农业能够解决农业生产中面临的现实困境，利用其自身发展优势，充分利用土地，使农业生产所需的知识及经验的传承变得简易化，满足扩大经营规模的需求，同时高效率运用各类农业资源，最大限度地减少农业对生态环境的破坏、降低农业成本和能耗、实现农业系统的整体最优。因此，智慧农业的发展，追溯其根本是现实发展的动力需要。

2. 智慧农业的发展前景广阔

智慧农业以人工智能、大数据、互联网、云平台等现代技术为依托，而当前我国的现代化农业技术研发已有初步成效，为智慧农业的深入发展提供核心支撑。学者韩楠（2018）指出，国内的传感器技术、遥感技术、远程监控系统、RFID 电子标签技术、水肥药一体化和饵料自动投喂等一些高科技智能化运作技术都已研发成功，并日趋成熟，加快了农业现代化步伐。同时，数据显示，农业物联网示范实验深入推进，在全国范围内总结推广了426 项降本增效物联网成果，遥感监测、温室环境自动控制、水肥药智能管理等技术在农业生产中逐渐集成应用。

智慧农业通过生产领域的智能化、经营领域的差异性，以及服务领域的全方位信息服务，推动农业产业链改造升级；实现农业精细化、高效化与绿色化，保障农产品安全、农业竞争力提升和农业可持续发展。

二、何为"农业 4.0"

农业 4.0，即以物联网、大数据、云计算和人工智能为主要技术支撑的全要素、全链条、全产业、全区域的以无人化主要特征的一种现代农业形态，是智慧农业，是安全、绿色、生态健康的农业，是线上线下相结合的农业，是农业之后进步到更高阶段的产物。

简单来说，农业4.0就是互联网与农业的一次跨界与融合，其作用方式是将互联网的技术创新、理念创新、模式创新充分应用到农业产业链的生产、流通、消费等环节，旨在推动农业的转型与升级，最终把农业引领到智慧农业的道路（图1）。

图1　农业4.0概念图

（一）物联网

物联网技术的应用领域主要分为农业生产和农产品安全两方面。在农业生产领域，利用物联网将第一、第二、第三产业的"三产"紧密结合，把现代化的理念、技术、机制、模式引入整个农业产业，建立涵盖各产业的物联网平台。在物联网平台的支撑下，农产品生产、流通、加工、储运、销售、服务等农业相关产业紧密连接，农业土地、劳动、资本、技术等要素资源得到有效组织和配置，从而再造整个农业产业链，实现农业与第二、第三产业交叉渗透、融合发展。在农产品安全领域，利用物联网构筑完善的农产品安全追溯体系。物联网技术贯穿生产、加工、流通、消费各环节，实现全过程严格控制，为食品供应链提供完全透明的展现，用户可以迅速了解食品从田间生产（包括生产者、使用农药品种、使用次数、使用剂量、收获时间）一直到终端销售的各种详细信息，一旦出现质量安全问题，能够快速有效地找到问题的根源或出现问题的环节，必要时可对产品进行召回。这样可以增强用户对食品安全程度的信心，并且保障合法经营者的利益，提升可溯源农产品的品牌效应。

此外，物联网平台还能与产能监测、产品质量追溯、联产联销结合，引导农业向规模化、集约化、品牌化发展，形成互联网＋智能农业生产体系；同时，还能形成更多同时还能形成更多新产业、新业态、新模式，比如观光农业休闲农业等。以此培养新的经济增长点。

（二）大数据

大数据的应用领域主要是指在农业领域内大范围导入信息与通信技术（ICT）等智能智慧管理体系，将生产环境、气象环境、栽培管理等数据化并建立相关大数据，通过解析使其最合理化；将那些在长期的农业生产活动中积累的经验和技术汇总为大数据，形成大数据库，并在日积月累的生产过程中不断完善；将那些优秀且经验丰富的农业从业者的技巧技术通过人工智能（AI）和物联网（IoT）技术模式模型化、将以往的经验教训数据化，使农户们口口相传的"农业经验"通过简易化、可视化。这利于农业经验技术的传承，老农家可以提升技术，新手农家也能快速掌握技术。比如，日本开发的 NEC solution innovator 可以将采摘橘子等很难的农作业变为可视化，让新手农家能直接快速地掌握熟练农家的经验技巧。该系统的导入可以把各种复杂的农业技术与经验可视化，让新农户在短时间内就能掌握农业知识和先进的农业技术；同时，熟练的农户也可以通过出售技术来获得收入。

（三）云平台

由于以上的各种大数据的量非常庞大，这时就需要云计算进行智能化地分析和处理。通过云计算，农业经营者可以更加便捷、灵活地掌握包括农业经验技术数据、气象数据、市场供需数据、农作物生长数据等在内的各种大数据，对农业生产活动作出准确判断与预测。比如，那些不会种田的农户可以在大数据和云计算的支撑下自动获取农业数据信息并进行分析处理，快速掌握农业技术，实时改进农业生产技艺。再如，农户可以科学地判断农作物是否该施肥、浇水或打药，避免了因自然因素造成的产量下降，提高了农业生产对自然环境风险的应对能力；通过智能设施合理安排用工用时用地，减少劳动和土地使用成本，促进农业生产组织化，提高劳动生产效率。

（四）人工智能

人工智能则可以让农业专家的技术、农业生产经验不断完善，专家和农户也可以充分运用人工智能进行深度学习的方法，让传统农业专业化、模式化。农业人工智能涉及的关键技术比比皆是。例如，专家系统、自动规划、智能搜索、智能控制、机器人、语言和图像理解、遗传编程等。基于人工智能的农业技术，比如，采摘智能机器人、智能探测土壤、探测病虫害、气候灾难预警已经在农业领域得到了广泛的应用。例如，从播种到收获的农业生产活动中，出现"GPS农机自动导航驾驶耕作""用传感器监控农场的气温、湿度、水位等环境，解析从遥感器中获得的大数据，设置每个农场最合适的栽培管理方法""根据气象数据等大数据预测风险，提前开展防护对策""用无人机撒放农药和肥料""机器人自动收集作物"等来实现农业智能化。

农业4.0中主要涵盖的物联网、大数据、云计算、人工智能等内容并不是孤立存在的，而是环环相扣、紧密联系的。物联网不仅能积累分析大数据还可以与云服务、云计算合作，而且可以在任何情况下灵活应用 AI、IoT、机器人等人工智能技术。

三、"农业 4.0" 的建设目标

中国农业的发展之路就是：1.0 靠人力、畜力、经验；2.0 靠机械；3.0 靠自动化技术和机器；4.0 靠智能的发展道路。虽然农业 3.0 也是依靠科技，但它只是某一个生产单元的自动控制，而 4.0 代表的智能化是全产业、全链条、全行业、全区域的，两者具有本质的区别。

农业 4.0，即智慧农业模式，聚焦物联网技术、互联网技术在现代农业领域的主要应用，包括监控功能系统、监测功能系统、实时图像、AI 技术、大数据中心等，以实现更完备的信息化基础支撑、更透彻的农业信息感知、更集中的数据资源、更环保的农业生产、更安心的农产品生产。具体来说，"智慧农业" 就是指通过物联网、大数据、云计算、人工智能等对农业生产的各个过程和环节进行控制，使传统农业更具有 "智慧"。同时，利用物联网、云平台等将农业专家的智慧、知识，以及千百年来口口相传的农业经验与技术，经过智能化的学习形成一套完整的精准化、可视化、智能化的生产体系。

本文将围绕 "生态体系、生命体系、生产体系、生活体系" 这四大体系，来实现农业发展的三大目标。

（一）生态体系

生态体系是指在农业产生过程中实现可持续发展的生态观。智能农业将农田、畜牧养殖场、水产养殖基地等生产单位和周边的生态环境视为整体，并通过对其物质交换和能量循环关系进行系统、精密运算，保障农业生产的生态环境在可承受范围内，如大数据检测定量施肥不会造成土壤板结，经处理排放的畜禽粪便不会造成水和大气污染，反而能培肥地力等。本研究通过对农业精细化生产、农药精准科学施用、农业节水灌溉，推动农业废弃物资源化利用，达到合理利用农业资源、减少污染的目标，在加快农业现代化发展进程的同时最大限度地减少农业对生态环境的破坏，实现自然资源相对平衡、生态资源持续利用、社会资源持续发展的良性运行。

具体来说，就是利用个人计算机和平板计算机进行有效管理的云等构建营农管理系统，通过各种大数据设备提取空间、气象、生长模式及作业进展等数据，并进行分析预测。农户或者农业机器人在接到作业适期和施肥量等指示后进行作业。

1. 气象大数据分析

"小满前后，种瓜种豆"。二十四节气是我国古代人民智慧的结晶，详细地反映了我国四季交替的气候特征，含有时令顺序、物候变化、作物生长情况等方面的标志性意义。特别是与农业生产活动紧密相连。几千年以来，根据二十四节气气候特征总结的农谚也对农业生产活动起着重要指导与参考作用。然而，在全球变暖的背景下，二十四节气的气候特征也已经发生了显著的变化。

俗话说，"农民就是靠天吃饭"。气象条件是影响农业生产的重要因素，良好的气象条件能促进农业的增产增收；恶劣的气象环境则会使农业生产停滞不前。而且不同地区的气象条件大有差异。因此，如何利用各种信息技术来分析气象数据显得尤为重要。

随着大数据时代的到来，充分发挥气象大数据的运用，及时掌握着气象条件有利于控制和把握农作物的种植与收割，规避风险提高收入。因此，有必要建立具有作物观测、土壤水分观测、空间观测、农业气象灾害预测、作物气候适宜预测的农业气象数据库（图2、图3）。

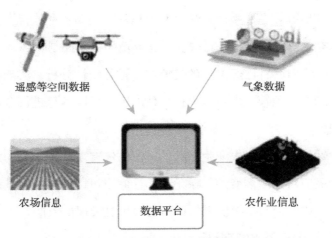

图2　气象大数据平台工作原理（一）

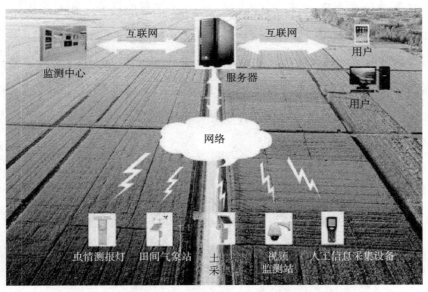

图3　气象大数据平台工作原理（二）

　　建立气象信息管理大数据平台。通过布设于农田、温室、园林等目标区域的大量传感器、遥感卫星等智能设备，实时地收集温度、相对湿度、雨量、日照量、风速、气体浓度以及土壤水分、电导率等信息以及各种预测数据，并汇总到大数据平台。农业生产人员可通过监测数据对环境进行分析，从而有针对性地投放农业生产资料，并根据需要调动各种执行设备，进行调温、调光、换气等动作，实现对农业生长环境的智能控制。

利用数据库对各种已经发生的气象灾害进行统计分析，实现农作物的灾害风险评估和灾害预警，农户能根据评估的灾害风险信息进行合理的农业生产，减少损失。

气象大数据的建立对农业生产种的减灾防灾有着非常重要的意义，还能帮助农户积极应对如今多变的气象条件。让农户可以随时随地掌握全面的数据信息，从整体上给农户提供更加科学的种植决策理论依据。

2. 农业生产环境的生态分析

在农业生产现场，可以借助无人机、IoT 及智能设备，相对详细、完整地记录当前农业生产环境的土壤情况（包括土壤水分量、土壤温度、土壤成分等）、耕地环境状况（包括耕地面积、耕地健康状况、作物成长情况、害虫情况等），以及植物养分含量等实时动态监控，可检测到病害虫或预测病害虫的发生，自动判断并分析农作物是否需要施肥、浇水，有效地进行农作物的生长管理（图 4）。

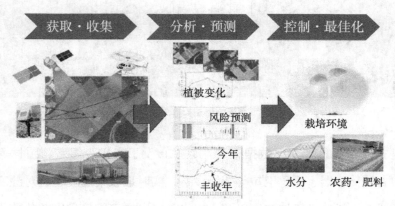

图 4　农业生产环境分析原理

数据大平台可以实现所有信息的获取、管理、动态显示和分析处理，以直观的图表和曲线的方式显示给用户，并根据以上各类信息的反馈对农业园区进行自动灌溉、自动降温、自动卷模、自动进行液体肥料施肥、自动喷药等自动控制（图5）。

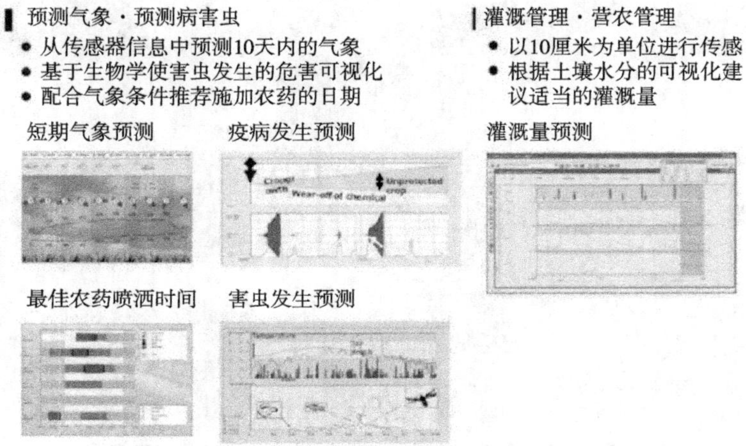

预测气象·预测病害虫
- 从传感器信息中预测10天内的气象
- 基于生物学使害虫发生的危害可视化
- 配合气象条件推荐施加农药的日期

短期气象预测　　疫病发生预测

最佳农药喷洒时间　害虫发生预测

灌溉管理·营农管理
- 以10厘米为单位进行传感
- 根据土壤水分的可视化建议适当的灌溉量

灌溉量预测

图 5　农业生态环境数据图

比如，2014 年与澳洲 DACOM 公司合作，共同在罗马尼亚的农场中进行农业 ICT 实验，从传感器信息中预测未来 10 日内的气象情况，基于生物学原理对害虫、疫病等进行预测，并配合气象条件推荐施加农药的分量与日期。实验结果证明，基于智能农业和大数据的科学施肥和喷洒农药，该试验田减少了 40% 的化学药品。过去根据农药公司的建议使用农药 11 回，农药成本为 434 欧元 / 公顷；在应用大数据解决方案后，罗马尼亚试验田共使用农药 7 回，成本为 267 欧元 / 公顷（成本减少了 38%，图 6）。

再比如，利用搭载 NDVI 摄像设备的无人机进行夜间驱虫。智能摄像设备会将农田的高低起伏精确图像化，同时 AI 会基于大数据进行可变式夜间杀虫。这主要是因为夜行性害虫为躲避天敌鸟类，白天会潜入叶片背面，夜间才会出来活动。因此，夜间驱虫能够杀死夜行性甲虫、蛾、小蚊、飞虱等约 50 种害虫，其中也包含产卵孵化后对作物产生影响的害虫（图 7）。

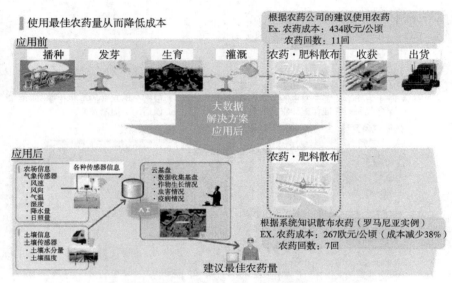

图 6　基于智能农业和大数据的科学施肥和喷洒农药示例

图 7　无人机夜间驱虫示例

通过传感器在农田上空进行数字扫描和数据分析，自动分析病害虫发生的位置，精确喷洒农药，不需要农药的位置则不会有农药喷洒，既减轻了作业负担，又大大减少了农药的使用量。而且，这种无人机还搭载了集中精确喷洒农药和驱除害虫等可选功能，既可以驱虫又可以杀虫，实现高效的农作业（包括施肥、防治杂草、害虫、鸟兽害、收割等）。

通过搭载光谱传感器的无人机，可以测定农作物的成分含量（比如叶绿素、氮含量等），然后决定是否追肥以及最佳追肥量，预估产量和蛋白质含有量（图8）。

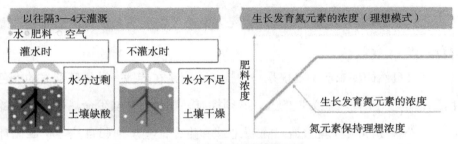

图8　自动灌溉施肥装置示例

利用搭载了热红外线传感器和温湿度传感器的无人机算出水压，并根据其结果远程控制地面的自动灌溉装置。

这样一来，可以实现包括农药精准科学施用、农业节水灌溉，推动农业废弃物资源化利用，合理利用农业资源、减少污染多重目标。在加快农业现代化发展进程的同时最大限度地减少农业对生态环境的破坏，实现自然资源相对平衡、生态资源持续利用、社会资源持续发展的良性运行。

（二）生命体系

生命体系指医食同源导向下高度强调农产品质量安全的生产观。农业生产不应该只以效率为目的，而是有着比效率更重要的东西，那就是生命与安全。在农业生产中，应敬畏自然、尊重生命，爱人、爱大地、爱大自然，极尽努力生产美味安全且充满生命力的农产品。这就是真正的农业，而真正的农民之路也应如此向前。

首先，在农产品生产方面，借助智慧农业生产模式，积极发展自然农法和有机循环农业。从源头上培育安全农产品，保证品质安全。比如，千叶县旭市的大松农场不仅实现了养鸡事业的自然循环化，采用自己配制的不含任何化学成分的纯天然饵料来喂养家鸡，生产安全放心、营养健康的鸡蛋。还把鸡粪作为农业肥料培育出无农药绿色玉米和蔬菜。大松农业完全不使用化肥、饲料，不仅大大降低了农业生产成本，而且生产出来的鸡蛋优质安全，年收入达到 6000 万日元（约 400 万元人民币）以上。真正实现了低成本高收益。

有机自然循环农业不仅仅是一种技术，而是在传播一种健康营养的绿色生活方式。一个以农业为生的人，必须拥有一颗对自然与生命热爱并崇敬的心。大松农场的经营理念是："敬畏地球和生命，实现回归自然与资源循环的农业；以实现活化土壤、培养人才的目的而生产；以传达生命的伟大、感受内心的喜悦为目标而努力；稳定经济繁荣，创造美好人际关系，绽放出香气浓郁的幸福生命之花。"如何化解当前农业面临的危机，这一经营理念为我们指明方向，而它也是我们需要去努力实现的共同目标。

其次，依托智能农业的大数据与可视化建设农产品溯源系统，对农产品的生产、加工、流通、消费等环节实现全程监控，这样不仅能提升农产品质量，还能确保农产品安全，降低食品安全问题发生的概率。

最后，利用物联网技术建立使农产品安全生产数据可视化的平台，向消费者完全透明地展现农产物的生产环境和过程，消费者可以随时了解农产品从田间生产（包括生产者、使用农药品种、使用次数、使用剂量、收获时间）、流通一直到终端销售的各种安全生产数据。改变整个农产品的供应链，最终目标是让生产者和消费者直接共享"安全放心、美味健康"这一农产品的真正价值。

（三）生产体系

生命体系指农业三产融合的格局观以及互联网与农业深度融合的生产观。

首先，智慧农业可以逐步促进农业发展和第一、第二、第三产业融合，创造产业和服务业反哺农业的新格局，拓宽城乡一体化进程的渠道。以最新的信息通信技术为基础，利用 AI 和 IoT，使互联网与农业深度融合，从而再造整个农业产业链，实现农业与第二、第三产业交叉渗透、融合发展，提升农业竞争力。此外，还可以导入农业以外的其他产业中作为常识的营销和品质管理、经营管理相关的各种技术，迎接一个前所未有的农业生产时代（图 9）。

图 9　基于智慧农业的产业链整合图

其次，智慧农业将第一、第二、第三产业的供应链整体进行整合，实现农产品原有的高价值的同时还能延长农业产业链，提升农业附加价值。在以往的模式下，农业生产者的农产品附加价值在产业链的各个阶段被剥夺。而在智慧农业的模式下，农业生产者建立基于销售预测的生产计划，直接把握消费者的需求，通过云服务直接和消费者交流决算。在产业链整体的综合运营下，农产品价值实现飞跃性的上升。

最后，互联网与农业的深度融合，利用 AI、大数据及云平台指导农业生产。让不会种田的人学会种田，让每个种田的人拥有最好的技术，让每块土地上都能种出安心、安全、高品质的产品，让技术、培训可视化，让品质可控化，让投入与产出及利益可预算。

比如，云平台将以前"口口相传"的"隐性"农业生产知识和经验变得"显性"，使其 IoT 化，并以数据的形式传承下去，即使是不会种田的人都可以浏览、利用，按照智能化的生产方式进行农业生产。同时，AI 不仅可以使以往的生产经验、技术不断完善，农业专家和农户们可以向 AI 深度学习，改变生产经营方式。比如，利用 AI 判断施肥量和施肥时机，再利用无人机自动施肥；通过果实的颜色和糖度判断收货时机，然后利用机械自动采摘。在技术与数据的支持下，不仅农作业变得自动化，农产品的品质也变得可控，还能通过预测明确收益前景。

（四）生活体系

生活体系指人与自然高效、和谐相处的生活观。

首先，智慧农业可以从整体上给农户提供更加科学的种植决策理论依据。虽然农民是农业的主体，但是随着农业步入现代化，很多农民已经跟不上农业的发展。不过，有了以大数据和云服务为核心的农业基盘后，各种复杂的农业技术与经验变得可视化，为农户带来诸多便利。无经验的新农户们在短时间内就能掌握农业知识和先进的农业技术，而那些不会种田、不精通种田的农户可以在现代化机械和智能 AI 的支撑下，依照详细的步骤，再结合机器人和远程支持，按照智能化的生产方式进行农业生产，久而久之，那些不会种田的农户们也能掌握农业技术，实时改进农业生产技艺，把普通农户引入现代农业的发展轨道，这也是促进农业增收和农民增收的重要手段。

其次，智慧农业让农业摆脱以往"又脏又累还不赚钱"的老旧面貌，形成下一代，以及其他行业的人也想尝试的智能化、能赚钱的农业模式。人口的老龄化、缺乏继承者，以及农业技术的断层正是农业发展面临的问题之一，传统的"脏""累""差"农业在下一代人的眼中已成为一个毫无魅力可言的产业。发展智慧农业，通过远程指导、机械化以及智能化，农民的劳作成本以及负担大大降低，农业不再"又苦又累"。使用机器人、无人机、自动化农机，同时将经营技术可视化、系统化，农产品的品牌效益也会随之提高，以往"脏、累、差"的农业则会转化为"快乐、时尚、赚钱"的新农业，农民们不再辛劳的同时，收入还能提高。这样还能吸引更多的年轻人以及城市居民来从事农业，为缩小城乡差距做贡献。

最后，焕然一新的农业可以吸引以往那些远离农业、远离大自然的城市居民，在智能化管理和远程操作的支持下，城市居民可以很轻松地参加农业活动，感悟大自然的伟大，感受大自然的馈赠，与自然和谐共处。

生态、生命、生产、生活四大体系环环相扣，最终实现以下三大目标。

1. 实现人与自然的共生

智慧农业将农业生产环境与生态环境视为整体，保障农业生产的生态环境在可承受范围内。在进行农业生产活动时，既合理利用农业资源、减少化肥农药污染、改善生态环境，又保护好青山绿水。而绿色化、精细化的农业生产将输出低污染、低农药、绿色健康的农产品，保障食品安全。消费者可以享受安全、安心、美味的食品，实现产品绿色安全优质。

2. 城市与农村的共生

发展智慧农业是乡村振兴的重要手段之一，加快农业科技改革创新，推进农业全程机械化，大力发展现代农业。当农业成为"轻松、快乐且能赚钱"的魅力产业后，又能吸引城市居民回归农村、亲近自然，形成城市居民反哺农业、农村的局面，缩小城乡差距。同时，农业继承者断层的问题也得以解决。

3. 产业科学与农业的共生

一方面，借助无人机、IOT 及智能设备等科技手段相对详细、完整地记录生产数据、管理数据及市场数据，让农户可以随时随地掌握全面的数据信息，从整体上给农户提供更加科学的种植决策理论依据。另一方面，建立中国农业大数据的发展基盘，推动中国农业朝着智能化与机械化的方向迈进，进而推动中国农业迭代升级。在智能农业的技术支撑下，现代化农机设备解放了双手，减轻劳动负荷，提高了劳动生动率；同时，农户可以利用智能机械自动获取农业数据信息并进行分析处理，并根据数据信息对农业生产管理实现自动控制，即使不精通农业知识和技术也可以轻松实现高质量的耕种。

农业 4.0 之路是一条惠及农业生产者、消费者、政府、生态环境多方主体的发展之路，也是我国农业发展的必走之路。

四、"农业 4.0" 的总体规划

农业 4.0 是一个惠及农业生产者、消费者、政府、生态环境多方主体的利民工程。对农业生产者而言，一方面，借助科技手段对不同的农业生产对象实施精确化操作，能够严密控制投入与产出比，减少农资成本；另一方面，科学合理地使用化肥，减少化肥农药残留能够提升农产品的品质，得到消费者与市场的信赖，实现利润最大化。对农业消费者而言，绿色化、精细化的农业生产将输出低污染、低农药、绿色健康的农产品，消费者可以享受安全、安心、美味的食品。对政府而言，农业 4.0 将为中国农业智能化与机械化提供切实可行的落地方案，推动中国农业迭代升级。对于生态环境而言，智慧农业作为集保护生态、发展生产为一体的农业生产模式，合理利用农业资源、减少化肥农药污染、改善生态环境，既保护好青山绿水，又实现产品绿色安全优质。

因此，4.0 时代的农业不再是简单的生产，而是涉及从生产到消费再到服务的全产业链。而对于我国智慧农业的设计规划，主要从生产、管理、服务三个环节入手。

（一）生产环节

1. 发展机械化、智能化农业

农业机械化、智能化是指农活操作由使用人畜力转为使用机械，手工劳动被机械操作所取代并基本实现智能、自动化的过程。在这种生产模式下，可以借助科技手段和机械化工具对不同的农业生产对象实施精确化操作。首先，辅助用工少、劳动强度小、能解放人力、降低农业生产成本和作业成本低；其次，能提高劳动生产率、提高产量、稳定农业收入；最后，能够严密控制投入与产出比，减少农资成本。机械化、智能化农业的经济效益和社会效益明显，且对生产者极为有利。体现出了"四个惠及"中的"惠及生产者"。

2. 发展设施农业

目前，国内外对设施农业没有一个统一的定义，欧洲国家、日本等国称之为"保护地农业"，美国等国通常称之为"可控环境农业"[①]。虽然关于设施农业的定义各不相同，但其主要强调利用采用现代化农业工程和机械技术，改变光热等自然条件境，为植物生产提供相对可控制甚至最适宜的温度、湿度、光照、水肥和气等环境条件，而在一定程度上摆脱对自然环境的依赖进行有效生产的现代农业生产方式[②]。

设施农业的优势主要体现在高品质、高产量、高收益、环境保护等方

---

① 彭澎，梁龙，等. 我国设施农业现状、问题与发展建议 [J]. 北方园艺，2019（5）：161–168.

② 巴图. 呼和浩特市设施农业现状及发展对策 [J]. 内蒙古水利，2018（11）：52–53.

面。既惠及生产者也惠及生态环境。首先，设施农业可以根据生物生长发育的规律，对生长环境加以精细化改造，实现了农业种植的精细化培养，具有传统农业无法比拟的优势。其次，在设施农业生产模式下，农作物几乎可以免受自然灾害的影响，有效地降低病虫害带来的威胁，大大减少农药的用量，保障农产品的品质。最后，设施农业不受农业环境的制约，可以提高土地资源的利用率，以及劳动生产效率，高效地利用水源、耕地等有限的农业资源，为农业的可持续发展助力。

随着科技的发展，现在的设施农业正朝着将物联网技术和设施种植相结合的智能化设施农业发展。比如，安装各种传感器采集监控农业设施内各种数据，利用电脑、手机、平板电脑等智能化设备进行远程监控和操作；利用物联网管理系统、物联网 App，进行数据分析并提出意见。这更是极大地解放了劳动力，降低了劳动强度，节约了劳动成本，提高了劳动生产效率[①]。

3. 发展减化肥、减农药型农业

我国是世界第一农药和化肥的生产和使用国，农药化肥的不合理施用，不仅导致耕地质量下降、直接降低农产品产量和质量，影响粮食安全和人体健康，还会危害生态环境。大量农药和化肥通过飘移、渗漏和径流等方式流失，污染水体、大气和土壤，危害生态环境安全，阻碍农业持续发展。

开展农药化肥双减的农业不仅能降低农业生产成本，促进农业增效、农民增收，还必将大大提高我国农产品质量水平和安全品质，增强农产品国际竞争力；同时，也能保护生态环境，提升农业生产的可持续发展能力，非常全面地体现了"四个惠及"。比如，在已经实施的镇江市示范水田项目中分别采用减农药、化肥的方法和普通的农耕方法种植水稻。中日两国农耕方法的比较见表1。

---

① 朱正明. 农业物联网技术在靖远县设施蔬菜生产中的应用［J］. 农经管理，2019（7）：72–73.

表1　中日两国农耕方法比较

项　目		日式农耕方法	中式农耕方法
化肥	基肥	NPK 率→15：10：17 氮肥含量→5 千克 / 亩	NPK 率→15：10：17 氮肥含量→7 千克 / 亩
	追肥	—	尿素（47%） 氮肥含量→7.5 千克 / 亩
	穗肥①	根据品种不同，施用时 氮肥含量→1.5 千克 / 亩	尿素（47%） 氮肥含量→5 千克 / 亩
	穗肥②	根据品种不同，施用时 氮肥含量→1.7 千克 / 亩	NPK 率 17：17：17 的复合肥料 氮肥含量→3.4 千克 / 亩
	合计（氮肥含量）	8.2 千克 / 亩	22.9 千克 / 亩
农　药		插秧前施用一次杀虫剂	
		插秧后一周内 施用一次除草剂（3 剂混合）	在 7 月末施用一次除草剂 （丙草胺 50%　100 克 / 亩）
		—	8 月末施用一次杀虫剂

经过科学严密的计算，采用日式农耕方法栽培的水稻比普通的水稻种植减少了 50% 的化肥使用量，减少了 70% 的农药使用量，以育苗和插秧来减少杂草，以添加"稻谷壳"等绿肥来提升土壤肥力，用排灌水来促进水稻健康长大，只在插秧后一周内施用一次除草剂，大大减少了化学药剂的使用量。这样生产出的安源大米颜色更白皙、色泽更鲜艳、口感更有嚼劲。

（二）管理环节

1. 构建农业大数据平台

农业大数据平台是集新兴的互联网、移动互联网、云计算和物联网技术为一体，依托部署在农业生产现场的各种传感器和无线通信网络实现农业生产环境的智能感知、智能预警、智能决策、智能分析、专家在线指导，为农业生产提供精准化种植、可视化管理、智能化决策。主要作用有：积累大数据、分析大数据、利用大数据（图 10 ①—③）。

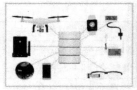 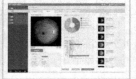 

①积累大数据　　　　②分析大数据　　　　③利用大数据

图10　农业大数据平台的主要作用

具体来说，在农业生产方面，大数据在育种、栽种、病虫害防治、施肥、灌溉等阶段发挥作用，为农民提供实时数据，为农业生产提供指导。在农产品市场方面，大数据技术应用到农产品市场上，对市场上的供需情况进行统计，并对来年的情况进行预测，指导农产品的种植，同时促进农产品销售，推动农业发展[①]。

2.构建智慧农业解决方案

智慧农业解决方案是物联网技术在现代农业领域的应用，通过布设于农田、温室、园林等目标区域的大量传感节点，实时地收集温度、相对湿度、光照、气体浓度，以及土壤水分、肥力等信息并汇总到大数据平台。农业生产人员可通过汇集到的数据对环境进行分析，从而有针对性地进行农业管理，对农业生长环境的智能控制。目前的解决方案主要有生产环境监控系统、信息监测与控制系统、实时图像与视频监控系统。

（三）服务环节

1.农业电子商务

在国家政策的大力扶植下，以"互联网＋农业"为核心的智慧农业在资金、政策等方面的绿色通道下快速发展，正开阔出一片巨大的市场，互联网

---

① 林立忠．大数据技术在现代农业中的应用研究［J］．信息记录材料，2019（2）：88-89．

电商，比如阿里巴巴、京东、拼多多等，都纷纷涉足智慧农业。据悉，如果以当前农村互联网普及率为 30% 的水平来计算，我国农村电商市场规模可达 3500 亿元。因此，农村电商将成为互联网商圈下一步的必争之地。

2. 食品安全溯源

建设农产品溯源系统，通过对农产品的高效可靠识别和对生产、加工环境的监测，实现农产品追踪、清查功能，进行有效的全程质量监控，确保农产品安全。物联网技术贯穿生产、加工、流通、消费各环节，实现全过程严格控制，使用户可以迅速了解食品的生产环境和过程，从而为食品供应链提供完全透明的展现，保证向社会提供优质的放心食品，增强用户对食品安全程度的信心，并且保障合法经营者的利益，提升可溯源农产品的品牌效应。

3. 休闲观光农业

休闲农业是我国农业、农村现代化建设进程中涌现出来的新型业态，通过拓展农业的观光休闲、文化传承、生态涵养、教育科普等功能，围绕农业生产、农民生活劳动和农村良好的生态，以及乡土、乡风、乡韵等风貌，通过创新、创意和创造让人们享受真正的田园生活、品味农业情调、体验农耕文化，促进农村第一、第二、第三产业融合发展。

党的十九大报告提出"乡村振兴战略"，并将此作为全面建成小康社会决胜期的重要战略之一。在国家政策的大力推动下，休闲农业正逐步成为现代农业发展的主要内容之一①。

五、"农业 4.0"的解决方案实践

本项目从我国农业面临的现实困境出发，围绕着"生态、生产、生

---

① 张黎. 拒绝旅游同质化，打造互联网 + 休闲农业［J］. 内江科技，2019（2）：125–126.

命、生活"四大体系和三大目标，主要从大规模露天种植、设施农业的成功经验出发，提出了一套集 AI、IoT、机械化、大数据、云平台于一体，惠及农业生产者、消费者、生态环境多方主体的中国智慧农业的解决方案实践。

（一）农业大数据平台

如今的农业不再是单纯的生产，而是包含多个环节、多条产业链。通过构建农业大数据平台，可以在农业的产前、产中、产后等环节让农业经营者便捷灵活地掌握天气变化数据、市场供需数据、农作物生长数据等，准确判断农作物的生长情况，通过多方数据综合分析明确低产量、低质量的原因，避免了因自然因素造成的产量下降，提高了农业生产对自然环境风险的应对能力，提高农产品的产量和质量（图 11）。

图 11　农业大数据平台示例

而且，在农业大数据平台上还可以看到已公开的政府、农户，以及农研机构各自拥有的农业、地图、气象等信息，加上传感器所收集到的所有农业信息，基于数据来实现高附加价值高效益的农业。今后，农业大数据平台也会运用到加工、运输、消费等领域，构筑智能食物链体系。农业大数据平台的实现效果分别见图 12 和图 13。

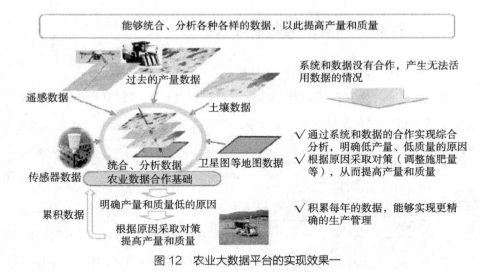

图 12 农业大数据平台的实现效果一

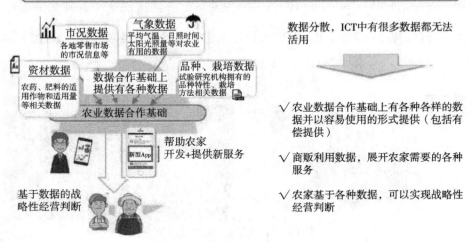

图 13 农业大数据平台的实现效果二

　　数据平台对各种数据做统筹分析，让大数据在农业领域能够得到有效利用，便于提高生产力，以及为农家制定更为完善的经营方针。

（二）智能化农机系统以及无人机

1. AI·IoT 自动化农机

AI·IoT 自动化农机是指基于感应技术，以及过往的数据研发智能化农机与支援系统，实现精细栽培，最大限度地发挥作物的可能性，最大限度地

发挥人的能动性，实现增收和高品质生产（图 14）。

比如，基于 GPS 定位、感应技术、精密设置的自动行走拖拉机实行无人式耕地，在有限的作业时间内可大幅提升人均作业面积和规模。

图 14　智能化农机系统及无人机示例

活用 AI 等技术的自动插秧机，利用自动操舵系统，使插秧机的直线行走和转向的速度大幅提升，可由 1 人同时进行插秧机的操作和秧苗补充作业。可自动保持直线行走，可在水田灌水的状态下进行插秧作业（图 15）。

图 15　AI·IoT 自动化农机示例

活用 AI 技术等进行无人自动运行的采摘智能机器人，让机器识别果实和障碍物（植物茎秆等），使用机械臂进行采摘作业，将从业人员从重劳动中解放出来，实现省人化、省力化，大规模化（图 16）。此外，还有除草机器人让除草作业实现自动化。

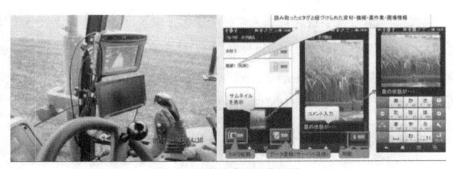

图 16 智能化农机系统示例

随着物联网和智能控制技术的应用，还出现了搭载智能探测土壤、探测病虫害、气候灾难预警等智能识别系统的农机。

2. 农业无人机

农业无人机搭载了集中精确喷洒农药和驱除害虫各种可选功能，既可以驱虫又可以杀虫，实现高效的农作业（施肥、防治杂草、害虫、鸟兽害）（图 17）。

（三）农业经营支援系统

农业经营支援系统可以帮助农业生产者确切掌握作物栽培相关的原价、成本，从而提高农业经营稳定的系统。同时，该系统还可以支援培育下一代农业经营者。

图 17 农业无人机示例

在农业经营支援系统通过输入实绩明确每个农场的计划值，以及各个类目的目标值差异，系统自动分析经费明细（深度），分析产量未达到预期的原因，为下一次优质生产做准备，减少生产成本的浪费。农业经营支援系统的优势、提供的服务及其意义见图18至图20。

图 18　农业经营支援系统的优势

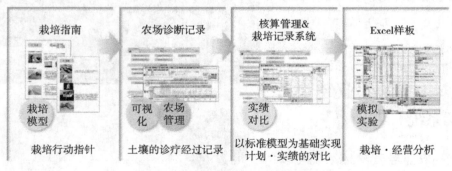

图 19　农业经营支援系统提供的服务

（四）水田数据库

使用各类传感装置自动记录水田的水温水位、日照等数据，通过探测器搜集各类栽培信息和作业记录形成水田种植数据库（图21）。这些数据可以

输入实绩　　　　　　现状的可视化　　　　　　经费分析和积蓄

劳动管理
品质管理

分析
生产率

实绩标准

操作支援
费用过多

肥料的
投入量过多

未达到预期！　　　进一步

经营成果
PL

操作简单！　　　清楚每块田地的实绩！　　　得知不同类目上的浪费！

图 20　导入农业经营支援系统的意义

通过标准应用程序自动进行技术分析，以此为基础建立工程可视化、标准化的数据库。在大数据库的基础上可以轻松地找到产量低下的原因，发现原因后寻找合适的对策（施肥量的调整）进行技术改良，通过各种手段让产量和品质得到有效的提升。

水温水位传感器　　　　日照传感器　　　　气温湿度传感器

图 21　水田数据库中用到的各种传感器

（五）植物工厂

植物工厂是目前设施农业的最高水平（图 22）。其主要的工作原理是以栽培高品质农产品为目标，采用经济型环境制御材料，开发"适时、适地、适作"、标准化、节能化的设施农业大棚，利用 AI、ICT、BIG DATA、云存储等技术，结合专家远程指导、可视化移动化农业经营管系统、标准化生产与施工管理，全方位打造全球最尖端的设施农业。植物工厂是一种高投入、高技术、精装备的农业生产体系。

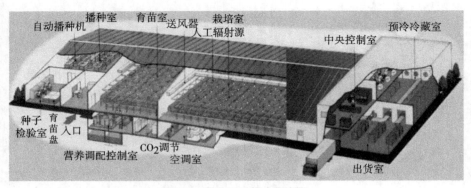

图 22　植物工厂概念示意图

（六）AI 精密灌溉施肥系统（ZeRo.agri）

以往农业生产者要根据天气情况、作物生长阶段来设定灌水量和施肥量，基本是靠天吃饭，靠农业经验施肥，导致作物生长状况不稳定。但是，AI 精密灌溉施肥系统可以根据传感器信息自动判断农作物不同生长阶段所需的水分和肥料量，然后在合适的时间有规律地自动灌溉施肥（图 23）。

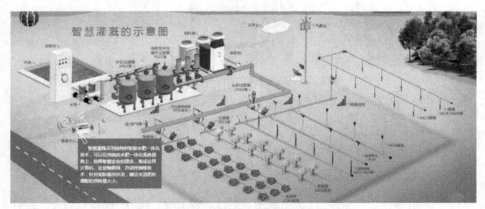

图 23　AI 精密灌溉施肥系统示意图

AI 精密灌溉施肥系统具有传统模式无可比拟的优势。首先，通过 AI 技术使土壤和作物一直保持最佳状态，从而提高产量、稳定品质。其次，通过自动灌溉施肥，大幅缩短以前极其耗时的施肥灌溉作业时间。再次，利用该系统，即使是新入行的农业人员也能和熟练的生产者一样，创造相同或者更高的产量。最后，该系统将经验丰富农户的"经验和感觉"通过数据表现出来，通过清晰明显的数据使技术有据可循地传承下去。

以上解决方案实践中利用的核心技术有 ICT 技术和遥感技术。

1. ICT 技术

高度信息通信技术（ICT），通过传感器、遥感气象卫星等智能设备搜集数据并建立大数据基盘，对土壤情况（包括土壤水分量、土壤温度、土壤成分等）、大气环境（包括气温、湿度、雨量、日照量、风速、风向等）、耕地环境状况（包括作物成长情况、害虫情况等）实时动态监控，可检测到病害虫或预测病害虫的发生，自动判断并分析农作物是否需要施肥、浇水，有效地进行农作物的生长管理（图 24）。

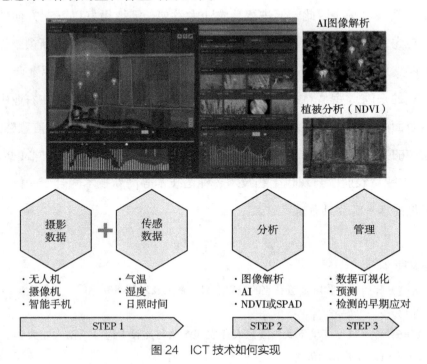

图 24　ICT 技术如何实现

2. 遥感技术

肉眼很难观察出农作物的生长状况，而遥感和卫星则能够通过图像识别监测农作物种植面积、农作物长势信息，快速监测和评估农业干旱和病虫害等灾害信息。

六、总结

美国、日本等国家的农业实践表明，智慧农业是农业发展进程中的必然趋势。目前，我国智慧农业呈现良好发展势头，但整体上还属于现代农业发展的新理念、新模式和新业态，处于概念导入期和产业链逐步形成阶段，在关键技术环节方面和制度机制建设层面面临支撑不足问题，且缺乏统一、明确的顶层规划，资源共享困难和重复建设现象突出，一定程度上滞后于信息化整体发展水平。因此，促进智慧农业大发展，需要做好以下三方面的工作。首先，作为新理念，需要培育共识，抢抓机遇；其次，作为新模式，需要政府支持，重点突破；最后，作为新业态，需要规划引领，资源聚合。

总的来说，"智慧农业"是云计算、传感网、3S 等信息技术在农业中综合、全面的应用，实现更完备的信息化基础支撑、更透彻的农业信息感知、更集中的数据资源、更广泛的互联互通、更深入的智能控制、更贴心的公众服务。"智慧农业"与现代生物技术、种植技术等高新技术融合于一体，对建设世界水平农业具有重要意义。

参考文献

［1］肖冰，陈丽娟. 我国智慧农业的发展态势、挑战及对策研究［J］. 农村金融研究，2018（9）：56–59.

［2］钱晔，等. 数据环境下我国智慧农业发展策略与路径［J］. 云南农业大学学报，2019，13（1）：6–10.

［3］杨大蓉. 中国智慧农业产业发展策略［J］. 江苏农业科学，2014（4）：1-2.

［4］王晓敏，邓春景. 基于"互联网+"背景的我国智慧农业发展策略与路径［J］. 江苏农业科学，2017（16）：312-315.

［5］韩楠. 我国发展智慧农业的路径选择［J］. 农业经济，2018（11）：6-8.

［6］许佳. 当今"互联网+现代农业"发展的思考［J］. 劳动保障世界，2018（17）：69-71.

［7］秦志伟. "农业4.0"：现代农业的最高阶段［J］. 江西农业，2015（9）：20-20.

［8］史赞旸，孙婷婷，马腾飞. 移动通讯在农业信息服务中的应用［J］. 南方农机，2016（12）：51.

［9］陈桂芬，李静，陈航，安宇等. 大数据时代人工智能技术在农业领域的研究进展［J］. 吉林农业大学学报，2018，40（4）：502-510.

［10］顿文涛，赵玉成，袁帅. 基于物联网的智慧农业发展与应用［J］. 农业网络信息，2014（12）：9-12.

［11］韩晓宇. 基于物联网技术的"智慧农业"现状探析［J］. 农经研究，2018（14）.

［12］岳建荣，郭辉，张学军等. 浅谈采摘机器人在农业中的应用［J］. 新疆农机化，2016（1）：31-34.

［13］王晓敏，邓春景. 基于"互联网+"背景的我国智慧农业发展策略与路径［J］. 江苏农业科学，2017（16）：312-315.

［14］张浩然，李中良，邹腾飞等. 农业大数据综述［J］. 计算机科学，2014，41（11）：387-392.

［15］李如平，吴房胜，潘晓君等. 基于物联网技术的智慧农业系统设计［J］. 科技世界，2017（8）：60.

［16］李宁，潘晓，徐英淇. 互联网+农业助力传统农业转型升级［M］. 北京：机械工业出版社，2016：4-5.

［17］王艳华. "互联网+农业"开启中国农业升级新模式［J］. 人民论坛，2015（3）：104-106.

［18］李国英. "互联网+"背景下我国现代农业产业链及商业模式解构［J］. 农村经济，2015（9）：29-33.

［19］甘甜. "互联网+"背景下传统农业向智慧农业转型路径研究［J］. 农业经济，2017（6）：6-8.

［20］张继梅. 我国智慧农业的发展路径及保障［J］. 改革与战略，2017（6）：104-107.

基于新一代信息技术的云上农场模式与标准化研究

杨西博　王冉冉　董明睿

（山东省老科协、山东农业大学、凤岐茶社创业服务公司）

摘要： 云计算技术与农业领域的产业融合，给传统农场的信息化建设带来新的机遇和挑战，准确把握基于云平台，建设现代农场的优势特点，以及建设的模式和标准，对农业信息化发展，特别是智慧农业的落地实施至关重要。本课题通过一系列理论探索和调查论证，并结合在山东省、浙江省、西藏自治区等地的建设实践，提出了云上农场模式和云上农场的建设标准体系，并针对发展云上农场提出了对策建议，为相关部门和单位认识与发展云上农场提供参考和借鉴。

关键词： 云上农场，模式，标准，建议

一、开展云上农场建设模式与标准化研究具有重要意义

（一）应用云计算技术对于推动农业信息化系统建设具有重要的促进作用

我国经济社会的高速发展带动了农业的发展，进入了适度规模化的农业发展阶段，但在农场数量不断增长的同时，农场管理仍多数停留在粗放

式管理阶段。因此，应用高科技手段推动农业向可持续性方向发展，建设高标准、高质量、高效益农场，践行绿色、安全、健康的农业发展理念，为消费者提供价格合理、数量充足、高品质的农产品，将是我国农业发展的重要方向。党的十九大以来，各地、各部门积极扶持农、林、牧、渔各类农场发展，取得了一定成效，但大多数农场仍处于初始阶段，发展层次不高、示范效应不强，在信息化系统建设方面，还面临建设标准不规范、配套设备不健全、信息联系孤岛化等问题。云计算是以互联网技术为依托，利用虚拟的形式实现资源之间的充分共享，其本质内涵就是利用互联网技术形成信息资源的统一操作，以达到满足不同农户对农业生产的需求。在技术方面，云计算技术涵盖了资源池虚拟化及分布式并行架构这两大关键技术，可以实现在同一时段处理大规模信息，构建起大数据应用的平台。在农业生产与管理领域，云计算技术的应用较为广泛，一是可为农业生产提供多样化的信息资源，如种植技术、品种选择、销售渠道等，而且有较为充分的对比分析和科学依据；二是通过大量数据的采集和分析，可以为广大农民开展农业生产活动提供科学的统筹指导和管理保障，降低生产成本，大大提升产业效能；三是可以为农业生产提供高效方便的信息支持服务，如远程技术平台技术支持、农产品可追溯系统等；四是实现分散资源、集中管控、统筹协调、智能处理的建设和管理模式，可以有效降低农场信息化建设投入和运营成本，提升管理效能。可以说，在目前农业信息化快速发展的大趋势下，云计算技术的应用具有不可取代的重要地位。

（二）我国农场信息化建设发展现状对开展云农场模式与标准化研究具有较强需求

通过对现阶段农场信息化建设和进行调研，可以发现，近年来农场信息化发展迅猛，一方面农场信息化建设的基础支撑能力有了大幅度提升。目前，我国行政村通光纤和通 4G 比例均超过 98%，农村网民 2.25 亿人，农村互联网普及率超过 38%。另一方面，农场与信息化技术初步融合，在生产信息化、经营信息化、管理信息化、服务信息化等领域，有了很多成熟的应用模式，并呈现出巨大的发展潜力。但与此同时，我国农场信息化建设在加速发展过程中，在信息互联互通和综合管理等方面也不同程度地存在着很多问题。

一是农场信息化建设缺乏统一的标准和科学的规划设计。普遍存在设计不合理，设备质量良莠不齐，以及一次性投入大、重复性投入多、维护成本高等问题，缺少落地示范，难以复制和推广。此外，由于控制平台缺少通用的底层硬件感知接口，在需要大量硬件接入、建后需要增加硬件的情况下，不易满足扩展需求，无法实现"分散资源，集中管控"的优化管理模式。二是农场数据封闭，信息孤岛化。目前的农场信息化建设，信息只在单个系统内部结构中传输，目的是只满足本农场基本功能的实现，与外界数据隔离开来，普遍存在信息"孤岛化"现象，无法满足区域农业资源优化配置、综合管理、农产品溯源等需要与外界进行信息交互的功能，不能为政府部门管理和企业经营带来更加有效的支撑。三是缺少服务和虚拟化建模的规范化标准。农场的日常智能化管理，需要调用各种服务与虚拟化模型，目前基于农场信息化建设缺少相关规范化的标准，导致外部服务无法调用，虚拟化的建模无法完成，进而相应的功能无法实现，形成了影响智慧农业发展的瓶颈。四是商业模式不合理。目前的农场信息化建设普遍缺少商业模式相关设计，在农产品生产、种植（养殖）、交易、运输等环节，缺少相应的信息采集与分析机制，缺少商业化的管理标准，缺少经济核算功能，无法为农场经营者带来更多的实际利益。五是专业人才稀缺。农业领域的信息化建设，需要计算机、机电、信息处理等领域的人才加入，而目前的专业融合现状不理想，其他专业的人员对农业领域相关生产作业缺乏了解，且各专业人才交流困难，难以高效地进行农场信息化建设。

通过对农场信息化建设现状和存在问题的分析可以看出，通过云计算技术在农场信息化中的运用，可以有效地解决相关问题，为农场信息化建设提供强有力的落地支撑。因此，加强对云上农场建设模式与标准化的研究就成了一项亟待开展的工作。

（三）党和国家对农业信息化系统的标准化建设及发展互联网云农场高度重视

2016 年 4 月，国务院在《关于积极推进"互联网 +"行动的指导意见》中指出，要建立一批"互联网 +"现代农业示范工程，熟化农业传感器、无线传感网络、智能控制终端等物联网技术和装备，加强数据挖掘、关联分析、知识发现等大数据技术在农业中的应用。加快推进农业数据采集、交换、共享，农业物联网传感器及传感节点、通信接口、平台，电子商务分等分级、产品包装、物流配送，信息综合服务技术规范等标准体系建设。2019 年 5 月，中共中央办公厅、国务院办公厅在《数字乡村发展战略纲要》中强调，加快推广云计算、大数据、物联网、人工智能在农业生产经营管理中的运用，促进新一代信息技术与种植业、种业、畜牧业、渔业、农产品加工业全面深度融合应用，打造科技农业、智慧农业、品牌农业。2019 年 9 月，农业农村部在《关于实施家庭农场培育计划的指导意见》中指出，鼓励发展互联网云农场等模式，帮助农场合理安排生产计划、优化配置生产要素。从以上系列政策要求可以看出，推动新一代信息技术与农业的融合应用，加强农业相关技术、设备、服务等标准化体系建设，发展高质量的互联网农场建设模式，将是今后农业信息化发展的一个重点方向，也是我们开展课题研究的重要依据。

二、开展云上农场模式和标准化研究的主要内容及研究路线

（一）主要内容

1. 云上农场概念

云上农场是基于传统农场生产管理的资源与生产要素，将与农产品生产、种植、养殖、加工、交易、运输等过程相关的信息整合到云平台，集远程监测、智能控制、农业大数据分析与存储、决策支持、数据共享、协同作业、产品溯源等服务功能于一体，面向单个或多个农场，创建全流程农场集成服务云中心，并在云端进行全场景农场作业管理的新模式。

云上农场模式的功能特点包括，一是通过采取更多成熟技术，强化标准化建设，提升系统可靠性，缩减不必要的硬件设备，增加云端服务，突出区域协调等手段，着重解决农业信息化建设所面临的投入大、运营成本高、使用维护难等问题，加快推动物联网、云计算、大数据等新一代信息技术在农业领域的应用。二是降低农业生产经营成本，提高农业生产效率，提升农业生产管理的全过程可视化监控、大数据采集分析和智能控制水平。同时，通过区块链追溯技术，管控农产品的品质，保障食品安全，推动传统的农业企业向大数据农业企业发展，由传统的 B2C 的模式，加快发展成适应市场发展的 CSA 订单农业发展模式。三是促进农业的工业化和标准化生产，改变传统农业企业的管理和生产模式，提高农产品的一致性，为农业的品牌化、集约化、规模化、精准化提供助力；有效地减少农业生产中水、肥、农药的用量，减少对环境及水土资源的破坏，促进传统农业向现代、精准、环境友好型农业转型。

2. 云上农场的相关技术研究

云上农场以云计算平台的分布式资源、强大的扩展能力为基础，结合物联网、大数据、区块链等先进技术，建立满足农场实际业务需求的智能化云服务系统，其涉及的主要技术如下。

（1）底层硬件感知及虚拟化技术。近年来，虚拟化技术和云计算模式快速发展起来，因其具有资源利用率高、管理灵活、可扩展性好等优点，未来的数据中心将广泛采用虚拟化技术和云计算技术。将传统的硬件管理技术与虚拟化技术相结合，为云计算数据中心的硬件管理问题提供了新的解决思路，为云上农场大规模硬件部署及调用提供基础保障。

（2）服务构建及其管理技术。随着资源服务化和服务异构化的发展，云服务管理相关技术得到了长足的发展，合理应用云服务管理相关成果，可以为云上农场实现高效运行和智能化管控提供技术支持。通过对服务的监管和动态调控，实现资源的按需供给及合理化使用。

（3）专家知识服务管理技术。从信息管理提升到知识管理是信息化发展的必然和提高信息服务质量的迫切需求。开展基于农业专家知识管理技术的研究，是云平台各类智能决策、调度、实施等行为的基础，将为农业知识管理提供高效和科学的手段和技术支撑。

（4）基于区块链的农产品溯源技术。通过区块链技术，建立农产品的生产、加工、养殖/种植、交易、运输等环节的信息录入与检索查询机制，利用区块链不可篡改的特点，保证查询到信息的真实性。

3. 云上农场的建设标准体系

云上农场的建设标准体系主要包括，建设一般原则、建设区域标准、建设技术标准、建后管理与维护标准。建设区域标准是对农场建设用地的规范化要求；建设技术标准是对云上农场建设规模、云上农场设施与设备、云上农场云端综合平台的规范化要求；建后管理与维护标准是对云上农场日常管理与维护的规范化要求。

4. 研究方法和路线

针对现阶段农场的发展现状及问题进行调研与分析，特别是通过在山东省泰安市宁阳县山东农业大学苹果新品种研发基地、浙江乌镇谭家湾云上农业试验场、西藏拉萨净土健康产业园等地的建设实践，同时开展云上农场模式与云上农场的标准化体系研究。一方面，研究底层硬件感知及虚拟化技术、服务构建及其管理技术、专家知识服务管理技术、基于区块链的农产品溯源技术，建立云上农场的基本模式。另一方面，研究云上农场建设一般原则、建设区域标准、建设技术标准、建后管理与维护标准，建立云上农场的建设标准体系（图1）。

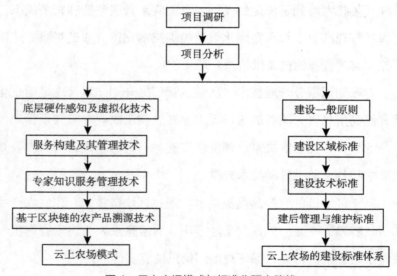

图 1 云上农场模式与标准化研究路线

三、云上农场模式

为能更加形象直观，下面以典型的农业种植园区为例，展示云上农场建设的基本模式。

（一）建设内容

通过在农业种植园区部署土壤温湿度等各种传感器、小型气象站和视频监控设备等实时采集农作物生长的各种数据；所获取的信息通过互联网传输到"云上农场"大数据农业云平台。管理平台能够对农作物生长信息的监测进行控制和管理，并对上传信息进行汇总、存储。通过对信息的采集、过滤、融合、汇总、分析，以各类图表形式进行展现（图2），为掌握农作物生长环境、生产动态信息，科学制定生产措施、分析增减产原因、预测农作物生长趋势，实现灾害预警等提供数据支持。管理平台还可以通过与政府部门、相关企事业单位、销售终端等机构建立互联互通渠道，采集信息，通过数据手段，实时分析区域气候环境条件、农产品市场需求、价格数据以及交通物流状况等因素，为农场生产提供指导和保障。

图2　管理平台展示

（二）功能架构

云上农场总体功能架构主要分为以下3个层次（图3）。

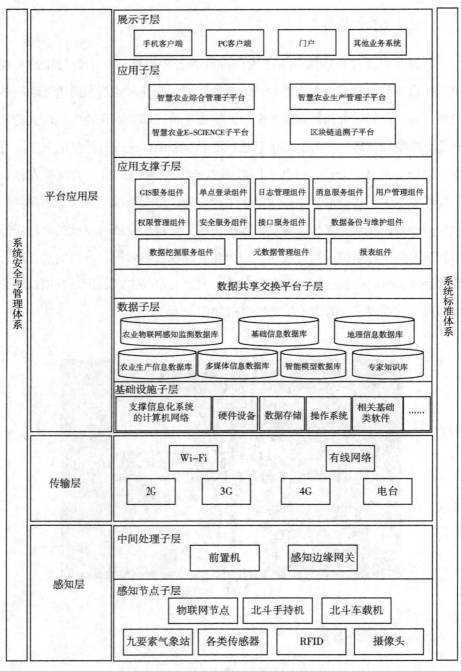

图 3　云上农场功能架构示意图

1. 感知层

该层包括感知节点子层和中间处理子层。其中，感知节点子层主要由自动采集设备（包括物联网节点、北斗车载机、各类传感器、RFID、摄像头等）和人工采集设备（包括北斗手持机和相应的客户端软件）组成，主要实现田间作物墒情、近地气象、大田生产活动、作物长势长相、病虫害、农业气象灾害等信息采集、编码与上传；中间处理子层主要由基地前置机、网关节点（感知边缘网关）、网络设备以及显示设备组成，负责收集并汇总物联网节点和人工采集设备传输过来的数据，在实现本地存储、显示的同时，上传云平台。

2. 传输层

主要是各种通信网络包括 2G、3G、4G、Wi-Fi、有线网络、微波等。

3. 平台应用层

主要由展示子层、应用子层、应用支撑子层、共享交换平台子层、数据子层，以及基础设施子层组成。

（1）展示子层：该层主要是为平台各类用户提供具有良好用户体验的终端展现界面，业务数据的自动化录入，各种应用的服务、功能及信息被集成在该层。

（2）应用子层：云上农场云平台建设的应用层子系统主要包括智慧农业综合管理子平台、智慧农业生产管理子平台、智慧农业 E-SCIENCE 子平台、区块链追溯子平台。

（3）应用支撑子层：应用支撑层负责为应用系统的运行提供技术支撑服务，并将这些服务能力依据不同功能划分，以松散耦合的形式组织成各类基础服务。该层采用 SOA+ 架构对业务功能识别，实现可以复用的服务，以提高整体架构的松散耦合性。不同的应用系统实现的业务功能基本是不同的，但是服务于这些业务功能的基础技术功能和服务却是大致相同的。因此，抽象出独立的支撑层，使它与业务逻辑层之间保持松散耦合，不仅能够同时应用到各种应用系统中去，而且还可以进行独立的发展和变化，不对业务功能造成影响。应用支撑层主要包括 GIS 服务组件、单点登录组件、日志管理组件、消息服务组件、用户管理组件、权限管理组件、安全服务组件、接口服务组件、数据备份与维护组件、数据挖掘服务组件、元数据管理组件、报表组件等。

（4）数据共享交换平台子层：共享交换平台层是数据汇聚交换共享系统所在位置，连接各类应用和应用所需的信息资源，组织和整合各类数据、组件和服务。数据共享交换平台层为实现应用层各种应用系统的搭建和运行提供支撑服务。

（5）数据子层：数据层提供应用系统和业务系统所需的各种类型的基础数据，主要是基础平台数据和业务系统数据，具体包括农业物联网感知监测数据库、基础信息数据库、地理信息数据库、农业生产信息数据库、多媒体信息数据库、智能模型数据库、专家知识库等。

（6）基础设施子层：用于支撑信息化系统的计算机网络、硬件设备、数据存储、操作系统及相关基础类软件等。

4. 保障体系

系统安全与管理体系和系统标准体系。

（三）主要设备

1. 农业物联网节点

采用新一代无线传感器网络产品，通过网络提供农作物健康、生产情况的实时数据，并提供远程控制。根据产品具体功能，可分为物联网感知节点、物联网网关节点、物联网控制节点三种。

2. 物联网观测站

农业物联网观测站集视频观测站、土壤观测站、近地气象观测站于一体，通过对视频、土壤温湿度（至少 3 个不同深度）、土壤 pH 值（氢离子浓度指数）、空气温湿度、降水量、风速、风向、光照度、太阳辐射、日照时数等农业生产要素的实时采集与传输，实现大田作物全生长周期的可视化监控与数据管理，提高传统农业的信息化管理水平。该产品环境适应能力强，可长期野外部署，支持包括 3G、4G、BGAN、ADSL、光纤等在内的多种传输网络，可扩展太阳能、风能等供电方式。

3. 物联网传感器设备

新一代农业物联网传感器，包括土壤温湿度传感器等在内的 10 余种产品。该系列传感器设备可实现对土壤温湿度、土壤 pH 值、空气温湿度、降水量、风速、风向、光照度、太阳辐射、日照时数等传感数据的准确采集，为农业的数据监控和智能化管理奠定良好的基础。

4. 云端平台设备

云端平台设备包括服务器、通信设备、存储设备和显示设备，还包括数据通信连接、管理系统及各种安全装置。可以根据数据处理的需要，按照特定频率的 CPU、特定的存储容量和特定的访问带宽，租用相应的虚拟应用服务器，实现云服务功能。

（四）实现功能

1. 作物生长实时数据监测

通过分布在各地的物联网观测站，可以自动采集所在区域内的空气温湿度、土壤温湿度、降水量、风速风向、光照度、作物长势状况（视频）等传感器数据，实现对农作物生长情况的实时监测，并结合 GIS、列表、图形、动画等方式进行直观展示。

2. 监测数据录入和管理

支持基层工作人员录入人工采集到的监测数据。作为对传感器监测数据的补充，本项目提供标准的信息数据录入模板和工具，基层工作人员可根据苗情、灾情、病虫害监测报表进行监测报告的编辑，系统管理人员对提交的人工监测数据进行审核管理。

3. 大数据综合采集、查询和分析

对授权或公开信息进行采集，在综合平台实现各类信息的存储、分析和展示，通过历史查询、统计分析、对比分析等手段，分析农作物生长情况、市场供需、环境气候条件、交通物流等与农业生产相关的变化趋势，并结合GIS、图表、列表、曲线等多种形式进行动态查询和直观展现。

4. 系统设备管理

调用设备管理组件和 GIS 组件，显示设备列表，或者将设备在二维或者三维地图上进行直观呈现，可实时显示设备的运行状态、组网状态、设备类型、编号等信息，提供设备参数配置、远程控制等功能。

5. 执行机构的远程智能控制

用户在客户端点击鼠标即可实现对摄像机和各种下行执行机构的远程控制，也可通过建立相应的数据和管理模型，实现对相关生产环节的远程预警监测和智能管理。

6. 报表管理

根据用户设定的参数要求调用报表组件，形成作物生产情况、生产形势、供需价格等报表，并提供各类报表的导出、备份和打印等功能。

7. 云上农校在线指导与培训

云上农校以专家远程培训、在线咨询诊断和指导等方式，实现科学生产技术与本地农业生产的低成本、常态化对接，通过互联网技术让农业专家伴随农业生产全过程。进而使农民掌握标准化的种植技术，具备标准化种植本领，实现推动区域农业提质增效、农民增收，充分享受供给侧改革政策红利。

8. 农产品追溯

通过大数据农业安全追溯系统，通过集成分布式数据存储、点对点传输、共识机制、加密算法等技术，将区块链技术与传统追溯系统进行融合，及时采集相关信息，对农产品进行赋码，并实现全过程追溯。

四、云上农场标准体系

云上农场标准体系包括建设区域标准、建设技术标准、建后管理与维护标准等内容。建设区域标准是对农场建设环境的规范化要求；建设技术标准是对云上农场建设规模、云上农场设施与设备、云上农场云端综合平台的规范化要求；建后管理与维护标准是对云上农场日常管理与维护的规范化要求。

（一）建设原则

1. 政策引导、突出特色

应符合土地利用总体规划、土地整治规划、《关于促进农业产业化联合体发展的指导意见》《农业综合开发推进农业适度规模经营的指导意见》《农业综合开发扶持农业优势特色产业规划（2019—2021年）》等要求，统筹安排高标准农场建设。

2. 因地制宜、合理经营

应根据不同区域自然资源特点、社会经济发展水平、土地利用状况，采取相应的建设方式和工程措施，一切从实际出发，合理确定经营规模。

3. 农地农用、注重生态

通过政策引导和项目约束，确保适度规模经营不改变土地用途、不损害农民权益、不破坏农业综合生产能力和农业生态环境，规模化生产。

4. 遵纪守法、规范管理

落实管护责任，健全管护体制，实现长期高效利用。

（二）建设区域标准

（1）建设区域应相对集中、适合作物及农畜生长、无潜在土壤污染和地质灾害。

（2）建设区域外有相对完善的、能直接为建设区提供保障的基础设施。

（3）合理规划生活、生产区域，功能分区明确，各区界限分明。

（4）农场建设限制区域包括：水资源贫乏区域，水土流失易发区、沙化区等生态脆弱区域，历史遗留的挖损、塌陷、压占等造成土地严重损毁且难以恢复的区域，土壤轻度污染的区域，易受自然灾害损毁的区域，沿海滩涂、内陆滩涂等区域。在前述区域开展高标准农场建设需提供国土、水利、环保等部门论证同意的证明材料。

（5）高标准农场建设禁止区域包括：土壤污染严重的区域，自然保护区的核心区和缓冲区。

（6）农场应建设于交通便利区域，方便农产品及原料运输。

（三）建设技术标准

1. 一般规定

（1）应结合各地实际，按照区域特点，采取针对性措施，开展高标准农场建设。

（2）通过高标准农场建设，优化土地利用结构与布局，实现节约集约利用和规模效益；完善基础设施，改善农业生产条件，增强防灾减灾能力；加强农场生态建设和环境保护，发挥生产、生态、景观的综合功能；建立监测、评价和管护体系，实现持续高效利用。

2. 规模要求

云农场管理的实际农场须满足最低规模：具有满足生产种植（养殖）需求的机械装备（可执行机构），具有行业中等水平及以上的生产、种植、养殖能力，具有高质量的网络通信设施。

3. 农场设施设备要求

（1）有满足农业生产所需的设施设备，主要农业生产环节基本实现机械化。

（2）建有配套完善的供水、排水、通风换气、采食、供电、防鼠防虫等基础设施设备。

（3）配备有消毒、兽药、疫苗保存、畜禽饲料存储、废弃物回收处理、病死禽畜无害化处理等设施设备。

（4）配备有网络相机、传感器以及移动终端等信息采集装备，能够采集个体信息、环境信息、耗材及加工信息。

4. 云端综合平台要求

（1）硬件要求：系统稳定可靠，适应复杂环境，可为强大数据运算提供工作保障，支持远程运维，节省人力物力。①服务器须为服务器专用计算机，至少四核处理器、24 口全线速千兆数据交换能力。②网络传输速率大约等于 100 兆比特。③满足 42U 大容量立式机架式一体化设计，满足 100—240 伏宽电压要求。④支持 OTA（空中升级），支持远程运维。

（2）软件要求：与前端物联网设备、边缘计算节点、云平台等无缝连接，能够实时汇聚多个农场数据，需对整个数据单元数据做动态处理和前端展示。①云服务器操作系统须为服务器专用操作系统。②须使用关系数据库存储结构化数据，使用非关系数据库存储非结构化数据。③须利用 html、JSP 等技术进行前端页面的呈现设计。④须利用 Xen 等技术实现虚拟化负载均衡和容错迁移。⑤具有快速稳定的信息流传输能力，具有面向高并发的稳定运行能力，满足多用户数据隔离需求。需支持增强型 Modbus 协议，使传输更稳定更可靠。

⑥具有包括大数据对比分析、专家知识服务、产品溯源服务、经济核算服务、网上农校服务在内的子系统，并提供接口供主平台调用。

（3）数据采集、存储及共享。云农场数据采集端包括物联网节点、物联网自动观测站和边缘计算节点三部分。

1）物联网节点功能要求：需支持包括 3G、4G、5G BGAN、ADSL、光纤等在内的多种传输网络，实现任何环境之下都能使数据上网；需支持北斗卫星导航系统、全球定位系统双模定位与精准授时功能；需满足双信道动态绑定，支持负载均衡；需支持增强型 Modbus 协议，使传输更稳定更可靠；需具备边缘计算能力，能够与区块链追溯平台打通，实现数据实时上链；对视频的处理需达到分辨率：1080P/720P/D1/VGA/QVGA/CIF/QCIF4，帧率：25—30 FPS，码率：64kbps—8Mbps，动态可调，实现任何环境之下都能使视频上网；需满足 H.264 AVC/GMEDIA 优化算法，交织编码；需与边缘计算节点无缝连接，实现各种数据的实时交换；需具有召测和远程管理功能，支持 OTA（空中升级），支持远程运维，节省人力物力；需能够与现有的大数据农业系统进行数据共享和无缝对接，完成数据整合与合理化利用；电源及物理参数需满足工作电压：100—240 伏宽电压；工作温度：-15℃—+70℃宽温度适应性；工作环境相对湿度：≤ 95%（无凝结）。

2）物联网自动观测站功能要求：应该集视频观测站、土壤观测站、近地气象观测站于一体；需至少包含 16 个传感器，其中近地气象观测应该包含空气温湿度、降雨量、风速、风向、光照度、太阳辐射、日照时数等传感器；土壤观测站应该包含土壤 pH 值传感器及至少 3 个不同深度土层的土壤温湿度传感器，视频观测站应该至少包含一个云台高清摄像头；需具备边缘计算能力，能够与区块链追溯平台打通，实现数据实时上链；需支持增强型 Modbus 协议，使传输更稳定更可靠；作为边缘计算中心需具备与田间已有智能硬件（如病虫害监测系统等）进行数据整合的能力，整合已有资源并合理利用，避免浪费；因部署环境比较复杂，需支持包括 3G、4G、BGAN、ADSL、光纤等在内的多种传输网络，实现任何环境之下都能使数据上网；需具有召测和远程管理功能，支持 OTA（空中升级），支持远程运维，节省人力物力；需能够与现有的大数据农业系统进行数据共享和无缝对接，完成数据整合与合理化利用；需支持北斗卫星导航系统、全球定位系统双模定位与精准授时功能；需满足双信道动态绑定，支持负载均衡；需一体化设计，满足 IP67 防水防尘要求并支持 7×24 小时 ×365 天全天候无间断工作；需满足 100—240 伏宽电压要求并可扩展太阳能、风能等多种供电方式；视频模块需能够在云平台远程控制云台动作，变换摄像头方位，灵活调整视角；视频帧速、图像大小可调节。

3）边缘计算节点功能要求：需具有强大的边缘计算能力，能够与区块链追溯平台打通，实现数据实时上链；需能够与物联网节点无缝连接，自成体系独立运行；需支持增强型 Modbus 协议，使传输更稳定更可靠；需与云平台无缝连接；边缘计算节点需支持 OTA（空中升级），支持远程运维，节省人力物力；需具有人脸识别功能，让生产更透明；边缘计算节点需满足 42U 大空间立式机架一体化设计，让操作更简单，并能实现统一供电系统下的多元化承载。需满足至少双中央数据处理单元与双系统要求，让系统更强大，边缘计算能力得到保障；需满足 100—240 伏宽电压要求；需能支持双屏显示，使显示内容更全面；需能够与现有的大数据农业系统进行数据共享和无缝对接，完成数据整合与合理化利用。

4）存储要求：针对数据海量性、异构型等特点，对以传感器、气象站接口等为来源的结构化数据进行结构化表达，并基于通用的数据传输格式，设计数据注册适配接入机制，采用分布式面向服务结构方法存放于关系数据库中，非结构化数据则存放于非关系数据库（NoSQL）或硬盘文件中；根据不同的信息来源（具体到地理位置），将数据分区，实现数据的安全隔离，同时方便进行大数据的处理、分析和检索。

（4）云上农校。①学习内容为行业基础知识与先进技术，结合实际生产需求。②统一提供专业化课程和数据共享接口。③实行实名制注册制度，分单位统一管理。

（5）农产品溯源。①须采用区块链技术，结合其去中心、防篡改、信息安全等特性，构建区块链技术下的农产品溯源体系。②须通过数据录入、数据查询和系统环节应用，实现农产品在生产、加工、监管、运输、零售环节中信息记录的防篡改、可追溯性，并通过去中心化的网络特性解决农产品溯源体系中存在的数据孤岛问题。③对于特定品牌，增加 RFID 技术及识别设备，严格监管其生产、运输、销售信息。④通过私钥连接建立数据录入与查询机制，数据内容包括但不限于农产品交易编号、商家账号（ID）、产品类型、生产日期、出厂日期、交易货量和行业标准。

（6）可扩展可复制性。云上农场的软件模块和硬件模块设计需采用模块化设计方式，降低各模块之间的耦合性，功能可扩展。云上农场需按照规范化标准严格设计，体系结构可复制。

（四）管理与维护标准

1. 科技配套与应用

（1）云上农场建成后，应加强农业科技配套与应用。机械化作业水平应实现 50% 以上。

（2）优良品种覆盖率实现 95% 以上。病虫害、畜禽病疫统防统治覆盖率应实现 95% 以上。

2. 工程维护

（1）建立政府主导，农村集体经营组织管理，农户、专业维护人员，以及专业协会等共同参与的维护体系。

（2）按照谁受益谁维护的原则，明确维护主体、维护责任和维护义务，办理移交手续，签订后期维护合同。维护主体应对各项工程设施进行经常性检查维护，确保长期有效稳定利用。

（3）加强地质灾害、土壤污染、地表沉陷等灾害防治的新技术应用，提高云农场的防灾减灾水平。

五、工作建议

云上农场作为我国农业信息化建设和智慧农业落地实施的一种重要形式，具有良好的发展优势和应用前景，在农业信息化建设加快发展的大环境下，迎来了难得的发展机遇。为进一步加快云上农场建设，特提出以下工作建议。

（一）加强对云上农场建设的规划和引导，切实发挥好典型引领和示范带动作用

由农业农村等部门牵头，联合国家发展改革委、科技部等部门，围绕推进云上农场建设的工作重点，开展理论研究、专题调研和综合评价，设计云上农场发展的顶层架构，包括发展目标、关键技术、市场机制、保障措施等，推动云上农场建设进入"十四五"等重大发展规划，出台相关政策措施，为开展云上农场建设提供经费补助和综合保障，加快推进云上农场的建设和发展。在各地选取一批具备条件的农场开展试点建设，进一步探索云上农场的建设内容、使用维护和运营管理，提高云上农场建设的理论水平和设计实施能力，培育一批可听可看的示范样板，建立起成熟、可靠，可复制、可推广的发展模型，形成具体的组织工作流程和模式，加快推进云上农场的技术应用，引领云上农场发展。

（二）积极推进云上农场相关技术研发，不断加强标准化体系建设

积极推动在科技专项和研发计划中安排云上农场专项技术课题研究，鼓励高校、科研院所和企业联合开展相关科技合作，面向云上农场技术需求，发展一批农业信息感知、远程监测、数据分析、智能管控、精准服务等技术产品，形成模块化设计，充分发挥云计算在农业领域应用的优势。进一步推进云上农场标准化体系建设，鼓励相关社会团体和企业，围绕云上农场建设、发展、运营、保障等内容，开展标准化研究，推动基础性的标准上升为行业、地方或国家标准。

（三）大力宣传推广云上农场的发展模式，加快培育云上农场相关产业

针对农场物联网、大数据、云平台、云上农校、区块链追溯等内容，开展对云上农场建设的专题培训，运用电视电台、报纸、网络、专访、报告、展览会等宣传方式和途径，宣传云上农场可以产生的经济社会效益，推动形成良好的发展氛围。通过政策引导，建立与完善以政府为主体，各方面力量广泛参与的多元化投入机制，充分调动企业积极性，鼓励更多的外部资本参与，培育形成产业链条完整、发展前景广阔的云上农场相关产业。

参考文献

［1］赵春江. 智慧农业发展现状及战略目标研究［J］. 智慧农业，2019，1（1）：1-1.

［2］赵培，陆平，罗圣美. 云计算技术及其应用［J］. 中兴通讯技术，2010，7（4）：36-39.

［3］宋展，胡宝贵，任高艺，等. 智慧农业研究与实践进展［J］. 农学学报，2018，8（12）：95-100.

［4］国务院. 国务院关于积极推进"互联网+"行动的指导意见［EB/OL］.（2015-07-

04）［2019-12-20］. http://www.gov.cn/zhengce/content/ 2015-07/04/content_10002.htm.

［5］新华社. 中共中央办公厅　国务院办公厅印发《数字乡村发展战略纲要》［EB/OL］. （2019-05-16）［2019-12-20］. http://www.gov.cn/zhengce/2019-05/16/content_5392269. htm.

［6］中央农村工作领导小组办公室，农业农村部，国家发展改革委，财政部，自然资源部，商务部，人民银行，市场监管总局，银保监会，全国供销合作总社，国家林草局. 关于实施家庭农场培育计划的指导意见［EB/OL］. （2019-09-09）［2019-12-20］. http://www.moa.gov.cn/gk/zcfg/nybgz/201909/ t20190909_6327521.htm.

［7］财政部. 关于印发《农业综合开发推进农业适度规模经营的指导意见》的通知［EB/OL］. （2015-07-02）［2019-12-20］. http://www.gov.cn/xinwen/2015-07/02/content_ 2888818.htm.

［8］新华社.《高标准农田建设 通则》国家标准发布［EB/OL］. （2015-07-02）［2014-06-13］.http://www.gov.cn/xinwen/2014-06/13/content_2700486.htm.

南水北调中线工程水源区
水环境保护现状及对策研究

穆宏强　刘新洲　李　进

（长江水利委员会老科技工作者协会）

摘要： 南水北调中线工程水源区是我国水资源宏观战略配置的重要基地，涉及陕西省、四川省、甘肃省、重庆市、湖北省、河南省6省、直辖市的49个县（市、区）。该区域是汉江流域、华北平原和关中平原1亿多人的重要饮用水水源地，在我国经济社会发展中的地位极为重要。本研究通过对该水源区的水环境现状分析和现场调研，针对存在的经济社会发展与水环境保护的突出问题，提出了包括水环境保护立法、综合协调机制建设、绿色发展示范区建设、水环境保护综合规划、生态补偿机制和帮扶机制建设等建议，旨在为国家有关部门制定水源区经济社会发展与生态环境保护的规划，以及相关政策和决策提供参考。

关键词： 南水北调，中线工程水源区，水环境保护，状况分析，对策与建议

一、研究背景和重要性

（一）研究背景

南水北调中线工程水源区（指丹江口库区及上游区域，简称水源区）位

于汉江流域上游，集水面积 9.52 万平方千米，涉及陕西省、四川省、甘肃省、湖北省、河南省、重庆市 6 省、直辖市的 49 个区县。该区域既是水源区 1400 万人与汉江中下游 1800 多万人的饮用水水源地，也是京津冀豫受水区 6000 万人和引汉济渭工程受水区（关中平原）1400 万人的饮用水水源地。水源区作为汉江流域及引调水工程的"心脏"，在我国水资源配置格局中的地位举足轻重。其中，南水北调中线一期工程 2014 年 12 月通水，截至 2019 年 7 月，累计供水量已超过 200 亿立方米。2018 年 4 月至 6 月底，累计向北方地区 30 条河流生态补水达 8.65 亿立方米。其中，为白洋淀补水 1.1 亿立方米，发挥了巨大的社会效益和生态效益。

水源区现状水质状况总体良好，稳定保持在 II 类水标准［《地表水环境质量标准》（GB3838—2002），总氮不参评］，高锰酸盐指数和总磷虽满足 I—II 类水质标准，但浓度呈现出缓慢增加趋势，水体营养状况正在向轻度富营养发展，局部水域存在发生水华的可能。控制水体中氮、磷浓度和有机物浓度是其水环境保护的核心目标。

国家十分重视水源区水污染防治和水环境保护工作，"十一五"期间投资近 60 亿元，对工业点源进行了治理，建设了县级城镇污水处理厂和垃圾处理设施，开展了小流域治理试点工程。"十二五"期间，投资约 110 亿元，进一步提高了区域水污染防控和治理能力。目前，《丹江口库区及上游水污染防治和水土保持"十三五"规划》实施接近尾声，主要是生态清洁小流域建设。经过 10 多年的连续投资建设，水源区城镇垃圾与废污水处理的基础设施已逐步完善；水土流失治理成效显著。南水北调中线一期工程由"保通水"向"抓供水"转变的关键阶段，水源区水环境保护面临着很大压力。

水源区属于秦巴山区，有 260 万人的贫困人口，属于国家扶贫工作重点县有 26 个，省级扶贫工作重点县 8 个；水源区作为限制发展区，工业企业市场准入门槛高，"脱贫攻坚"任务重。100 万名移民中有 60 万人在当地安置，山多地少的自然特征与水库良田淹没损失的工程影响叠加，加剧了水源区耕地资源紧张的现状。汉江生态经济带建设对水源区保护提出了更高要求，水源区如何在"保护优先、绿色发展"的总体指导下，走出一条绿色发展的道路，是当前水源区面临的重大难题。

在此背景下，中国科协老科技工作者协会/中国科协创新战略研究院资助长江水利委员会老科技工作者协会开展南水北调中线工程水源区水环境现状与保护对策研究，目的是通过深入研究，以问题和需求为导向，提出相关对策和建议，并进一步研究水源区保护与发展的政策、制度和机制，为水源区可持续发展提供决策支持。

（二）研究的重要性

1. 事关区域供水安全的重要举措

水源区是南水北调中线工程的水源，也是引汉济渭和鄂北地区、汉江中下游地区的水源。根据《南水北调工程总体规划》，南水北调中线工程的主要任务是为京津冀豫受水区城市提供工业和生活用水，兼顾农业和生态用水。引汉济渭工程主要解决陕西省关中地区城市生产生活用水，兼顾渭河河道生态用水。鄂北水资源配置工程以鄂北地区城乡生活、工业供水和唐东地区农业供水为主。水源区水资源的有效供给，支撑着我国近 15% 的国内生产总值（GDP），关系着 1.8 亿人的饮用水安全。开展水源区水环境水生态保护的对策研究，可为水源区供水安全提供重要参考。

2. 打赢"脱贫攻坚战"的必然要求

水源区有国家扶贫开发工作重点县 37 个，涉及贫困人口有 260 万人。我国脱贫攻坚的任务目标是"到 2020 年，确保现行标准下农村贫困人口实现脱贫，消除绝对贫困；确保贫困县全部摘帽，解决区域性整体贫困"。水源区属于集中连片特殊困难地区，受国家重要生态功能区的限制，资源依赖性产业需要淘汰，扶贫任务尤为艰巨，迫切需要破解水源区发展难题。本项目研究可为水源区整体脱贫提供政策参考。

3. 保护秦巴地区生物多样性的基本要义

根据《全国主体功能区划》（2010年），水源区既属于秦巴生物多样性生态功能区，也属于重要农产品加工区，按照要求应重点保护其生物多样性。秦岭、大巴山、神农架等属亚热带北部和亚热带—暖温带过渡的地带，生物多样性丰富，是许多珍稀动植物的分布区。根据2017年调查，仅陕西省境内就有野生维管植物3300多种。其中，有国家保护珍稀植物37种，珍稀濒危野生动物有91种，一级保护动物12种。汉江干流中就有鱼类146种。迫切需要减少林木采伐，恢复山地植被，保护野生物种，修复秦巴地区生物多样性。

4. 实现水源区乡村振兴的有力措施

乡村振兴，生态宜居是关键。中共中央、国务院印发的《乡村振兴战略规划（2018—2022年）》远景目标指出，到2035年，乡村振兴取得决定性进展，农业农村现代化基本实现。农业结构得到根本性改善，农民就业质量显著提高，相对贫困进一步缓解，共同富裕迈出坚实步伐；城乡基本公共服务均等化基本实现，城乡融合发展体制机制更加完善；乡风文明达到新高度，乡村治理体系更加完善；农村生态环境根本好转，生态宜居的美丽乡村基本实现。该规划的实施将为水源区农村农业发展带来重大机遇，生态环境保护是其中最重要的措施之一。

5.《汉江生态经济带发展规划》实施的具体要求

《汉江生态经济带发展规划》要求汉江流域主动融入"一带一路"建设、京津冀协同发展、长江经济带发展等国家重大战略，坚决打好防范化解重大风险、精准脱贫、污染防治三大攻坚战。围绕改善提升汉江流域生态环境，共抓大保护、不搞大开发，加快生态文明体制改革，推进绿色发展，着力解决突出环境问题，加大生态系统保护力度；围绕推动质量变革、效率变革、动力变革，推进创新驱动发展，加快产业结构优化升级，进一步提升新型城镇化水平，打造美丽、畅通、创新、幸福、开发、活力的汉江生态经济带。因此，推动水源区绿色发展、保护水源区水环境是落实《汉江生态经济带发展规划》的具体要求。

（三）研究方法和技术路线

研究方法和技术路线

本研究采用现场调研和归纳分析等方法，开展水源区促进水环境保护的相关对策研究。主要是现场调研，收集相关资料；借助长江水利委员会南水北调水源区"5+1"联席会议平台，收集水源区水环境保护和可持续发展相关内容的研究成果。

通过调研，分析和辨识当前水环境保护过程中存在的主要问题和需求，研究提出促进水源区水环境保护工作的相关对策和建议（图1）。

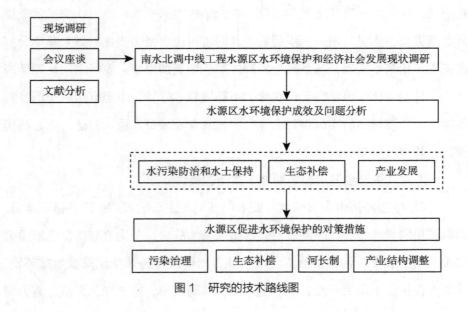

图1　研究的技术路线图

二、汉江流域自然、经济社会及水资源利用概况

（一）自然概况

汉江又称汉水，是长江中游最大的支流，发源于秦岭南麓，有北、中、南三个源头。汉江干流流经陕西省、湖北省两省，于武汉市注入长江，干流全长 1577 千米，支流延展于甘肃省、四川省、河南省、重庆市四省、直辖市。

汉江流域面积约 15.9 万平方千米。流域地势西高东低，由西部的中低山区向东逐渐降至丘陵平原区。山地约占 55%，为中低山区；丘陵占 21%；平原区占 23%；湖泊约占 1%。

汉江流域水系发育，集水面积大于 1000 平方千米的一级支流有 21 条，集水面积在 1 万平方千米以上的有堵河、丹江与唐白河；0.5—1 万平方千米的有旬河、夹河和南河；0.1—0.5 万平方千米的有襄河、湑水河、子午河、池河、天河、月河、闾河、玉带河、任河、岚河、牧马河、北河、小清河、蛮河及激水等。

汉江干流丹江口以上为上游，河长 925 千米，控制流域面积 9.52 万平方千米，入汇的主要支流左岸有襄河、旬河、夹河、丹江；右岸有任何、堵河等。丹江口至钟祥市为中游，河长 270 千米，控制流域面积 4.68 万平方千米，入汇的主要支流左岸有小清河、唐白河，右岸有南河、蛮河和北河。钟祥市以下为下游，长 382 千米，集水面积 1.7 万平方千米，主要为江汉平原，主要支流为左岸的激水和汉北河。

（二）资源概况

1. 土地资源

全流域耕地面积 323.6 万公顷，宜垦荒地 126.7 万公顷，林地 540.7 万公

顷，牧地 360 万公顷，水域面积 30 万公顷。其中，湖北省耕地面积为 166.8 万公顷，占 51.5%；河南省为 99.9 万公顷，占 30.9%；陕西省为 53.8 万公顷，占 16.6%；重庆市、四川省、甘肃省共占 1%；汉江流域灌溉面积 148.8 万公顷（农田有效灌溉面积 145.4 万公顷，其中水田 68.6 万公顷），主要分布在平原丘陵地区，而宜垦荒地主要分布在中上游的山地丘陵区。

2. 水资源

汉江径流主要由降水补给，主要集中在 5—10 月，占全年（碾盘山站）的 78%。1973 年以后，丹江口、黄龙滩、石泉、安康等水库陆续建成运用后，汛期径流减少，约占全年 70%（碾盘山站），枯水期径流增大。

汉江入长江口控制站仙桃站的多年平均流量 1710 立方米/秒，多年平均地表水资源量为 554.6 亿立方米。其中，丹江口以上多年平均地表水资源量为 373.7 亿立方米，唐白河为 52.0 亿立方米，丹江口以下为 128.9 亿立方米。

3. 矿产资源

汉江流域内矿产资源丰富，各类矿产资源有近 100 种。主要有有色金属铅、锌、锑、铜、镍、铅土矿等。黑色金属铁、少量的铬、钒、钛等和贵重金属汞、金、银；非金属磷矿及特种非金属蓝石棉、云母等；能源矿产煤、石油、天然气以及放射性铀；湖北省石膏居全国之首。

4. 旅游资源

汉江上游旅游资源主要集中在安康市和汉中市境内，安康市境内主要有安康市历史博物馆、香溪洞、擂鼓台、南宫山、千佛洞石窟，以及为数众多的古塔、寺庙、古人类遗址、古墓群、摩崖石刻，等等。

汉中市境内有被誉为国之瑰宝的石门及其摩崖石刻；有古汉台、拜将坛、古栈道、张良庙、张骞墓、蔡伦墓、武侯祠、武侯墓、定军山等历史遗迹；有午子观、圣水寺、文庙等名寺古刹；有午子山、南湖、天台山等风景名胜。除此之外，还有佛坪的大熊猫自然保护区和洋县的世界珍禽朱鹮保护区。

5. 其他资源

汉江上游地区位于秦岭和大巴山之间，生态条件多样，生物资源丰富。陕西省从北到南有温带草原地带、森林草原地带、暖温带落叶阔叶林地带、北亚热带常绿落叶阔叶林地带。据调查，全省有野生维管植物 3300 多种，居我国北方诸省（区）前列。秦巴山区被誉为陕西省的天然"药库"，杜仲、天麻、附子、猪苓、黄柏、白芍、白芷、玄参、白术、元胡、黄芩、枣皮、西洋参等的产量和质地均居全国前列。

（三）经济社会概况

根据陕西省、河南省、湖北省三省 2017 年统计年鉴，汉江流域包括陕西省、湖北省、河南省 3 省 16 个地级市 68 个县（市、区），2016 年底总人口 3494 万人，国民经济生产总值 15717.9 亿元。

（四）水资源开发利用概况

1. 水资源量开发利用情况

根据《长江流域及西南诸河水资源公报》，2008—2017 年汉江流域水资源平均水资源开发利用率 28%（见表 1）。

表 1 汉江流域近 10 年水资源利用情况统计表

年度	农业	第二产业	第三产业	生活	生态环境	用水总量
2008	78.27	43.02	1.28	10.94	0.39	133.90
2009	89.54	67.28	2.92	13.90	0.26	173.90
2010	70.23	57.03	/	16.86	0.52	144.64
2011	74.39	56.91	/	18.20	1.04	150.54
2012	82.97	45.49	/	20.02	0.67	149.15
2013	85.71	43.23	/	17.66	0.73	147.33

续表

年度	农业	第二产业	第三产业	生活	生态环境	用水总量
2014	84.73	40.84	/	18.62	0.85	145.04
2015	84.37	41.24	/	21.40	0.97	147.98
2016	79.01	39.19	/	22.26	1.37	141.83
2017	82.41	38.94	/	22.87	2.04	146.26

注：2010年以后用水量采用新口径统计，按农业、工业、生活、生态环境四类情况统计用水量。

2. 流域大型水利水电工程建设

（1）大型水（航）电枢纽建设：根据《汉江干流综合规划报告》及国务院批复的《长江流域综合规划（2012—2030年）》，汉江干流按15级开发，从上至下依次为黄金峡、石泉、喜河、安康、旬阳、蜀河、白河、孤山、丹江口、王甫洲、新集、崔家营、雅口、碾盘山、兴隆。其中，石泉、喜河、安康、丹江口、王甫洲、崔家营、兴隆等7座枢纽已建成；蜀河枢纽基本建成；黄金峡、旬阳、白河、孤山已开工，其他规划梯级也开展了相应的前期工作。据统计，汉江干流已建、在建电站装机容量3426.5兆瓦，约占干流规划装机容量的90%。

（2）大型调水工程

1）南水北调中线一期工程。南水北调一期工程主要包括丹江口水利枢纽大坝加高，汉江中下游兴隆水利枢纽、引江济汉、部分闸站改造、局部航道整治等四项治理工程。该工程于2002年12月开工，2014年12月全线通水；汉江中下游四项治理工程也已建成。根据《南水北调工程总体规划》，2020年中线工程调水总规模约95亿立方米，其中调出汉江流域约85亿立方米；2030年调水总规模约130亿立方米，其中调出汉江流域约120.5亿立方米。

2）引汉济渭工程。引汉济渭工程供水目标主要解决陕西省关中地区城市生产生活用水，兼顾渭河河道生态用水。规划供水范围为西安、咸阳、渭南等大中城市。工程规划近期多年平均调水量 10 亿立方米，远期在南水北调后续水源工程建成后，多年平均调水量为 15 亿立方米。该工程已于 2014 年 2 月开工，2020 年前建成通水。

3）鄂北水资源配置工程。鄂北水资源配置工程以唐西地区城乡生活、工业供水和唐东地区农业供水为主。根据《南水北调中线工程规划》（2001 年修订），2020 水平年丹江口水库湖北省清泉沟灌区唐西地区供水量为 6.28 亿立方米，2030 水平年增加唐东地区供水量 4.79 亿立方米，清泉沟供水量合计为 11.07 亿立方米。

4）引江济汉工程。引江济汉工程从长江引水进入汉江，是南水北调中线工程汉江中下游四项治理工程之一。工程从长江荆州沙市河段引水，补济汉江兴隆以下河段流量和东荆河灌区水源。渠道全长 67.23 千米，年平均输水 37 亿立方米。其中，补汉江水量 31 亿立方米，补东荆河水量 6 亿立方米。工程的主要任务是：向汉江兴隆以下河段补充因南水北调中线一期工程调水而减少的水量，改善该河段的生态、灌溉、供水、航运用水条件。

2010 年 3 月，引江济汉工程开工。2014 年 9 月底，引江济汉工程正式通水。工程设计流量为 350 立方米／秒，最大引水 500 立方米／秒。"引江济汉"工程可缓解汉江下游的水环境问题，解决东荆河的灌溉水源问题，并缓解南水北调实施后中下游水量减少的矛盾。

三、水源区及受水区概况

（一）水源区基本情况

中线水源区属北亚热带季风区的温暖半湿润气候，冬暖夏凉，四季分明，多年平均气温 13.7℃，多年平均降雨量为 873.3 毫米，5—10 月降雨量占全年降水总量的 80%，多年平均蒸发量为 854 毫米。

区域植被区划属北亚热带常绿阔叶混交林地带，植物种类繁多，生物多样性丰富。中山区森林覆盖率较高，部分地方保留有原始森林；低山丘陵区森林覆盖率较低，全区森林覆盖率约为 23%。

水源区范围涉及河南省、湖北省、陕西省、重庆市、四川省、甘肃省 6 个省、直辖市的 14 市，49 个县（区）。主要集中在河南省、湖北省、陕西省的 5 市 42 个县（区）。水源区位于秦巴山集中连片贫困地区，现有贫困人口 257 万人，是贫困县和革命老区相对集中的地区。

（二）引汉济渭工程受水区概况

引汉济渭工程供水范围为陕西省关中地区（渭河流域）：包括关中地区的西安市、宝鸡市、咸阳市、渭南市四个重点城市和杨凌高新农业示范区，长安区、临潼区、华县、泾阳县、三原县、高陵县、阎良县、户县、周至县、兴平市、武功县、眉县等 12 个县级城市，阳平工业园区、蔡家坡经济技术开发区、眉县常兴纺织工业园区、扶风绛帐食品工业园区、泾阳工业密集区、高陵泾河工业园区等 6 个工业园区。受水区人口为 1443 万人。

（三）南水北调中线受水区概况

总干渠工程受水区范围为北京市、天津市两个直辖市，河北省邯郸市、邢台市、石家庄市、保定市、衡水市、廊坊市 6 个地级市及 14 个县级市和 65 个县城；河南省的南阳市、平顶山市、漯河市、周口市、许昌市、郑州市、焦作市、新乡市、鹤壁市、安阳市、濮阳市 11 个地级市及 7 个县级市和 25 个县城。根据《南水北调工程规划》，规划基准年中线工程受水区内总人口 12015 万人（2010 年），其中黄河以北达 7766 万人；2030 年总人口将达到 13460 万人，其中黄河以北达到 8639 万人。城镇人口增加到 7981 万人，城镇化率为59%；黄河以北地区城镇化率达到63%。南水北调中线受水区人口1.25亿人，其中城镇人口7892万人。

（四）鄂北水资源配置工程受水区及汉江中下游概况

鄂北地区水资源配置工程输水线路全长269.67千米，惠及襄阳市襄州区、枣阳市，随州市曾都区、随县、广水市，孝感市大悟县等6个区县，受益人口530.56万人。

同时，丹江口水库也是汉江中下游地区的水源，主要涉及9个地级市的26个县（市、区），包括汉江中下游干流流经的丹江口市、老河口市、谷城县、襄城区、樊城区、襄州区、宜城市、钟祥市、沙洋市、潜江市、天门市、仙桃市、汉川市、蔡甸区、东西湖区、汉阳区、硚口区等县（市、区）。

四、水源区水环境保护及存在的问题

（一）水源区水环境现状

根据《长江流域及西南诸河水资源公报（2017年度）》，按照《地表水环境质量标准》（GB3838—2002），水源区评价河长2518.1千米，其中Ⅰ—Ⅲ类水河长为2437.8千米，占评价河长的96.81%，河流水质总体良好。丹江口库区水质总体良好，凉水河、浪河口下、坝上和陶岔断面水质均为Ⅱ类（总氮不参评）。汉江干流白河以及丹江干流湘河入库水质均为Ⅱ类。16条入库支流中，将军河、堵河、淘沟河、丹江、滔河水质较好，均符合或优于Ⅲ类水标准；天河、浪河、淇河符合或优于Ⅲ类水的比例为80%—95.8%；犟河、神定河、泗河、曲远河、官山河、剑河、老灌河等河流水质较差，符合或优于Ⅲ类水的比例较低，不能满足入库水质要求。

（二）水源区水环境保护工作现状

1. 水污染防治与水土保持规划实施情况

为确保南水北调中线调水水质安全，协调推进水源区经济社会发展与水源保护，国务院先后批复了《丹江口库区及上游水污染防治和水土保持规划》《丹江口库区及上游水污染防治和水土保持"十二五"规划》和《丹江口库区及上游水污染防治和水土保持"十三五"规划》。

"十一五"期间，水源区水污染防治和水土保持的重点是建立健全相关制度；加大工业结构调整和污染治理力度，加快推进城镇污水、垃圾处理设施建设；加强流域水土流失治理。

"十二五"规划主要是核定规划分区、控制单元范围以及修订基础数据，统筹安排流域水污染防治和水土流失治理任务，布局各类工程项目。水污染防治优先考虑消除水质不达标河段，重点削减化学需氧量和氨氮负荷。

"十三五"规划紧扣水源区生态优先、绿色发展的功能定位，着力综合治理；着力山水林田湖，切实增强水源涵养能力；着力提高风险防控能力，切实保障供水稳定运行；进一步深化与受水区的对口协作，协调推进水源区经济社会发展与水源保护。确定的目标是：到2020年，水源区总体水质进一步改善，丹江口水库营养水平得到控制，水环境监测、预警与应急能力得到提升，经济社会发展与水源保护协调性增强。丹江口水库和中线取水口水质稳定并保持Ⅱ类，库区总氮浓度不劣于现状水平；汉江和丹江干流断面水质为Ⅱ类，其他直接汇入丹江口水库的主要河流水质达到水功能区水质目标。

2. 生态补偿机制实施情况

目前，在南水北调工程的生态补偿中，主要有财政转移支付、政府通过公益性工程补助等方式。

（1）财政转移支付。为加强生态环境保护，推进基本公共服务均等化，2008年起，中央财政设立国家重点生态功能区转移支付资金，通过明显提高转移支付补助系数等方式，加大对南水北调中线水源地等国家重点生态功能区和国家级自然保护区、世界文化自然遗产等禁止开发区域的一般性转移支付力度。据统计，2008—2014年，中央财政累计下拨重点生态功能区转移支付2004亿元，其中2014年为480亿元。

（2）生态补偿工程。主要包括退耕还林、长防林工程、天然林保护工程、库区移民安置工程和生态移民工程等。

国家1999年开展退耕还林试点。2002年4月，国务院《关于进一步完善退耕还林政策措施的若干意见》中进一步明确了补贴标准。2003年1月，国务院发布实施《退耕还林条例》，按照规划范围内核定的退耕还林实际面积，向土地承包经营权人提供补助粮食、种苗造林补助费和生活补助费。2004年8月，将向退耕户补助的粮食实物改为补助资金。2007年8月，国务院《关于完善退耕还林政策的通知》明确将继续对退耕农户直接补助。

在库区移民安置方面，河南省搬迁安置农村移民16.2万人，在郑州等6个省辖市25个县建设208个移民新村。湖北省搬迁安置农村移民18.2万人，新建移民点500个。生态移民工程主要在陕西省安康的丹凤县和白河县、湖北省的十堰竹山县、河南省的南阳西峡县等地实施。十堰市竹山县在2006—2015年共完成1.63万户、6.62万人的生态移民任务。陕西省安康市建设近300个集中安置小区和2.6万户移民搬迁安置房，安置生态移民10万人。

3. 对口支援实施情况

2013年3月，国务院批复了《丹江口库区及上游地区对口协作工作方案》。该方案以保水质、强民生、促转型为主线，坚持对口支援与互利合作相结合、政府推动与多方参与相结合、对口协作与自力更生相结合，通过政策扶持和体制机制创新，持续改善区域生态环境。

该方案同时规定了协作范围，其中河南省、湖北省和陕西省3省水源区作为受援方，北京市、天津市，教育部、科技部、工业和信息化部等20多个有关部门和单位及有关中央企业作为支援方。本着地域统筹，实力与贡献匹配的原则，确定对口协作结对关系。协作期限暂定至2020年。对口协作的重点包括大力发展生态经济、促进传统工业升级、加强人力资源开发、加大科技支持力度、深化经贸交流合作、加强生态环保合作和增强公共服务能力等方面。在各方的共同努力下，对口协作取得了明显成效。

4. 农村生态建设情况

水源区开展了一系列的生态建设工作，包括农村环境综合整治、农村环境连片整治、农业面源控制、小流域综合治理、美丽乡村建设、农村能源建设、农村人居环境建设等。大力推广农业生态种养模式。积极推广橘园种草发展畜禽养殖，推广果—草—鸡、猪—沼—果（粮、菜）、鸡茶共生等生态种养模式。实施以农村户用沼气池为纽带的各类能源生态工程，对集约化畜禽养殖场的废弃物进行综合利用。改善农村能源结构和农村环境卫生，解决农民的烧柴问题，减少对林木的砍伐。

（三）水源区水环境保护存在的问题

1. 水环境现状的主要问题

（1）水源区个别支流断面达标率较低，部分入库支流水质超标。16条入库河流中，汉江、将军河、堵河、淘沟河、丹江、滔河水质较好，均符合或优于Ⅲ类水标准；天河、浪河、淇河符合或优于Ⅲ类水的比例为80%—95.8%；犟河、神定河、泗河、曲远河、官山河、剑河、老灌河等河流水质较差，不满足入库水质要求。

（2）丹江口水库总氮浓度偏高，成为水质的主要限制因子。近年来，丹江口水库水质总体保持稳定，在总氮指标不参与评价的条件下，可维持地表水Ⅱ类水平。但近10多年来，丹江口水库总氮浓度始终处于较高水平，基本为1毫克/升—1.5毫克/升。水体总氮浓度总体上呈上升趋势。

（3）库湾富营养化趋势明显，发生水华的风险急剧增加。根据近年来的监测与评价结果，丹江口水库库体整体上处于中营养状态，部分支流河口和库湾处于轻度富营养状态。2016年4月底，丹江口水库坝前出现了较大范围的藻类增殖和聚集，监测藻类密度达到1.5×10^7个/升，已发生了实质性的水花，优势种为蓝藻门的鱼腥藻和隐藻门的隐藻。

2. 水环境治理存在的问题

（1）农业面源污染防治与耕地资源紧张矛盾突出。水源区属于农业主产区，种植业占主导地位。农业生产以单干为主，人均耕地面积少，农药化肥使用量大，面源污染风险大。据统计，十堰市每年化肥使用量为10万吨左右，其中氮肥6万吨左右，农药使用量年均约2000吨，农业面源污染防治与耕地资源紧张、农药化肥施用量居高不下的矛盾突出。

（2）畜禽养殖污染处置技术尚不完备。畜禽养殖污染是水源区污染负荷的重要来源。目前，对畜禽养殖污染的处理手段主要为沼气池，但处理技术尚不够完备，对污染物的处理和资源化利用尚不系统。相当一部分养殖户的科学化养殖停留在饲养技术和硬件设施的投入上，在畜禽粪便及污水处理上存在露天堆放，废水直接入河，加上部分村庄的生活污水排放，局部污染相当严重。

（3）污水处理厂设计保守、管网建设滞后，雨污混流。水源区污水处理厂建设存在设计保守、建设滞后、雨污混流等问题。部分县城的小区未设置化粪池，无法接入管网；污水排放口高程较低，接入污水管网难度大；污水管网建设滞后，致使污水处理厂收集水量达不到设计标准，生产负荷率普遍较低。绝大部分县城原有排水管网为雨污合流，致使在雨季污水处理厂超负荷运行，处理不了的只能通过溢流管直排汉江。

污水处理厂执行标准低，运行维护费难以到位，正常运行举步维艰；污水回用基本为零，减排效果不明显。污水处理厂建设不能因地制宜，存在大马拉小车的现象。

（4）农村污水处理难。目前，农村污水缺少有效的收集管网，主要通过分散处理途径进行处理。由于资金投入不足、运行管理不到位，部分村庄环境治理措施不落实，管理维护状况不佳，导致处理效果不佳。如生物沟道堵塞，生物塘堰淤积，道路破损等。其中，最为突出的问题是人工湿地运行维护不到位，导致分散污水处理程度降低。因此，农村污水处理难依然是水源区水环境治理面临的主要问题之一。

3. 生态补偿存在的问题

（1）水环境和水生态保护任务重，部分规划项目实施难度大。目前，水源区水污染防治项目资金来源主要是靠中央财政和地方配套财政资金，但由于国家财政只负责水污染防治项目的建设，不管项目运行资金。此类项目本身属于生态补偿项目，水资源费和污水处理费征收困难，运行费用的缺口大。特别是项目配套资金落实确实存在困难，制约了水污染防治项目和生态项目建设进程和效益。

（2）生态修复工程周期长，缺乏长期稳定的资金来源。水源区补偿大多以规划、项目和工程的方式组织实施，主要补偿建设资金，有明确的时限，缺乏长效性。从库区层面来看，重在对水土保持和流域综合治理项目的建设，而在项目建成后如何运营和管理，规划并未涉及，各地无所适从。

（3）缺乏系统的生态补偿体系，尚未形成共识。针对水源区的生态补偿研究目前尚未形成一个体系框架；不同利益主体对水资源开发、利用与保护的权利和义务、补偿范围、补偿方式和生态服务功能价值的认识存在较大分歧，尤其在生态环境保护者和资源环境受益者的划分上。另外，调水区和受水区之间对是否进行生态补偿不能达成共识，也缺乏对话与协商，尚未建立相应的生态协商机制。国家对各种专项资金明确规定了用途和补偿标准，但对水源区生态补偿资金没有出台配套的管理办法，基层政府不知道如何使用这些资金，也欠缺有效的监督管理，导致补偿基金不能合理使用，甚至变相成为地方政府的吃饭财政。由于国家对南水北调生态补偿资金的补偿是按人口数量进行分配，基层普遍认为分配不合理，应当考虑不同区域在水源区的位置、面积、生态地位、生态保护成本支出、财政状况、增支减收等因素。

（4）农林经济发展落后，缺乏长效帮扶机制。目前，丹江口库区及上游生态补偿大多以工程建设的方式进行，尽管补偿范围涉及天然林保护、退耕还林、水污染防治和水土保持等方面，但是，这些补偿措施都没有解决水源区农林生产需求与水质保护之间的根本矛盾。水源区大部分区域仍然以农业经济为主，传统的农业耕作方式易产生水土流失和农业面源污染问题。当前缺乏解决上述矛盾的一种长效而稳定的农林帮扶机制。

（5）经济社会发展总体滞后，驱动力不够。水源区经济社会发展总体滞后，在生态环境保护方面的属地责任尚未真正落实，过分依赖对口支援或者国家的生态补偿，自身缺乏对"如何将绿水青山转化为金山银山"的理解和探索实践，对如何培育水源区生态产业，缺少深入的思考。水源区生态保护后劲不足，水污染问题出现反弹。

总之，水源区的保护就地方政府而言，基本上是疲于应付，无创新意识，或不理解创新的内涵。对口支援是执行推动不够，注重输血，不能造血。不注重人才培养和技术输入。国家政策供给有限，国务院有关部门的支持缺乏统筹协调，各自为政，既浪费了宝贵的资源，还可能造成重复交叉，甚或浪费。

五、水源区水环境保护措施

本研究立足南水北调中线水质目标要求，综合考虑国家精准脱贫攻坚战目标，丹江口库区及上游地区水污染防治和水土保持"十三五"规划，以及汉江生态经济带发展规划的相关目标和考核指标，结合水源区发展中存在的问题和经济社会发展状况，以"生态优先，绿色发展"为基本遵循，提出源头减排、末端控制、功能强化、责任考核四位一体的全过程、全链条保护措施体系的建议。在源头减排上，注重绿色工业、生态养殖业、循环种植业、文化旅游业等高效低放产业的转型升级；在末端治理上，注重城镇生活污水和垃圾集中处理、提高效率，注重农村生活污水垃圾处理因地制宜、低成本可持续；在功能强化方面，注重提升植被覆盖面积、增强植被净化功能；在责任考核方面，注重现有制度的落实和生态补偿机制的创新。

（一）产业转型减少源头排放

1. 大力发展绿色低放工业

逐步关停淘汰资源消耗过多、污染排放过高的企业，围绕水源区生态农业经济发展，大力培育农产品包装与深加工、现代生物医药、农业机械制造、互联网营销、电子信息、高端装备制造、现代物流业等绿色低放产业。

2. 大力发展绿色循环养殖业

一是划分水源区禁养区、限养区和可养区，清除禁养区内的所有畜牧渔养殖。二是对可养区内的规模化养殖场要科学配制饲料，提高饲料利用效率，规范饲料添加剂使用，逐步减少饲用抗生素用量。

3. 发展生态无毒种植业

一是落实国家有关政策，在水源区建设秸秆还田、免耕播种机械化万亩示范田，扶持培育秸秆综合利用示范合作社，培育秸秆气化清洁能源利用工程。二是实施"到2020年化肥使用量零增长行动"，优化配置肥料资源，合理调整施肥结构，扩大测土配方施肥规模，推广化肥机械深施、种肥同播、适期施肥、水肥一体化等技术。三是实施"到2020年农药使用量零增长行动"，大力推进农作物病虫害统防统治和绿色防控，全面推广高效低毒低残留农药、现代施药机械，科学精准用药。

4. 发展文化旅游产业

依托水源区厚重的历史文化、丰富的自然资源，大力发展文化旅游业及配套服务业。一是以汉江水道为主轴，大力发展观光休闲、养生度假、康复疗养等旅游产品；二是加强国家级和省级风景名胜区的申报与保护；三是充分利用丰富的自然资源遗产拓宽旅游途径；四是加强水源区三省旅游业态融合，推行旅游"一票通"，实行游览观光一站式服务。

（二）污染治理实施末端控制

1. 完善建制镇污水处理设施

积极推广"县城动力处理、建制镇集中处理、乡村微动力或无动力处理"等成熟的污水处理模式，进一步有规划地完善建制镇污水处理设施。

2. 完善农村生活污水处理

按照《中共中央办公厅 国务院办公厅印发〈农村人居环境整治三年行动方案〉》要求，结合农村"一池三改"工程，进一步完善农村生活污水处理设施，减少农村分散生活污水直接排放。

3. 完善垃圾处置设施

因地制宜处理处置农村生活垃圾，在城郊接合部和交通便利地区，推广"户分类、村收集、乡（镇）转运、县处理"的垃圾处理模式；在重点集镇、人口集中村庄建设垃圾焚烧场，辐射周边村镇的垃圾处理；在人口居住分散地区，以村规民约的形式建立垃圾分类回收制度，鼓励农村垃圾资源化利用。

（三）生态修复强化截污功能

1. 继续实施退耕还林工程

在秦巴山、伏牛山、桐柏山等地区加强国家储备林建设。对丹江口库区15—25 度非基本农田坡耕地、水源区其他地区 25 度以上非基本农田耕地实施退耕还林还草。

2. 大力推进水土保持长防林工程

加快实施长江中上游防护林三期工程，最大限度地提高水源区的固土保水能力。

3. 大力推行清洁小流域建设工程

加强清洁小流域工程建设，实现小流域内养分收支平衡，削减污染物外排量，丹江口库周所有小流域全部完成清洁小流域建设。

4. 强化森林灾害防治

着力构建与现代林业发展相适应的林业有害生物监测预警体系、检疫御灾体系、防灾减灾体系和服务保障体系，提高防治工作能力和水平。

5. 积极推进国家森林公园建设

加快筹建秦岭国家公园，建设秦岭大熊猫国家公园、朱鹮国家公园，切实保护珍稀野生动植物资源及其栖息地。

（四）强化监管明确防治责任

1. 强化绿色发展指数考核

把资源利用、生态环境保护等绿色发展指标纳入生态文明建设目标评价考核，考核结果作为各省党政领导班子和领导干部综合考核评价、干部奖惩任免的重要依据。

2. 强化河长制管理

落实河长制的六大任务，加强水资源保护和水环境治理，强化河湖水域岸线管理保护，加大水污染防治力度，实施水生态修复，严格执法监管。

3. 盘活绿色发展体制机制

一是强化资源环境约束，划定水源区环境质量底线、资源利用上线、生态保护红线和市场准入负面清单；二是实施产品"生态标签"产品认证体系；三是充分利用科技力量做好区域绿色产业发展规划，实施绿色示范重大工程。

4. 落实生态补偿与对口支援机制

围绕水源区水资源这一纽带，研究建立生态补偿长效机制，使水源区与受水区共担保护责任、共享发展成果。利用北京市、天津市强大的技术优势和财政优势，建立长期稳定的对口支援机制，帮扶水源区五个地市发展新的经济业态，建立生态产品对口营销机制。

六、建议

本研究根据国家对"生态优先，绿色发展"的要求，结合水源区现有产业发展，以及各类规划确定的目标和任务，提出水源区产业发展的建议，供国家、相关省及有关部门制定政策提供参考。

（1）推动水源区生态环境保护立法工作。鉴于南水北调中线水源区的区位重要性，迫切需要出台《南水北调中线工程水环境保护条例》，进一步明确区域的生态功能定位、空间区划、环境保护标准、污染物排放标准等要件，从法律意义上保障"一库清水北送"。

（2）完善南水北调中线经济社会和生态环境保护综合协调机制。南水北调中线工程已全面进入运行期，相关职能涉及国家多个部门，水源区的生态环境保护处于分散管理状态，迫切需要强有力的运行管理机构统筹管理，完善南水北调中线经济社会和生态环境保护综合协调机制。

（3）将水源区整体列为国家绿色发展示范区。根据《环境保护法》《水污染防治法》《水污染防治行动计划》和《汉江生态经济带发展规划》，将水源区整体列为国家绿色发展示范区进行建设管理，借国家政策之力，实现水源区的绿色发展转型，进一步促进水源区水环境保护。

（4）由国家有关部门组织编制《南水北调中线工程水源区绿色发展促进水环境保护综合规划》。当前，《丹江口库区及上游水污染防治和水土保持规划》的重点是关注水环境治理、水生态建设和风险管控，缺少社会经济发展与水环境保护相融合的综合规划，建议国家有关部门组织编制符合水源区特点的绿色发展综合规划，实现多规合一。

（5）由国家制定宏观政策，引导社会各方资源参与水源区绿色经济建设。当前，我国正由经济高速发展的历史阶段转向中低速高质量发展阶段，呼吁国家制定类似于"雄安新区""长江经济带""京津冀协同发展"等国家宏观策略，通过积极的财政政策和优惠的税收政策，引导国家资本和社会资本参与水源区绿色经济发展。

（6）由国家主导，建立稳定长效的水源区生态补偿机制和结对帮扶机制。由国务院牵头，有关部门和利益相关方省、直辖市参加，成立水源区绿色发展保护水源区水环境工作领导小组，推动水源区与受水区出资成立水源区绿色发展保护专项基金，制定《南水北调中线工程水源区和受水区对口帮扶工作实施方案》，建立受水区与水源区的点对点、县对县结对帮扶机制。

（7）国家从受水区的水资源费中划拨一部分建立水源区水环境保护基金。把受水区收取的水资源费（税）按照一定比例作为水源区水环境保护基金，专项用于水污染防治和丹江口库区及上游生态环境保护，一来可减轻国家财政负担；二来可为水源区保护提供稳定的资金来源。最好的方式是按照三峡库区的水资源费使用模式，由水源区三省五市合理分配水资源费使用比例。

推动生物样本库的集约化与
共享应用　充分利用我国疾病资源
优势促进新药基础研发

汤黎娜　张俊祥　李　昂　尹旭珂　郜恒骏　吴朝晖　彭　玉
（中国医药生物技术协会）

摘要： 我国是世界人口大国，疾病发生多且复杂，患者数量和疾病种类均居世界前列，每年产生了大量的生物样本。生物样本是医药研究和开发的重要资源，目前我国医疗机构也建立了种类多样的人体生物样本库。本文通过调查分析我国生物样本库的利用现状和存在的问题，探讨高效利用生物样本资源，提高我国新药基础研发竞争力的途径。

关键词： 生物样本库，新药研发

人体生物样本库（以下简称为生物样本库），又称生物银行（Biobank），主要是指标准化收集、处理、储存和应用健康和疾病器官、组织、全血、血浆、血清、体液或经处理过的衍生物如脱氧核糖核酸、核糖核酸、蛋白等生物样本，以及与这些相关的临床、病理、治疗、随访、知情同意、伦理批复等资料及其质量控制、信息管理与应用数据系统。生物样本库为展开大规模的分子生物学、功能基因组及蛋白组研究等提供了基本保障，对疾病的研究和新药的基础研发提供了资源平台。我国是世界人口大国，疾病发生种类多且数量大，患者数量和疾病种类均居世界前列，目前我国医疗机构也建立了种类多样的人体生物样本库。

药物研发均需经历基础性研究阶段，而高质量、标准化的组织生物样本资源正是进行这些研究的基础。但我国新药研发过程中对生物样本的利用仍存在效率不高的问题。本文拟对其中的问题进行分析，并提出相应的对策建议。

一、国内外生物样本库的现状

（一）国际生物样本库现状

早在 1949 年，乔治·海厄特（George Hyatt）就创建了美国的海军生物样本库。美国国家癌症研究所于 1987 年开始筹建国家级别的肿瘤生物样本库人类组织样本库网络（Cooperation Human Tissue Network，CHTN），到 21 世纪初该库的样本数量已经超过 3 亿份。2001 年欧洲开始建立生物样本库，先后建立了泛欧洲生物样本库与生物分子资源研究平台（Biobanking and BioMolecular resources Research Infrastructure –European Research Infrastructure Consortium，BBMRI）、英国生物样本库（UK Biobank）、卢森堡联合生物样本库（Integrated Biobank of Luxembourg，IBBL）及卡罗林斯卡医学院样本库（Karolinska Institute Biobank，KI Biobank）等。此外，其他国家也加快了建设生物样本库的步伐，亚洲的韩国、日本和新加坡也都拥有了国家级的生物样本库。

随着科技发展，国外的生物样本库逐渐向大型化、自动化、智能化及信息化的方向迈进。例如，拥有 70 万例样本的 CHTN，由 6 所大型教学医院负责统一标准化的样本采集、存储及资料信息化管理。BBMRI 是网络型生物样本库，囊括了欧洲 30 多个国家 200 多个机构，现存样本量已经超过 5000 万份。UK Biobank 募集了 50 万名 40—69 岁的英国人志愿者，收集其基因信息样本、生活方式选择（包括营养，生活方式和药物使用等）和血缘数据，保存近 1500 多万份生物样本，并跟踪记录这些志愿者医疗档案的健康资料。国外大型的生物样本库由多个分支机构组成，并分别由它们储存与处理生物样本，最终通过信息化管理平台操控样本资源的管理、应用与共享。

（二）国内生物样本库现状

自 1994 年中国科学院建立中华民族永生细胞库以来，中国相继涌现了一批优秀的样本库。目前，几乎全国所有的三甲医院均建立了或大或小的生物样本库。样本的类型主要有如下 6 种：一是专病库/科室库，如复旦大学附属中山医院肝癌库、上海交通大学附属瑞金医院血液病样本库、上海交通大学附属第六人民医院的糖尿病库、原南京军区总医院肾病库、河南医科大学食管癌库、福建省肿瘤医院样本库等；二是特色库，如广东省中医院中医药库、新疆医科大学一附院少数民族样本库等；三是学科群库，如西京消化病医院消化疾病样本库等；四是重大项目库，如上海东方肝胆医院牵头的肝癌重大专项库，北京协和医院牵头的胰腺癌重大项目库等；五是医院库，如复旦大学附属肿瘤医院、中山大学附属肿瘤医院、天津医科大学附属肿瘤医院、北京大学附属肿瘤医院的样本库等；六是区域库，如复旦大学系统样本库、上海交通大学系统样本库、北京生物银行、生物芯片上海国家工程研究中心上海张江生物银行等。

（三）国内生物样本库的标准化工作

国内生物样本库建设之初，没有标准可循。为此，经卫生部、民政部批准，中国医药生物技术协会 2009 年成立了组织生物样本库分会，开始探索生物样本库的标准化工作。

其后，组织生物样本库分会与国家"863"重大专项"肿瘤分子分型与个体化诊治"项目组、国家"863"重大专项"肿瘤基因组"项目组共同编写了《中国生物样本库与数据库建立指南》。牵头组织北京协和医院、北京大学人民医院、复旦大学附属中山医院、第二军医大学附属长海医院等单位，综合国外生物样本库实践指南与我国国情，编制并公开发表了《中国医药生物技术协会生物样本库标准（试行）》。牵头组织复旦大学、深圳华大基因研究院、上海芯超、上海万格等单位共同编译并公开发表了国际组织标准《ISBER 最佳实践 2012》。结合我国国情推广国外生物样本库建设领域的先进标准，指导我国生物样本库的标准化建设与国际接轨。

2013 年，组织生物样本库分会和生物芯片上海国家工程研究中心牵头向国家标准化管理委员会申请成立全国生物样本标准化技术委员会，经过多次专家论证与公示征询意见，2015 年 6 月，国家标准化委员会同意成立全国生物样本标准化技术委员会，完成了生物样本库标准由协会标准向国家标准的转化。

二、当前国内生物样本库存在的问题

经过 10 余年的发展，我国生物样本库的建设和标准化已经取得了长足的进步，但在生物样本库的利用方面仍然存在一些问题，如何实现生物样本库的共享应用和集约化，是目前最主要的两个问题。

（一）多数生物样本库未能实现共享应用

《"十二五"国家自主创新能力建设规划》中要求加强自然科技资源库建设，继续开展自然科技资源的搜集、保藏和安全保护，整合和完善临床样本和疾病信息资源库，加强中国科技资源共享网建设，构建科技资源从数据获取、存储、处理、挖掘到开放共享的完整信息服务链。

目前，我国生物样本库的现状是：国内各医院、科室、专家的样本库之间各自独立、各自为政、条块分割、相互封闭，缺乏有效的共享应用机制，使用率低下，从而产生不少"私库"；样本库经济学理念匮乏，投入很大产出很少、缺乏自身造血机制、难以维持，也产生了不少"死库"。2018 年的一份调查报告显示，在 40 个抽样生物样本库中，34 个生物样本库的样本使用率不足 20%，仅有 1 个生物样本库的样本使用率超过 60%。尽管行业自发采取了一些举措，如在第二届中国生物样本库伦理论坛上，国内首部《生物样本库样本 / 数据共享伦理指南与管理规范》正式发布，为我国生物样本库建设及生物数据共享机制建立了专家共识；全国 68 家大型三甲医院成立了中国生物样本库联盟，旨在推动医院之间生物样本的共享应用；2017 年 9月，国家科技资源（人类遗传资源）共享服务平台北京、上海与广州创新中心，数百家医院生物样本信息上传到三个中心，形成中国虚拟生物样本信息中心等。但以上举措均未能实现大范围的生物样本库的共享。

（二）生物样本库重复建设现象严重

我国各大医院，以及二三线城市的主要医院领导逐步认识到生物样本资源的重大价值，纷纷开展生物样本库的建设，甚至同一医院不同科室都要建立生物样本库。2018 年的一份抽样调查报告显示，在选取的 56 个生物样本库中，有 34 个生物样本库的样本量不足 10 万份，超过 200 万份样本量的生物样本库仅 1 家。国内生物样本库低层次重复建设问题严重，存在巨大的空间、设备、人员及维持费用的浪费、缺乏"集约化"理念。加上生物样本库建设、管理、运行的专业人才匮乏、使用率低下，也产生不少"垃圾库"。

三、推动我国生物样本库共享，促进新药研发的建议

疾病资源是新药研发不可多得的资源。但我国新药研发过程中对疾病资源的利用仍存在效率不高的问题。目前，虽然我国生物样本库的数量逐年增

加，但国内样本库之间除了相互封闭，缺乏有效的共享应用机制，低层次的生物样本库重复建设现象普遍，集约化思想认识不高，造成人、财、物的资源浪费严重。在此背景下，如何标准化、集约化建设，并共享化利用好我国的疾病资源优势，对提高我国新药基础研发的竞争力非常重要。

针对以上问题，就推动生物样本库的"集约化"与共享应用提出如下建议。

（一）通过政策引导，推动生物样本库的共享应用

建议我国政府部门出台相关政策，从宏观角度对我国的生物样本资源进行统筹管理，出台有关生物样本及临床信息采用、保存、应用、产生数据等方面的科学合理的顶层设计与规定。联合权威机构建立统一的虚拟信息化平台，把全国所有医院样本库建设单位的样本信息及其研究信息（政府项目资助）按照既定的要求，有选择地集中在一个共同、公用的数据库。同时，制定政策引导并规范生物样本的有偿使用，利用市场在资源配置中的决定性作用，调动已建立的样本库资源共享的积极性，通过此虚拟信息化平台，有效地促进全国生物样本库与新药研发专家之间沟通、交流、合作、共享与共赢。

（二）推广第三方存储，推动生物样本库的"集约化"

建议国家参考国外生物样本的成功运营模式，在现有的基础上，由国家出资专项，建立一个高标配、自动化、智能化、高度安全、信息化的样本储存场地，使没有样本存放条件而有样本存放需求的医院、科研院校、企事业单位及个人，可委托该第三方权威专业机构，按照统一的标准化流程、质控体系、安全保障体系、信息化管理体系，进行生物样本的采集、运输、处理、存取、质控、数据储存等服务。从而开创符合我国国情，体现我国特色

的第三方存储中心创新性模式，有效地保证生物样本储存质量，最大化节约国家大量的人、财、物资源。同时，制定政策，引导和规范样本存放、使用和管理过程中的利益分配，让碎片化的样本库从不同的体制、体系内脱离，培育成为集样本存储、使用、开发、服务于一体的产业集群，真正做到集约化。

四、结语

生物样本库的合理建设、开发和应用将会很大程度上影响我国医学研究和新药研究的速度和质量。我国对生物样本库的顶层设计对资源共享、产学研结合等内容仍然不足，促进样本库发展的制度改革仍任重道远。如何利用我国疾病资源丰富的优势，来弥补和西方发达国家在基础研究领域和新药研发领域的差距；如何让生物样本得到合理的应用和价值体现，是我国生物样本库建设仍需要攻克的问题。

参考文献

［1］中国生物多样性国情研究报告．北京：中国环境科学出版社，1998.

［2］刘旭．中国生物种质资源科学报告第2版．北京：科学出版社，2015.

［3］李倩，金莉萍，周学迅，等．我国生物样本库运营规划现状［J］．协和医学杂志，2018（3）：271-276.

［4］李海燕，张雪娇，邵雪梅，等．疾病资源库建设的重要性及现状分析［J］．中华医院管理杂志，2010，26（11）：801-804.

［5］李海燕，倪明宇，王彭．建立北京"生物银行"——首都十大疾病科技攻关工作重大项目［J］．科技成果管理与研究，2016（6）：75-78.

［6］梁虹，张育军，李作祥，等．中国人类疾病临床资源样本库建设调研初探［J］．转化医学杂志，2015（6）：324-328.

［7］赵晓航，钱阳明．生物样本库——个体化医学的基础［J］.转化医学杂志，2014（2）：

69–73.

［8］倪明宇，李海燕，王彭，等. 我国医院疾病资源库建设现状分析与对策研究［J］. 中华医学科研管理杂志，2016，29（2）：88–91.

［9］张雪娇，李海燕，龚树生. 国内生物样本库建设现状分析与对策探讨［J］. 中国医院管理，2013，33（7）：76–77.

［10］中国医药生物技术协会生物样本库标准（试行）［J］. 中国医药生物技术，2011（1）：71–79.

［11］生物样本库最佳实践2012科研用生物资源的采集、贮存、检索及分发［J］. 中国医药生物技术，2012（s1）：4.

充分利用疾病资源优势
提升我国新药临床试验能力

汤黎娜　张俊祥　李　昂　尹旭珂　吴朝晖　彭　玉
（中国医药生物技术协会）

摘要: 我国是人口大国，也是疾病发生大国。全国每年的门诊量达 75 亿人次，是世界上疾病资源最为丰富的国家之一。数量庞大的患者，是新药临床试验的巨大资源。本文通过调查我国新药临床试验的现状和存在问题，探讨如何充分利用我国疾病资源，提升我国新药临床试验能力的途径。

关键词: 疾病资源，临床试验

我国是人口大国，也是疾病发生大国。全国每年的门诊量达 75 亿人次，是世界上疾病资源最为丰富的国家之一。数量庞大的患者，是新药临床试验的巨大资源。我国现有药物临床试验机构 800 余家，国家也出台了多个政策鼓励临床试验机构的发展。但医生多数都是利用业余时间做药物临床试验，临床试验的数据缺乏统一管理，存在数据管理风险；机构之间在临床试验水平、研究设施、研究人员的科研能力、项目管理及每年开展的临床研究数量等方面均存在较大的差异。

我国疾病资源丰富，但我国新药临床试验对疾病资源的整体利用效率不高，本文拟通过我国新药临床试验的现状和问题进行调查分析，提出提升我国新药临床试验能力的对策建议。

一、我国医药产业发展现状

（一）我国医药产业发展前景乐观

医药制造业是"永远的朝阳行业"。我国已经形成包括化学原料药制造、化药制剂制造、中药材及中成药加工、生物制品与生化药品制造等门类齐全的工业体系。2016 年，我国医药制造业（规模以上企业）实现主营业务收入28062.9 亿元人民币，较上年同期增长 9.7%；2016 年实现利润总额 3002.9 亿元人民币，较上年同期增长 13.9%。医药行业的发展前景非常乐观。

（二）我国医药产业面临巨大挑战

尽管我国医药产业有了很大进步，但总体发展水平还远跟不上国民健康的需要，目前面临着巨大挑战。

1. 科技创新水平低，原创新药少

一是原创新药总量少。2007—2015 年，中国首发上市的 19 个 1.1 类化药新药中，绝大多数都是渐进性创新，是在已知药物靶点和作用机理上的改进，且没有一个在美国、欧洲和日本上市。而美国食品药品监督管理局（FDA）仅 2012—2014 年就批准了 66 个新分子实体，近一半是基于新靶点或技术平台的突破性创新。二是企业研发实力不强。汤森路透公布的"2015 年全球创新百强"中，有 10 家生物制药企业，但是没有中国医药公司。

2. 产业竞争力水平低，国际知名企业少

一是行业集中度处于较低水平。与美国前三强垄断 95% 美国市场相比，国内前三强占据中国市场不过 18%，远低于美国。二是国际知名医药企业少。2017 年发布的《财富》全球 500 强，有 14 家医药企业上榜，中国仅有中国医

药集团一家。《2016 全球 100 强制药企业排行榜》中，中国仅有海正药业、国药集团和上海医药三家本土药企上榜，分列第 60、第 78、第 92 位（表 1）。

表1　2017 年发布的《财富》全球 500 强中医药企业

排名	2016 排名	公司	营业收入 / 亿美元	利润 / 亿美元
97	103	强生	718.9	165.4
169	167	罗氏	534.27	97.2
173	186	辉瑞	528.24	72.15
174	165	拜耳	525.69	50.11
186	175	诺华	494.36	67.12
199	205	中国医药集团	478.1	5.04
240	233	赛诺菲	413.76	52.07
255	246	默沙东	398.07	39.2
273	278	GSK	376.42	12.31
358	316	吉利德	303.9	135.01
429	469	艾伯维	256.38	59.53
470	435	阿斯利康	230.02	34.99
471	487	安进	229.91	77.22
496	—	梯瓦	219.03	3.29

3. 我国新药研发的现状

为了尽快提高我国医药创新能力，国家设置了"重大新药创制"重大专项，并积极引进各类新药研发创新人才，各个地方也都在大力引进药物研发类项目。经过近 10 年发展，虽然我国新药研发水平有了很大提高，但事实上，新药研发的竞争力依然低于欧洲国家和北美洲国家等先进国家。主要原因有三：一是人才储备不够。目前，新药研发高端人才基本都集中在美国等发达国家是短期内难以改变的现实。2015 年，美国医药生物研发公司研发人员为 854000 人，欧盟医药企业研发人员 113713 人，我国从事药品研发的企业人员为 177028 人。二是技术储备不够。人才不够直接导致的是技术储备不够。三是资金投入不够。我国目前在新药研发方面的投资较之前有了明显增加，据统计 2015 年我国医药领域企业研究经费投入已达 441.4 亿元，约 70.8 亿美元，但相对于欧盟国家企业投入的 372.5 亿美元，美国企业投入 588 亿美元，以及日本企业投入 120.5 亿美元，差距仍然很大。

（三）我国医药产业发展的优势

据前瞻数据库数据显示，2016 年我国医药品进口金额累计 221 亿美元，与 2015 年相比同比增长了 8.6%，我国已成为全球第二大医药产品消费市场，市场需求持续增长，尤其是对高端医疗产品的需求旺盛。要想推动我国医药产业健康发展，需要依靠创新、坚持创新，实现我国医药产业转型升级和跨越式发展，以满足人民群众不断增长的健康需求。

中国有世界医药潜力最大的市场，世界各国的医药公司都试图通过各种途径打开我国市场，这为我国利用市场优势提高科技竞争力提供了便利。同时，13 亿人口、56 个民族，每年 75 亿人次的门诊量，说明中国也是世界疾病资源最为丰富的国家。每一种研发的新药都需要通过临床试验的验证。不同的临床试验时期需要招募不同数量的患者，而疾病资源是开展新药临床试验不可或缺的前提。丰富的疾病资源为新药临床试验提供了充足的研究对象，对快速开展和完成临床试验起到了推进作用。

二、国内外药物临床试验现状

（一）国际药物临床试验发展现状

1. 国际药物临床试验管理

药物临床试验是指任何在人体（患者或健康志愿者）进行的药物的系统性研究，以证实或发现试验药物的临床、药理和 / 或其他药效学方面的作用、

不良反应和 / 或吸收、分布、代谢及排泄，目的是确定试验药物的安全性和有效性。药物临床试验一般分为Ⅰ、Ⅱ、Ⅲ、Ⅳ期，是新药研发上市不可或缺的一环。

对药物临床试验的管理，国际上多数国家是须经药品管理部门批准后方可进行，药物临床试验的申办方需按要求提供相关研究资料供药品技术审核部门审核。开展临床试验前需通过伦理审查，试验中需遵循《药物临床试验质量管理规范》（GCP）。但各国在进入临床试验的标准和程序又不尽相同。如美国对药物临床试验实行备案管理，药物临床试验的申办方按要求提供相关技术资料后，假如 FDA 在规定的时间内未提出异议，即可开展药物临床试验，新药进入临床试验的标准掌握也较灵活，仅 2016 年在 ClinicalTrials.gov 上登记的临床试验项目就有 4618 项。澳大利亚对临床试验的管理，也很有特点，依据研究的种类，采取临床试验通报（Clinical Trial Notification Scheme，CTN）和临床试验特例（Clinical Trial Exemption Scheme，CTX）两种管理模式。符合下列情况采取临床试验特例管理模式：①全球范围中首次在人体进行的试验；②试验中使用基因治疗、细胞和组织产品；③试验中使用非同源的细胞与组织；④异种移植；⑤任何经人体研究伦理委员会建议采取临床试验特例管理模式的试验，否则即可采用临床试验通报管理模式。属于临床试验通报管理模式的临床研究，主要研究者须向临床研究地点的伦理委员会（Human Research Ethic Committee，HREC），递交包括试验设计与试验草案在内的临床试验计划书等相关资料，伦理委员会负责该研究的技术、伦理、安全性以及有效性的审查。在某些研究单位，伦理委员会审查之前，由专门的分委员会先进行技术等方面的审评。澳大利亚药品管理部门（Therapeutic Goods Administration，TGA）不对上述资料进行评估。伦理委员会负责临床试验方案的批准。临床试验开始前，必须告知 TGA，并交纳一定的公告费用。按照临床试验特例管理模式管理的临床试验，需事先取得 TGA

的批准。

2. 药物临床试验政策是吸引外国制药公司投资的重要因素

从全球经验来看，单个药物临床试验从启动到完成一般需要 4—6 年，平均成本超过 10 亿元人民币，时间和资金投入在整个新药研发中约占 70%。因此，药企倾向于到药物临床试验门槛和成本低的国家进行临床试验，以节约时间和成本。目前，有不少的外国公司寻求在澳大利亚、印度等国开展药物临床试验。对于相关国家来讲，一方面，承接临床试验可以为国人提高国际新技术的可及性，特别是为一些难治性疾病带来了潜在的治疗方法；另一方面，还能吸引外国企业，可能带来新的投资。

但新药临床试验也可能给受试者带来一定的风险。比如，印度政府 2005 年放松了对医药产业的管制，希望以此来刺激国内医药企业增加投入，并吸引外资进入。外国制药公司则利用印度人口众多，具有遗传多样性的优势，大量招募印度人开展药品试验，以降低新药临床试验的研发成本。短短 6 年时间，就有超过 15 万人参与至少 1600 项临床试验。在新药临床试验水平急速提升的同时，也付出了 2644 人死亡的代价，其中 80 人与临床试验直接有关，还有 500 余人遭受了严重不良反应。在印度也引发了"把印度人变成西方医药企业的'小白鼠'"的社会和政治争论。印度最高法院 2013 年曾因此暂停了药物临床试验，并要求政府出台新的药物临床试验管理办法，加强监管和规范。2016 年，印度还爆出了临床试验数据造假问题，给国家的声誉造成了不良影响。

（二）我国药物临床试验发展现状

早在 20 世纪 80 年代，我国就开始建立临床药理基地（即现在的药物临床试验机构），承担统一管理医疗机构药物临床试验项目。经过 30 多年的发展，我国在药物临床试验机构资格认定、机构建设和监督管理方面有了长足的进步，也推动了我国药物临床试验的快速发展和整体水平的提高。截至2017年12月，由国家审批的药物临床试验机构共计822家，遍布全国30多个省、自治区、直辖市。

在新形势下，医疗体制改革的深入、国家对药物临床试验的严格监管、药品注册和审评政策的改革、国际多中心临床试验大举进入中国，以及药物临床试验相关法规与西方发达国家接轨等政策和措施，深深影响着国内药物临床试验机构的发展以及药物研发水平的提高。

我国药物临床试验的管理

2003年6月4日，为加强药物临床试验的监督管理，国家药品监督管理局发布了《药物临床试验质量管理规范》，自2003年9月1日起开始施行。2004年2月19日国家药品监督管理局和卫生部共同制定了《药物临床试验机构资格认定办法（试行）》，并实施药物临床实验机构的资格认定。

以上两个规定的实施是为了促进我国更好地建立药物临床机构，同时保证药物临床试验过程规范，结果科学可靠，保护受益者权益并保障其安全的有效手段，亦是保证药物临床研究质量的重要措施。

2017年10月8日，中共中央办公厅、国务院办公厅印发《关于深化审评审批制度改革鼓励药品医疗器械创新的意见》。该文件被认为是针对我国当前药品医疗器械创新面临的突出问题、着眼长远制度建设的一份重要纲领性文件，其中对我国临床试验管理的改革力度也非常大。

我国药品医疗器械研发和质量与国际先进水平仍然存在较大差距，支持创新的一些深层次的问题还有待解决。我国制药企业创新的能力比较弱。虽然国内制药企业数量比较多，但是全国新产品研发总投入只与全球最大的制药公司一家的投入相当。国内仿制药因为质量疗效有差距，不能形成与原研药在临床上的替代。此外，药品审评审批制度还有不尽完善之处，鼓励创新的一些政策还有待加强。

这一文件着力点是"解决公众用药"的问题，涉及包括改革临床试验管理、加快临床急需药品和医疗器械的上市审评速度、鼓励创新、全面实施上市许可持有人制度等六方面的内容。其中与临床试验有关的内容如下。

一是国外新药进入我国时间将缩短。近年来，在我国上市一些新药平均要比欧美晚5—7年，今后这一局面有望改变。该文件明确"接受境外临床试验数据"，在境外多中心取得的临床试验数据，符合我国药品医疗器械注册相关要求的，可用于在我国申报注册申请。对在我国首次申请上市的药品医疗器械，注册申请人应提供是否存在人种差异的临床试验数据。

二是临床试验机构实行备案制管理。当下我国临床试验机构的资源相对紧缺，这是制约我国药品创新发展的深层次问题。药物类的研发最重要的一个环节就是临床试验，耗时时间长，投入成本高。数据显示，我国二级以上的医疗机构已经超过1万家，三级以上的医疗机构有2000多家，但是现在通过认定的药物临床试验的机构只有800多家。特别是能够承担Ⅰ期临床试验的机构仅有100多家，这在某种程度上成为医药创新的瓶颈。临床试验机构不能满足创新的需求，特别是现在医疗机构还承担着大量的医疗任务，所以在医疗机构里面如果能够分割出一块来承担药物临床试验，就显得尤为重要。

该文件提出的改革措施就是对临床试验机构资格认定实行备案管理。具备临床试验条件的机构在食品药品监管部门指定网站登记备案后，可接受药品医疗器械注册申请人委托开展临床试验。

三是罕见药可减免临床试验数据。罕见药也被称为"孤儿药"，目前我国罕见病缺药的情况较为突出。由于我国罕见病病种有很多，然而发病人群相对数量少。因此，研发药品的成本高，收回成本时间更长，很多企业、研究机构对罕见病用药研究的积极性没有常见病用药的高。

该文件明确了罕见病治疗药品医疗器械注册申请人可提出减免临床试验

的申请。对境外已批准上市的罕见病治疗药品医疗器械，可附带条件批准上市，企业应制定风险管控计划，按要求开展研究。

国家食品药品监督总局 2017 年 10 月 10 日，对进口药品注册管理部分事项进行调整，发布了《关于调整进口药品注册管理有关事项的决定》，规定除预防用生物制品，在我国进行国际多中心药物临床试验的，允许同步开展Ⅰ期临床试验，取消临床试验用药物应当已在境外注册，或者已进入Ⅱ期或Ⅲ期临床试验的要求；在我国进行的国际多中心药物临床试验完成后，申请人可以直接提出药品上市注册申请。取消了化学药品新药及治疗用生物制品创新药在提出进口临床申请、进口上市申请时，应当获得境外制药厂商所在生产国家或者地区的上市许可的要求。进一步降低了进口药物临床试验的门槛。

三、当前我国药物临床试验面临的问题

结合我国新颁布的政策给国内药物临床试验带来的机遇和挑战，笔者认为我国药物临床试验当前亟待解决的问题有如下三方面。

（一）患者资源丰富的优势在新药临床试验中并未有效发挥

长期以来，临床研究一直被认为是我国医学科技发展的优势。相对宽松的环境，大量的患者，为我国的临床研究创造了较好的条件。目前，国内注册的药物临床试验机构就已经达到了 800 多家，《关于深化审评审批制度改革鼓励药品医疗器械创新的意见》政策明确未来临床试验机构不再进行注册审批，而是实行备案制管理，这就预示未来我国可进行药物临床试验的机构会更多。但项目组就现有的临床试验机构开展业务的水平进行调研发现，机构之间在临床试验水平、研究设施、研究人员的科研能力、项目管理及每年

开展的临床研究数量等方面均存在较大的差异。

自从国家药品管理部门开展药物临床试验数据核查以来，药物临床试验申办单位也开始更加重视药品临床试验的质量。为了追求高质量的研究数据，药物研发企业对临床试验机构的选择也极为慎重，绝大多数的医药企业选择国内著名的临床试验机构开展临床试验，这就造成了国内临床资源的分配严重不均。据临床试验机构调研情况看，国内一流临床试验机构（如北京协和医院、中国人民解放军总医院、天坛医院及医科院肿瘤医院等）接收试验的研究业务已经排期到了 2—3 年之后，而知名度较低的临床试验机构甚至每年一个试验都没有。这种不均衡的发展如果持续恶性循环，终将制约国内药物临床试验的速度，给药物研发竞争力的提升拖后腿。理论上讲，丰富的疾病资源，为新药临床试验提供了较多的病例选择，能加快试验的进度。如果因为临床试验需要长时间排队等待，疾病资源的优势将被抵消。

为加强医学科技创新体系建设，打造一批临床医学和转化研究的"高地"，2012 年科技部会同卫生部、总后勤部卫生部等相关部门，开始着手国家临床医学中心的建设。截至目前，已在全国建立了心血管疾病、神经系统疾病、慢性肾病等 11 个疾病领域建设了 32 个国家临床医学研究中心，均依托在相应疾病防控领域实力最强，水平最高的国内三甲医院。自临床医学研究中心建设启动以来，32 家国家临床医学研究中心联合了全国约 260 个地级市的 2100 余家的各级医疗机构，已经打造形成了心血管、神经系统、恶性肿瘤、呼吸等 9 大疾病领域的高水平临床研究平台和协同创新网络。国家临床医学研究中心的建设有力提升了基层医疗卫生机构的服务水平，在推动大医院的优质医疗资源和技术下沉、支撑分级诊疗实施、降低医疗费用等方面发挥了积极的作用。但由于临床研究中心的建设是依托医院建设，其工作并未能完全跳出本医院的范围，其作用有待进一步提升。

（二）医生多数都是利用业余时间做药物临床试验，临床试验数据缺乏统一管理

调查发现，临床试验机构的研究能力除了与机构的设施设备、医疗技术水平密切相关，医生临床研究水平是关键影响因素。各个临床试验机构均设立了药物临床试验的管理机构，配置了少量管理和服务人员，但鲜有配置专职从事临床研究的医生。医生往往是在完成临床医疗任务后，利用业余时间做药物临床试验，投入的时间和精力有限，缺乏药物临床试验的专业经验和训练。鉴于上述原因，上海交通大学医学院为此专门成立了临床研究中心，希望提升各附属医院的临床试验能力，其开设的临床研究门诊，专门针对临床医生在临床研究中遇到的问题，很受临床医生欢迎；学校也设立了专项基金，用于资助临床试验研究。但受人力物力的限制，目前上述服务只能局限在上海交通大学系统内。

此外，作为药物临床试验的关键——试验数据管理，存在管理分散、记录欠规范和统计方法不合要求等问题。多数药物临床试验数据保存在试验负责人手里，数据统计也由其委托生物统计人员完成，存在严重的数据管理风险。国家食品药品监管总局食品药品审核查验中心 2016 年 7 月 22 日发布药物临床试验数据核查情况公告，对自 2015 年 7 月 22 日起一年来针对《关于开展药物临床试验数据自查核查工作的公告》所涉及品种的临床试验现场核查工作进行总结。现场核查发现的主要问题包括两方面，在生物等效性试验和药物代谢动力学试验（PK）中存在试验用药品不真实、原始记录缺失、试验记录存疑、分析测试数据存疑、修改调换试验数据、瞒报修改实验数据、试验数据不可靠、修改数据和选择性使用数据九大典型问题；Ⅱ期与Ⅲ期临床试验中存在修改数据、漏报或未按照相关流程上报的严重不良事件（SAE）、检查结果不能溯源、病例报告表（Case Report

Form，CRF）中的数据与原始数据不一致、统计分析报告或总结报告中的数据与 CRF 不一致、使用试验方案禁用的合并用药、患者日记卡（应由受试者填写）均由研究者填写和违法试验方案八大典型问题。上述问题多与临床试验数据管理有关。

（三）我国疾病资源存在外流的可能

作为全球规模最大、发展最快的新兴市场，我国医药市场吸引了全球众多医药企业的眼球，它们纷纷到我国进行新药临床试验，意图抢占市场。我国人口数量巨大，各类患者人数相对较多，每年近 75 亿人次的门诊量提供了巨大的疾病资源。美国媒体也曾经报道，中国大量的癌症、糖尿病、心血管病患者，以及世界流行的各种传染病吸引了遍布欧美的药品和医疗设备公司的注意力。此外，研究组走访过程中了解到，外国药企在我国进行新药临床试验的综合成本较低，包括对试药患者的补偿和病例的收费等。

然而，全球各大医药企业的蜂拥而至，在给患者带来新药的同时，也给我国带来很多潜在风险。业内专家表示，新药研发存在很多未知风险，且这些风险会对试药者有什么影响短期内很难发现，因此，药物受试者为药物研发做出了巨大贡献的同时，还承担着较大风险。目前，国外比较大型的医药公司（如诺和诺德、罗氏、阿斯利康等），均选择在我国设立自己的研发中心，进行新药临床试验。如果外企在我国拿到临床试验结果后一走了之，只在他国申请药物上市，并不能对改善我国人民的健康产生正面效应，这不仅可能造成使我国疾病资源的外流，还可能有把我国患者变成外国企业开发药物的"小白鼠"之虞。

《关于深化评审制度改革鼓励药品医疗器械创新的意见》公布后，外国药企纷纷做出反应，已经重新开始规划在我国开展新的临床试验战略布局。仅 2017 年 11 月，就有多家外企到生物芯片上海国家工程研究中心咨询黄种人、白种人和黑种人在全基因组水平的差异情况，委托中心开展中国人全基因组的药物靶点筛查试验。随着《关于深化审评审批制度改革鼓励药品医疗器械创新的意见》的公布和一系列药品监管制度改革实施，势必会吸引更多的药企涌入中国开展临床试验，那么如何把控我国疾病资源不外流，借助这个政策提高我国新药研发临床试验的科研能力，给我国人民争取到更多的使用世界领先药物的优惠是当前亟待考虑的问题。

四、建议

根据以上研究结果显示，我国新药研发过程中对疾病资源的利用仍存在效率不高的问题。由于国内药物临床试验机构的科研水平参差不齐，疾病资源丰富的优势在临床试验中并没有充分发挥。而作为有着丰富的临床疾病资源，被誉为全球医药市场最具潜力的国家，正吸引越来越多的外企来我国抢夺疾病资源。笔者就如何充分利用疾病资源优势，提升我国新药临床试验能力提出如下建议。

（一）推动药物临床试验机构和人员的专业化

鼓励有经验的机构和人员开设独立的药物临床试验医疗机构，或在现有的医疗机构内设立专门的药物临床试验病区，聘用专业从事药物临床试验的人员，承接药物临床试验服务，推动药物临床试验机构和人员的专业化；建立临床试验机构人员的考核和晋升激励机制，允许临床试验专业人员跨机构工作，鼓励和允许优秀临床试验机构的专家／医师担任项目负责人，由具有相关研究能力的，但临床试验任务不饱和的不同级别的临床试验机构组成药物临床试验联合体，共同承接药物临床试验，从而改善当前临床试验项目分布不均的状况，缩短临床试验等待时间。通过不同研究水平机构组成联合体，利用以强带弱的方式，加强临床试验研究人员科研技能的培养工作，提高机构的整体研发水平，缩短机构间的差距，从而带动我国整体药物临床试验水平的提高。

（二）实现临床试验数据的集中管理

依托现有国家临床医学研究中心或有条件的高等医学院校，建立国家或区域药物临床试验数据管理平台，建立统一的数据管理规范，要求所有药物临床试验数据即时进入管理平台数据库进行管理，由数据管理平台提供专业的数据统计分析服务。以此杜绝目前药物临床试验管理中存在的弊端，也便于管理上的数据核查。另外，随着药物临床试验数据的不断积累所产生的大数据，对我国新药的研发和药物上市后的追溯也具有重大意义。

（三）通过国家政策最大化地保护和使用疾病资源

在推动国外新技术引进的同时，应当重视外国企业利用国内疾病资源的规范性、合理性和安全性，亦应重点保证试药者的安全和切身利益。依据我国国情和疾病资源的使用现状，出台相关规定，要求外国药企在我国开展临床试验，必须以在我国上市为目的，试验结束后须向监管部门提供真实可靠的试验数据和结果；禁止不以在我国上市为目的外国药品临床试验在我国开展。鼓励外企同国内企业联合共同申报临床试验研究，以提高我国本土医药企业新药研发能力。对于联合申报项目或中外合资企业申报的项目，国家可以给予优先审批的待遇。充分发挥我国临床疾病资源数量巨大、易于找到临床病例和临床费用较低等优势，吸引外国企业在中国开展临床，从而使我国能及时准确掌握世界新药研发的动向和数据，为新药研发积累经验，最终提高新药研发的竞争力。

参考文献

［1］国家食品药品监督管理局. 药物临床试验质量管理规范［EB/OL］.（2003-08-06）［2017-08-16］. https://www.nmpa.gov.cn/directory/web/nmpa/xxgk/fgwj/bmgzh/20030806010101443.html.

［2］国家食品药品监督管理局. 药物临床试验机构资格认定办法（试行）［EB/OL］.（2004-02-19）［2017-08-16］. https://www.nmpa.gov.cn/xxgk/fgwj/qita/20040219110801929.html.

［3］中华人民共和国国务院. 关于深化审评审批制度改革鼓励药品医疗器械创新的意见［EB/OL］.（2017-10-08）［2017-08-16］. http://www.gov.cn/zhengce/2017-10/08/content_5230105.htm.

［4］科技部 国家卫生计生委 军委后勤保障部食品药品监管总局.《国家临床医学研究中心五年（2017—2021年）发展规划》［EB/OL］.（2017-09-07）［2017-08-16］. http://www.most.gov.cn/xxgk/xinxifenlei/fdzdgknr/fgzc/gfxwj/gfxwj2017/201709/t20170907_134799.html.

［5］中华人民共和国国务院. 国家中长期科学和技术发展规划纲要（2006—2020年）［EB/OL］.（2006-02-09）［2017-08-16］. http://www.gov.cn/gongbao/content/2006/content_240244.htm.

［6］中华人民共和国国务院. 生物产业发展规划［EB/OL］.（2012-12-29）［2017-08-16］. http://www.gov.cn/zwgk/2013-01/06/content_2305639.htm.

［7］中华人民共和国国务院."十二五"国家自主创新能力建设规划［EB/OL］.（2013-05-30）［2017-08-16］. http://www.gov.cn/zhengce/content/2013-05/30/content_5186.htm.

［8］中华人民共和国统计局. 中国统计年鉴2016［M］. 北京：中国统计出版社，2016.

［9］中华人民共和国统计局. 中国统计年鉴2017［M］. 北京：中国统计出版社，2017.

［10］国家统计局社会科技和文化产业统计司，等. 中国高技术产业统计年鉴2016［M］. 北京：中国统计出版社，2016.

［11］国家卫生和计划生育委员会. 2017中国卫生和计划生育年鉴［M］. 北京：中国协和医科大学出版社，2017.

［12］国家发展和改革委员会高技术产业司，等. 中国生物产业发展报告2016［M］. 北京：化学工业出版社，2017.

［13］EFPIA. The Pharmaceutical Industry in Figures[DB/OL].（2012-06-17）［2017-08-16］. https:// www.efpia.eu/.

［14］PhRMA. 2016 USA. Biopharmaceutical Industry Profile［DB/OL］.（2016-04）［2017-08-16］. https://www.phrma.org/report/industry-profile-2016.

［15］EY. Beyond Borders 2016［DB/OL］.（2016-06-22）［2017-08-16］. http://www.ey.com/Publication/ vwLUAssets/EY-beyond-borders-2016/$FILE/EY-beyond-borders-2016.pdf.

［16］闫利颖. 国内外新药研发模式的比较研究［J］. 医药与保健，2014（9）：179-180.

［17］尹岭，陈广飞，蒋艳峰，等. 临床数据资源整合与利用［J］. 中国数字医学，2010，5（11）：91-92.

［18］娄洁琼，朱建征. 我国临床医学研究的现状、障碍及对策分析［J］. 医学与哲学，2016，37（19）：4-8.

［19］陆兆辉，何毅，巨华宁，等. 医院临床数据中心（CDR）及应用的建设体会［J］. 中国数字医学，2016，11（3）：116-118.

［20］康迪，张音，王磊. 中国与美国临床研究资源的对比分析［J］. 军事医学，2016，40（4）：338-341.

［21］伍琳，陈永法. 我国创新药物研发能力的国际比较及成因分析［J］. 中国卫生政策研究，2017，10（8）：23-28.

老科学技术工作者家庭照护问题研究

杨志明[1]　郑东亮[2]　鲍春雷[2]　韩　巍[2]

（1. 中国劳动学会；2. 中国劳动和社会保障科学研究院）

摘要： 老科技工作者曾长期奋斗在教育、科研、文化、卫生等领域，为国家科技不断进步、经济社会快速发展做出了重要贡献。在当前全社会自上而下共同关心人口老龄化和老龄事业发展的大背景下，如何通过家庭照护更好地发挥老科技工作者的智力优势，是一项非常重要的课题。我国当前老年家庭照护服务体系不断发展，但调查发现服务供给方面还存在一些不足。政府部门应该进一步加强制度建设，并注重发挥老科协、原工作单位的作用，对接优秀养老服务企业、社会组织等方面资源，构建党委政府主导、有关部门协心、协会协同联系、社会组织积极参与的多元照护体系，为老科技工作者开展家庭照护服务，不断提升服务水平。

关键词： 老科技工作者，家庭照护，家庭服务业

　　老科技工作者是专业知识和工作经验丰富的人群，是国家宝贵的人力资源，即便在退休之后，许多老科技工作者仍然通过各种途径和方式为国家和社会发展做出了重要贡献。而作为老年人，老科技工作者的居家护理是其工作和生活的保障，研究老科技工作者的居家护理问题，对改善老科技工作者的生活质量、身体状况，更好地发挥余热具有重要意义。在我国人口老龄化

日益加大的大背景下，为老科技工作者提供有力的家庭照护保障意义重大，不仅能够使老科技工作者安享晚年生活，而且可以更好地发挥老科技工作者的智力优势，奖励和补偿老科技工作者的重要贡献和努力付出，在全社会形成尊重科学工作价值的良好氛围。为此，中国老科协创新发展研究中心会同人力资源和社会保障部劳动科学研究所，成立了"老科学技术工作者家庭照护问题研究"课题组，通过文献分析、问卷调查、实地调研和专家研讨等方法，针对老科技工作者的家庭照护问题进行了研究。

一、老科技工作者家庭照护的现状分析

我国人口发展呈现出老龄化、高龄化、独居化"三化并存"的阶段特征和家庭规模小型化、家庭结构核心化、养老功能脆弱化"三化叠加"的总体趋势。根据民政部发布的《2015 年社会服务发展统计公报》显示，截至2015 年年底，中国 60 岁以上老年人为 2.2 亿人，占总人口的 16.1%，随着人口预期寿命的增加，中国人口老龄化还伴随着高龄化的特点，80 岁及以上的高龄老人约为 2518 万人，占整个老年人口的 11.3%。家庭结构与规模逐渐趋于小型化与核心化，独居老人与空巢老人的数量随之增加。根据国家卫生和计划生育委员会发布的《中国家庭发展报告（2015）》显示，中国空巢老人占老年人总数的一半，其中独居老人占老年人总数的近 10%，只与配偶居住的老年人占 41.9%。养老成了全社会共同关注的问题。

从世界范围来看，普遍趋势都是将居家养老摆在突出位置，并通过立法建制、监督管理、加强投入等措施，确保服务的有效供给。我国也已初步建立起"以居家养老为基础，以社区为依托，以机构养老为补充"的老年社会服务体系，居家养老成为我国养老服务中最为主要的推广模式，家庭照护则是居家养老服务中的重要内容。家庭照护是当前我国老龄群体普遍面临的

一个共性问题。同时，由于老科技工作者自身的职业特征，其家庭照护与人才管理体制、退休制度和养老服务体系息息相关。这些特定的制度与市场因素，使我国老科技工作者家庭照护问题也表现出一些特点。

第一，从退休后情况来看，"三段式"特征明显。老科技工作者具有丰富的知识和经验，而我国的退休年龄相对较早，很多老科技工作者在法定退休年龄后仍在继续发挥作用。问卷调查显示，72.2%的老科技工作者退休后仍然通过各种方式继续工作。按照不同年龄区段，老科技工作者继续发挥作用情况和家庭照护需求呈现不同的特征。70岁及以下年龄区段的老科技工作者正处于继续发挥作用的黄金时期，身体状况尚好，照护需求较低，主要是一般性家庭服务需求；71—80岁年龄区段的老科技工作者身体状况有所下降，继续发挥作用的精力减退，照护需求有所上升，但仍有部分老科技工作者继续参与工作；对于80岁以上年龄区段的老科技工作者而言，绝大多数人已不再继续工作，家庭照护需求进一步上升，需要给予更多的照料。

第二，从具体照护需求来看，"差异化"特征明显。老科技工作者家庭照护需求方面的特点，他们除了生活照料、医疗康复等方面的基本需求，精神文化方面的需求也较高，部分老科技工作者还有工作科研辅助方面的需求。另外调查显示，随着年龄的增长，老科技工作者生活照料和医疗康复方面的家庭照护需求要更高，80岁以上年龄组老科技工作者比70岁及以下年龄组分别高出22.0和28.6百分点，而精神文化和工作科研辅助方面的需求没有明显差异。因此，对高龄老科技工作者而言，助餐、助洁、助急、助浴、助行、助医的"六助"需求日益凸显。

第三，从政策支持方面来看，"一多一少"特征明显。现有政策中强调老科技工作者人力资本挖掘的多，关注老科技工作者家庭照护问题的很少。《关于进一步发挥离退休专业技术人员作用的意见》中提出"要通过多种形式，支持离退休专业技术人员特别是老专家进一步发挥在经济建设和科技进步中的服务和推动作用，发挥在培养教育下一代中的示范和教育作用"。《关于进一步加强和改进离退休干部工作的意见》要求"鼓励退休专业技术人才依托高等学校、科研院所、干部院校、各类智库、科技园区、专家服务基地、农民合作组织等开展人才培养、科研创新、技术推广和志愿服务"。相关文件中提到为离退休专业技术人员开展科研工作提供支持，但对家庭照护等与生活保障问题息息相关的内容没有作出具体规定。

第四，从自我保障方面来看，部分人"三低两高"特征明显。调查中发现，较早参加工作的老科技工作者，处在国家建设急需人才的年代，由于当时特定的工资制度，他们工资收入较低，为祖国发展做出了杰出贡献，却没有积累足够的老年照护储蓄，特别是一些在企业退休的老科技工作者，目前呈现出"三低两高"特点，即收入低、生活水平低、储蓄低、年龄高、家庭照护需求高，自我保障能力难以匹配当前日益高涨的家庭服务市场价格。对这些老科技工作者的家庭照护问题，应该给予特别的关注。

第五，从家庭保障方面来看，"空巢化"特征明显。我国家庭结构日趋小型化，子女不在身边的"空巢"老人数量日渐增多，传统上家庭成员的照护功能日益弱化。老科技工作者这一情况比较突出，甚至是格外突出。问卷调查显示，老科技工作者独居或仅与配偶同住的比重高达70.6%。在这种情况下，大部分老科技工作者很难依靠子女来进行家庭照护。

综上所述，老科技工作者与其他老年人相比对家庭照护的需求量更高，对照护服务层次和质量的要求也更高，在老科技工作者身上所反映的问题也是老年家庭照护问题的集中体现。研究老科技工作者的家庭照护问题，既有关爱老科技工作者的特殊意义，又有完善整个老年家庭照护体系的普遍意义。

二、典型国家老年家庭照护现状及经验

国际上来看，美国、英国、德国、日本等发达国家相继进入老龄化社会，都在养老服务包括老年家庭照护服务方面进行了长期的探索，养老政策、照护制度及服务体系日趋完善。尽管不同制度背景下的照护模式有所差异，但是大的发展趋势都是将家庭照护摆在突出位置，并通过立法建制、监督管理、加强投入等有效措施，确保了老年家庭照护服务的有效供给。概括起来，有 6 点经验可资借鉴：

一是推动国家立法提供制度保障。英国颁布《全民健康服务与社区照护法案》、德国颁布《护理保险结构性继续发展法》，日本颁布《社会福利及照护福利法》和《照护保险法》，在法律层面对老年照护给予了制度上的保障。

二是建立多元的照护服务供给体系。通过建立多元化家庭服务的供给体系，公共机构、私营企业、社会服务组织，以及个人等社会多元主体参与，充分利用各服务主体的互补优势，增强老年家庭照护服务的供给能力。

三是积极推动家庭服务产业化发展。对于一般性家庭照护需求，主要还是通过市场化的方式来满足，而国外发达的家庭服务业成为满足家庭照护需求的有力保障。除了大力发展中低端家庭服务市场，还积极发展中高端市场，并积极推进产业规模化、规模企业龙头化和服务精细化，从培训到监管，以及后续跟踪服务已经形成了完整的产业链条。

四是加强服务质量监督和管理。政府注重加强对老年家庭照护质量的控制，如英格兰由中央政府出资支持社会照护监察委员会、一般性社会照护委员会及卓越社会照护研究所，以解决老年人口长期照护服务的质量问题。美国制定了严明的行业管理规范，充分发挥行业协会的积极作用，重视对服务

质量的监督与管理。

五是严格规范从业人员培训和认证。各国特别注意从国家层面来推行规范化管理，包括建立完善的职业资格制度，健全职业技能标准，加强从业人员资格管理和职业培训等。无论是政府还是社会都投入大量资源，在专业院校设置相关专业和课程，多方联合开展职业培训。

六是运用经济杠杆扩大社会效益。老年家庭照护服务的提供主体是市场，但作为国家社会福利体系中的重要组成部分，国家也注重发挥财政税收杠杆的引导、支持作用，为家庭照护服务体系的持续发展提供支持。

三、我国老年家庭照护的发展现状及问题

（一）我国老年家庭照护的总体发展情况

近年来，我国老年家庭照护体系也获得了长足发展，特别是家庭服务业的兴起，有力地提升了老年家庭照护服务水平，具体可以概况为"五动"。

一是高层推动。党和国家非常重视老龄化和老年家庭照护问题，中央领导多次在讲话中强调完善老龄政策制度，党的十八大和十八届三中、四中、五中、六中全会对应对人口老龄化、加快建设社会养老服务体系、发展养老服务产业等提出了明确要求，"十三五"规划纲要中进行了具体的规划。

二是政策驱动。我国目前初步形成了以《中华人民共和国老年人权益保障法》为主体的法律和政策体系，从多个角度支持了老年家庭照护体系的发展，特别是针对养老服务、家庭服务业发展等方面的一系列具体政策，促进了老年家庭照护体系的发展。

三是市场引动。如今我国已经步入人口老龄化、家庭小型化、生活方式多样化和家务劳动社会化的新阶段，居民对老年家庭照护服务方面的需求巨大，市场需求在推动老年家庭照护服务体系发展过程中起到了基础性和决定

性作用。

四是多方联动。我国老年家庭照护体系中既有政府主办的服务单位，又有企业性质的服务机构，也有社会组织兴办的非营利照护组织，在社区层面还有为老年人提供服务的服务中心、养老驿站等，这些机构和组织与老年人家庭共同构成了多方联动的服务体系。

五是企业带动。老年家庭照护服务目前主要由市场提供，企业是市场的主体，家庭服务企业的快速发展带动了整个行业的起飞，北京爱侬家政服务公司、杭州市的三替集团有限公司、福州树人家政服务有限公司、济南阳光大姐服务有限责任公司等实力企业迅速崛起，带动了行业的发展和服务的提升。

（二）我国老年家庭照护存在的普遍性问题

尽管近年来我国老年家庭照护服务已有了长足的发展，但毕竟起步较晚，加之新的经济社会特征所带来的挑战，使目前还存在一些问题。

1. 政策层面

20 世纪 80 年代之前，我国主要关注的是老年人的经济保障，较少关注照护服务，因此这方面的法律政策较少。20 世纪 80 年代尤其是 1999 年之后，我国加大了养老服务法律和政策的制定和建设力度，法律和政策体系日益完善，但与发展需求相比仍有较大差距，具体表现为以下四方面。

一是政策力度不够。总体来看，关于老年家庭照护服务方面的政策较少，并且政策的力度也有待加强。调查过程中一些家庭服务企业认为，针对支持行业的政策倾斜不够，对于家庭服务业规模化、产业化、社会化的政策引导不足，对于其业态、项目和经营方式的创新支持资金不足，甚至处理消费者、经营者和服务员三方的权责纠纷，缺乏法律依据。

二是政策碎片化问题突出。我国政府职能部门在养老服务，以及家庭服务行业的管理上处于条块分割、多头管理的局面。社区居家养老的管理隶属于民政部门，家庭服务业则涉及人力资源社会保障部、国家发展改革委、财政部、商务部、民政部、全国总工会、共青团中央、全国妇联等 8 个部门，实际的家庭照护服务供给又与食品安全、医疗卫生、市场监管以及财政税务等部门息息相关，当前各部门之间缺乏有效的沟通协调机制，导致政策之间衔接性较差。

三是原则性规定多，操作性措施少。当前很多老年照护法律和政策仍然是一些原则性规定，缺少对现实问题的针对性政策，操作性不强，一些政策由于缺乏可操作性仍然只停留在纸面上并未落到实处。

四是部分政策落实不到位。政策执行监督检查机制尚未建立，政策落实难、执行不到位的情况还不同程度存在，特别是职业化培训、法律保障等方面的问题比较突出，受益的家庭服务机构和企业较少。

2. 市场层面

目前，我国家庭服务市场还处于起步阶段，发育不够成熟，在家庭照护服务的供给还存在一些问题，具体主要表现在以下四方面。

一是产业规模小、有效供给不足、服务质量不高。市场主体发育不充分，多数企业规模不大、质量不高，实力强、影响大的大企业、大集团少。全国规模以上家庭服务企业仅有千余家，其中大型企业不足 340 家，中小型企业 800 余家，家庭服务有效供给与有效需求不相匹配，供不应求的矛盾仍然比较突出，特别是在养老服务、家政服务等方面存在较大缺口，不能满足老年人包括老科技工作者日益增长的家庭照护服务需求。

二是行业规范化建设有待加强。市场管理不够规范，行业标准缺失，职业资格管理混乱，老年人难以有效对服务进行甄别。服务质量参差不齐，一些家庭照护服务机构存在运作不规范、乱收费的现象，并且缺乏后续照护服务的跟踪和反馈，很难保证服务质量。监督机制不健全，诚信制度尚未有效建立，行业诚信问题突出，影响了行业的社会形象。

三是职业化水平有待提高。家庭服务从业人员整体素质不高，职业认同感低，行业对高学历、高技能人才的吸引力不足，服务质量难以满足社会需求。职业技能培训需进一步加强，相当比例的从业人员没有或者仅接受简单的培训。专业服务人员匮乏，我国家庭护理等相关专业人才培养滞后，缺乏职业标准和职业规范，导致寻找高水平的专业家庭照护服务人员更是难上加难。我们调查的服务人员中，63.4% 为初中及以下学历，31.1% 为高中或中专学历，仅有 5.5% 为大专及以上学历；另外，相当比例的从业人员没有或者仅接受了简单的培训就开始上岗从事家政服务工作。

四是家庭照护服务价格较高。我国当前的老年人经历了从计划经济到市场经济的体制转轨，在生活和养老方面也面临着从单位包办到社会化供给的变化，特别是较早参加工作的老年人，处在国家建设急需人才的年代，由于当时"低工资、高福利"的工资福利制度，他们为祖国发展做出了杰出贡献，却没有积累足够的老年照护储蓄。而当前家庭服务市场价格不断增长，根据北京市和上海市家庭服务价格来看，雇用一个居家养老护理员每月至少需要 3000 元，还是比较初级的，中级一般要 4000 元以上。这对老年群体中收入相对较高的老科技工作者而言，也是较难负担的。

3. 家庭层面

一直以来，家庭在我国养老体系中始终具有举足轻重的作用，但随着社会转型的不断加剧，家庭的相关职能逐渐外移，并不断走向弱化，传统依靠子女进行家庭照护的模式越来越难以为继。具体主要有以下三方面的原因。

一是空间和时间方面有障碍。随着家庭规模小型化和社会流动的加剧，子女与老人之间的空间距离拉大，而繁忙的工作和家务又压缩了子女照护老人的时间，导致子女能为老人提供的照护十分有限，而且更多表现在经济上，行动上的关怀则比较欠缺。

二是观念方面存在误区。在养老服务业快速发展的同时，社会上也存在一些"重社会化服务，轻家庭赡养功能"的认识误区，工作忙、养孩子忙、离家远等理由，使许多人将父母放在极其次要的位置，敬老、养老、助老观念弱化，对老年人日常照料和精神慰藉等方面的关心都远远不够，未能尽到应有的责任。

三是制度方面约束不够。2015 年最新修订的《中华人民共和国老年人权益保障法》将"常回家看看"纳入法律之中，表明子女不常回家看望或者问候父母将构成违法。但这缺乏具体的落实办法，在实践中很难操作，未能对子女的家庭照护责任起到有效的约束作用。

四、老科技工作者家庭照护供给的难点

通过对老科技工作者家庭照护情况的调查发现，尽管老科技工作者家庭照护需求较高，但只有 16.7% 的人实际雇用了家庭照护服务人员。其原因主要是对服务价格（22.3%）、服务人员（25.8%）或服务质量（10.1%）不满意，比例分别为 22.3%、25.8% 和 10.1%。已接受家庭照护服务的老科技工作者，对服务的总体满意度较低，仅有 39.1%。由此可见，我国当前家庭照护的服务供给还存在一些问题。

（一）政策体系对家庭照护服务领域"供血不足"

20 世纪 80 年代以来，我国养老服务的法律和政策体系日益完善，但仍难满足需求。

一是政策的支持力度不够。调查中，一些家庭服务企业认为，针对家庭服务行业的政策倾斜不够，规模化、产业化、社会化的政策引导不足，对其业态、项目和经营方式的创新支持资金不足，处理消费者、经营者和服务人

员三方权责纠纷的法律依据缺乏。

二是政策碎片化问题突出。社区居家养老的管理隶属于民政部门，家庭服务业则涉及人力资源社会保障部、国家发展改革委、财政部、商务部、民政部、工会、共青团、妇联等部门和组织，实际的家庭照护服务供给又与食品安全、医疗卫生、市场监管以及财政税务等部门息息相关。当前，各部门之间缺乏有效的沟通协调机制，导致政策衔接性较差。

三是原则性规定多，操作性措施少，部分政策落实不到位。当前，很多老年照护法律和政策仍然是一些原则性规定，缺少对现实问题的针对性政策，操作性不强，一些政策由于缺乏可操作性仍然只停留在纸面上，政策执行监督检查机制尚未建立，政策落实难、执行不到位的情况还不同程度存在。

（二）家庭服务市场自身存在"发育不良"问题

一是产业规模小、有效供给不足、服务质量不高。市场主体发育不充分，实力强、影响大的大企业少，全国规模以上家庭服务企业仅有千余家，其中大型企业不足 340 家，供需不匹配，特别是养老服务、家政服务等存在较大缺口。

二是行业规范化建设有待加强。市场管理不够规范，行业标准缺失，职业资格管理混乱，老年人难以对服务进行有效甄别。服务质量参差不齐，存在乱收费现象，并且缺乏后续跟踪和反馈，监督机制和信用体系不健全，行业诚信问题突出。

三是职业化水平有待提高。家庭服务从业人员整体素质不高，职业认同感低，行业对高学历、高技能人才缺乏吸引力，服务质量难以满足社会需求。职业技能培训缺位，相当比例的从业人员上岗前没有或者仅接受简单的培训。专业人才培养滞后，缺乏职业标准和职业规范，高水平的专业家庭照护服务人员往往"一将难求"。

四是家庭照护服务价格难以负担。当前的养老服务面临着从单位包办到社会化供给的变化，特别是较早参加工作的老年人，在"低工资、高福利"的制度下，未能积累足够的养老储蓄。而当前家庭服务市场价格不断增长，在北京市、上海市等地区，雇用一个初级水平的居家养老护理员每月至少需要3000元，中级则要4000元以上。即使是老年群体中收入相对较高的老科技工作者，也难以负担这一支出。

此外，家庭在养老照护体系中出现"角色缺位"，随着社会转型的不断加剧，家庭的养老功能逐渐外移，不断弱化，依靠子女进行家庭照护的传统模式越来越难以为继。

五、老科技工作者家庭照护的对策建议

政府部门应该进一步加强制度建设，并注重发挥老科协、原工作单位的作用，对接优秀养老服务企业、社会组织等方面资源，构建党委政府主导、有关部门协心、协会协同联系、社会组织积极参与的多元照护体系，为老科技工作者开展家庭照护服务，不断提升服务水平。

第一，完善政策，加强对老科技工作者家庭照护问题的重视。一是要老科技工作者家庭照护服务水平的提升需要依托于整个养老服务体系的完善，国家尽快加强相关立法，出台有效政策，完善服务体系，形成多支柱的支持服务模式。二是在相关政策中强化对老科技工作者家庭照护问题的重视，国家在鼓励老科技工作者继续发挥作用的同时，应该在家庭照护的保障方面给予一定政策倾斜。三是鼓励原工作单位为老科技工作者开展关爱行动，制订专门办法，有条件的单位可为老科技工作者提供家庭照护补贴。四是设立家庭照护公共数据库和公共信息平台，充分展现全国和分地区的老科技工作者

家庭照护人口总量、需求结构和各地老年服务机构床位等供求大数据，以信息公开披露的方式指导各类主体提高家庭照护供给能力。

第二，多方着力，增加老科技工作者家庭照护服务的供给。一是大力发展养老服务产业，着力深化养老产业"放管服"改革，消除行业发展的制度性障碍，创造行业繁荣发展的制度环境。二是大力发展科技助老，创新服务设施设备，提升服务智能化水平，为包括老科技工作者在内的老年人创造更加舒适的服务条件。三是加强与社会组织的合作，建立时间银行、阶梯式养老（时间储蓄养老）等机制，鼓励高素质的志愿者，为老科技工作者提供家庭照护尤其是在精神文化层面的服务。

第三，加强专业化服务队伍的培养，打造老科技工作者家庭照护的职业化力量。一是加大专业化服务队伍培训力度，结合老科技工作者的实际需要开展有针对性的培训，制定统一教学大纲和教材，建立一批经主管部门审核认定的社会办学机构，严格认证，并颁发经国家认可的全国通用的资格证书。二是加快职业教育和高等教育中专业设置的研究，在已经设立的专业进一步加大招生力度，把专业化服务队伍招生和培训融入到国家教育体系系统中，进行规范化管理。三是在政策、规划和投入中强化专业化服务队伍的建设。坚持政府和市场并重，在投入上采取政府、企业、社会组织、雇主多渠道的方式，推进护理队伍职业的专业职称的评聘体系的制度建设，修订和完善护理队伍国家职业标准。

第四，强化服务，提升老科技工作者家庭照护服务精细化水平。一是加强市场规范化建设，用市场机制和政策手段相结合，制订家政服务机构资质规范，引导行业规范化发展；二是加快推进老年家庭照护重点服务项目的标准制定，强化标准的贯彻落实；三是加强对老科技工作者家庭照护服务状况的调查和研究，开展5—10年的跟踪调查，动态掌握不同年龄区段老科技工作者家庭照护需求的变化；四是根据老科技工作者的实际需求，在千户百强家庭服务企业中选择一些有能力、有意愿的重点企业，率先开展针对老科技工作者的家庭照护服务；五是鼓励对接企业有针对性地开发老科技工作者家庭照护方面的服务内容，并加强服务人员的专业培训。

第五，加强联系，发挥老科技工作者协会的桥梁纽带作用。一方面，积极发挥老科技工作者协会的组织优势，进一步加强对老科技工作者家庭陪护服务需求的调查研究，凝练其实际诉求，并传达给服务提供部门和政府部门；另一方面，老科技工作者协会可以与家庭服务行业建立合作，完善老科技工作者家庭照护的服务内容、服务体系，搭建各地老科技工作者协会与家庭服务、养老服务等行业协会的制度化沟通与合作渠道，传达老科技工作者的具体服务需求，不断充实老科技工作者家庭陪护的具体内容，健全老科技工作者家庭陪护服务机构的布局和配置，根据老科技工作者的特点和特殊要求制定专门的服务标准。

参考文献

［1］莫文斌. 家政服务业的国外经验及其借鉴［J］. 求索，2016（4）：83–87.

［2］张晓洁. 城市独居老人社区为老服务体系研究——以长春市 W 社区为例［J］. 智富时代，2016（2）：185.

［3］贺景霖. 中国城市家政服务业发展面临的问题与对策［J］. 湖北社会科学，2014（1）：86–90.

［4］方莉，夏云建，黄泽峰，等. 浅谈家政服务的职业素养——以长乐市家政服务队伍为例［J］. 北方经贸，2014（3）：160–161.

［5］黄少宽. 国外城市社区居家养老服务的特点［J］. 城市问题，2013（8）：83–88.

［6］羊海燕. 家政服务业发展困境及其突破路径［J］. 理论与改革，2013（5）：84–89.

［7］李洁，徐桂华，姜荣荣，等. 我国养老护理服务人员现状及人才培养展望［J］. 南京中医药大学学报（社会科学版），2012（4）：236–239.

［8］何英，周婧瑜. "家政险"探析：现状、问题与对策［J］. 生产力研究，2012（1）：160–162.

［9］丁建定．居家养老服务：认识误区、理性原则及完善对策［J］．中国人民大学学报，2013（2）：20–26.

［10］敬乂嘉，陈若静．从协作角度看我国居家养老服务体系的发展与管理创新［J］．复旦学报（社会科学版），2009（5）：133–140.

［11］李艳梅．规范家政服务业的有关思考［J］．理论探索，2008（5）：106–108.

［12］陈友华，吴凯．社区养老服务的规划与设计——以南京市为例［J］．人口学刊，2008（1）：42–48.

［13］曹华．对我国家政服务业发展的一些思考［J］．经济师，2003（4）61–62.

［14］孙丽欣，穆红莉．发展家政服务缓解就业压力［J］．社会科学论坛，2003（7）：93–94.

［15］汪小琴．诚信档案：家政业赖以发展的基石［J］．浙江档案，2003（3）：4–6.

［16］张福雯．家政从业人员的安全与权益保障的缺失［J］．安全，2005（4）：14–15.

［17］王红芳．非正规就业——家政服务员权益问题研究［J］．重庆大学学报（社会科学版），2006（2）：72–78.

［18］郑毓枫，李晟．家政服务业的立法思考［J］．社科纵横，2005（5）：104–105.

高校青年科技人才创新能力建设
若干问题研究

马德秀[1] 郭新立[2] 梁 齐[1] 张 濠[1]

（1. 上海交通大学；2. 山东大学）

摘要： 本研究聚焦这一个占高校教师队伍主体的重要群体。研究报告从习近平总书记提出的"三个牢固树立"的殷切希望，以"做学生锤炼品格的引路人、做学生学习知识的引路人、做学生创新思维的引路人、做学生奉献祖国的引路人"这"四个引路人"的标准，"坚持教书和育人相统一、坚持言传和身教相统一、坚持潜心问道和关注社会相统一、坚持学术自由和学术规范相统一"的"四个相统一"要求，在已有的改革政策基础上，扎根高校青年科技人才的特点，进一步分析制约青年科技人才发展且又牵一发而动全身的牛鼻子问题，深入探究高校青年科技人才思想政治素质、评价体系改革、内部结构失衡等管理制度和保障体系等方面问题及其深层次原因，并集思广益，提出政策建议。

关键词： 青年，科技人才，创新

习近平总书记在党的十九大报告中作出了中国特色社会主义进入新时代的重大政治论断，对新时代推进中国特色社会主义伟大事业和党的建设新的伟大工程作出了全面部署。习近平总书记指出，发展是第一要务，人才是第一资源，创新是第一动力。要坚定实施科教兴国战略、人才强国战略和创新驱动发展战略。当前，党和国家事业正处在一个关键时期，对高等教育的需要比以往任何时候都更加迫切，对科学知识和卓越人才的渴求比以往任何时候都更加强烈。国务院发布的《统筹推进世界一流大学和一流学科建设总体方案》中明确提出"双一流"建设任务的第一项重大任务就是建设一流师资队伍。提出要深入实施人才强校战略，加快培养和引进一批活跃在国际学术前沿、满足国家重大战略需求的一流科学家、学科领军人物和创新团队，聚集世界优秀人才。

青年兴则国家兴，青年强则国家强。高校青年科技人才是青年一代的重要组成部分，是践行高校创新使命的核心力量。第一，青年科技人才正处于创新创造的黄金期。青年科技人才队伍的整体能力和水平直接关乎 2035 年我国是否顺利跻身创新型国家前列。第二，高校的国际化优势为青年科技人才提供了更为广阔的视野。国际化促进了大学之间科研的合作与交流，更有利于科技人才面向国际，在全球范围内寻求和整合教育与科技资源，实现创新资源的优化配置。第三，学科交叉是产生重大科技创新成果的有效方式，是创新思想的源泉。高校学科门类丰富、齐全，实施学科交叉、综合集成的创新模式，可以有效发挥高校学科综合优势，形成科技人才、学科创新要素的集聚。第四，优秀而庞大的硕士、博士研究生群体是重要的科技创新力量。青年科技人才与学生年龄接近，易于沟通，有助于形成团队。据统计，45 岁以下青年科技人才和青年教师已经占高校专任教师的 70%，超过 95%的拥有博士学历。这些具有高学历的青年科技人才中有很大一部分具有长期海外学习工作的经历，眼界开阔，学习能力强，对学生的培养起着积极的正面作用。第五，高校青年科技人才大多数既处于学术共同体的底层，也处于学校内部科层体系的底层，既无行政权力也无学术权力。职业生涯处于早期，需要时间积累；科层体系处于底部，在发展条件或资源获得上必须通过外力支持。第六，高校青年科技人才位于收入低、开支大的瓶颈阶段。职业起步阶段，收入普遍较低，成家、置业、赡养老人等必须面对的事项集中交织在一起，阶段性生活、经济压力最大。

一、高校青年科技人才队伍建设成绩

党的十八大以来，中央对科技人才工作高度重视，不断激活科技创新人才活力。高校青年科技人才队伍在相关政策和举措的推动下，规模提升，结构优化，政策环境更趋友好，理想信念教育效果彰显。主要呈现出以下 4 个特点。

（一）对青年科技人才理想信念教育成效卓著

党的十八大以来，国家高度重视高校青年人才的思想政治工作。2013 年，习近平总书记在"五四"重要讲话中对包括高校青年科技人才在内的广大青年提出五点希望。教育部随后颁发《关于加强和改进高校青年教师思想政治工作的若干意见》等文件，着力推进高校青年教师思想政治教育工作。2016 年 12 月，全国高校思想政治工作会议在北京召开。习近平总书记发表重要讲话。2017 年中共中央、国务院印发《关于加强和改进新形势下高校思想政治工作的意见》，提出要加强教师队伍和专门力量建设。中央和教育部的一系列重要部署为做好青年科技人才思想政治工作提供了重要的理论依据，为加强青年人才党性修养、坚定理想信念提供了有力保障。

教育部高校教师思想政治状况滚动调查数据显示，广大教职工在党性修养、服务意识、理想信念、学习自觉性等方面有显著的提高。高校教师思想政治状况继续保持积极健康向上的态势。

高校教师高度评价以习近平总书记为核心的党中央，以习近平总书记为核心的党中央"实干""亲民""廉洁"的形象连续 3 年排在前列，青年人才的认同度均高于总体认同度。高校教师坚决拥护中国共产党的领导，对中国特色社会主义保持高度认同。调查表明，91.7% 的教师赞同"中国共产党是中国特色社会主义事业的领导核心，有能力把自身建设好"（其中，30 岁以下青年人才的赞同度为 91.1%）；2017 年高校教师对"共产党有能力把自身建设搞好"的认同度比 2013 年上升了 5%。其中，30 岁以下的认同率上升了 0.9%，31—40 岁上升了 6.4%（图 1）。这充分体现了党的十八大以来，党的领导得到了高校教师的高度认可和支持。

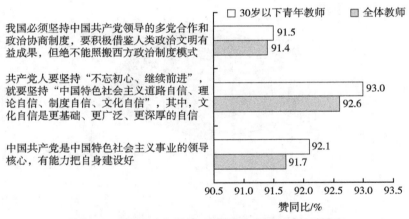

图 1　30 岁以下青年教师对部分重大理论问题的认同度

数据来源：2017 年教育部高校教师思想政治状况滚动调查

（二）青年科技人才已成为高校人才队伍主体

根据教育部的统计数据，从总量上看，截至 2015 年年底我国高校科技人才规模为 97.92 万人；45 岁以下 68.13 万人，占比为 69.58%（图 2、图 3）。

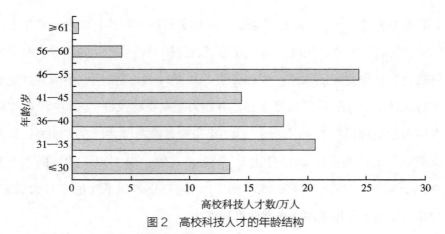

图2　高校科技人才的年龄结构

数据来源：教育部科技司高校科研活动人员数据

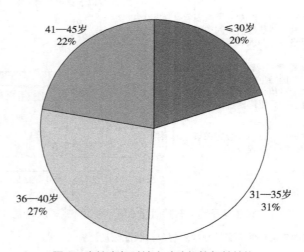

图3　高校青年科技人才队伍的年龄结构

数据来源：教育部科技司高校科研活动人员数据

由图2、图3可知，我国青年科技人才队伍呈现出"中间大两头小"的橄榄形分布特征，31—35岁是主体，比例超过1/3；36—40岁年龄段，比例为27%；41—45岁、30岁及以下科技人才各占1/5左右。

（三）青年科技人才已成为国家科技创新生力军

我国高校青年科技人才在国家自然科学基金项目中扮演着重要角色，承担的总量和比重不断增长（图4、图5）。2000—2016年，总立项数增长了

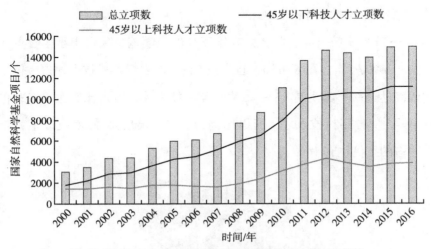

图4　高校科技人才承担国家自然科学基金项目数变化趋势

数据来源：国家自然科学基金委员会。仅统计了教育部直属高校

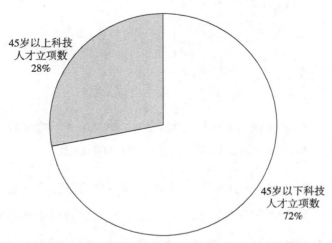

图5　不同年龄段高校科技人才承担国家自然科学基金项目状况

数据来源：国家自然科学基金委员会。仅统计了教育部直属高校

近5倍（图4、图5）。青年科技人才历年承担的项目数量均超过45岁以上科技人才，增长速度高于45岁以上教师。其中，青年科技人才立项数量增长了6.44倍，而45岁以上科技人才立项数量仅增长了2.85倍。

根据图5，2000—2016年，青年科技人才承担项目数超过11万个，数量是45岁以上科技人才的2.61倍。

31—35岁高校青年科技人才在国家自然科学基金项目中承担着重要角色（图6、图7）。由图6可知，首先是31—35岁青年科技人才占主体，所占比例高达36%；其次是36—40岁青年科技人才，所占比例达27%；再次是41—45岁青年科技人才，所占比例为23%；最后是30岁及以下青年科技人才占的比例也有14%。

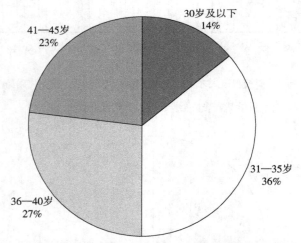

图6　承担国家自然科学基金项目的高校青年科技人才年龄结构

数据来源：国家自然科学基金委员会。仅统计了教育部直属高校

由图7可知，2000—2016年，承担国家自然科学基金项目的高校科技人才平均年龄呈波动下降趋势。2000年承担国家自然科学基金项目的高校青年科技人才平均年龄为37.28岁，至2005年经历了一个短暂的波动上升过程，之后开始波动下降，至2014年平均年龄达到最低值，比2005年下降了

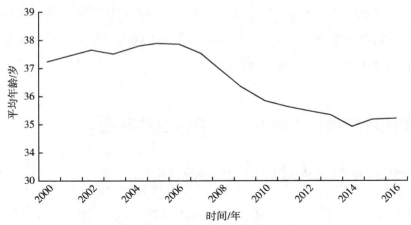

图 7　承担国家自然科学基金项目青年科技人才平均年龄变化趋势

数据来源：国家自然科学基金委员会。仅统计了教育部直属高校

3.02 岁；近几年稳定在 35 岁左右，青年科技人才年龄结构越来越年轻。

同时，我们也要看到高校青年科技人才在重大、重点项目中承担的创新任务和所做的创新贡献稍嫌不足，由青年科技人才挑大梁，开展重大攻关任务的机会还不多等问题。

（四）青年科技人才成长的激励政策初见成效

为了引进和鼓励优秀的青年拔尖人才，国家先后制定了一系列资助计划。其中，国家层面影响比较大的有国家自然科学基金委杰出青年科学基金、国家自然科学基金委优秀青年科学基金项目、教育部长江学者奖励计划中的青年长江学者、中组部万人计划中的青年拔尖人才和专门针对海外引进人才的中组部千人计划中的青年千人计划。这五类计划分别资助 45 岁或 40 岁、35 岁以下的青年拔尖人才。

以青年千人计划为例，在已经批准支持的 9 批次人员中，高校共有 2974 人，分布在 113 所学校中。清华大学等九校联盟大学已经储备了超过 100 位青年千人计划支持的拔尖青年人才。另外有 30 余所高校拥有数十位青年千人计划支持的拔尖青年人才。加上青年拔尖人才等人才计划支持的人数，高校特别是一批高水平研究型大学，已经汇聚了一批获得重要支持可以心无旁骛地开展创新研究的核心青年人才队伍。

二、高校青年科技人才队伍建设存在的问题

（一）青年科技人才思想政治素质问题

"没有人才，一切归零；没有道德，人才归零"。一方面，个体价值观念出现多元化趋势，功利至上正在深刻地影响着高校青年科技人才这个重要群体。另一方面，海外归国人才已成为高校青年科技人才队伍的重要来源，占比不断提高。在此背景下，高校青年科技人才的思想政治和道德素质教育显得尤为重要。

1. 践行社会主义核心价值观的意识有待提升

高校作为意识形态工作的前沿阵地，是党的意识形态工作的重要领域。高校青年科技人才对弘扬和传播社会主义核心价值观尤为关键，自身的价值观更是影响着立德树人的方向与成效。青年科技人才对马克思主义信仰认知程度较高，但对马克思主义经典著作阅读量有限，对新时代中国特色社会主义思想学习不够，对社会主义核心价值观的认知程度参差不齐，个别青年科技人才甚至认为政治价值观和学术无关。

2. 利益驱动的影响日益加大

与老一辈的科学家相比，当前的高校青年科技人才更注重个人眼前利益的得失，他们将人生的价值目标定位在"看得见、摸得着"的实惠，而对社会贡献、理想追求等层面则表现淡漠。2016 年的一项对 1073 名高校青年人才的调查表明：84% 的青年人才认为金钱是青年科技人才摆在首位的价值追

求。在功利主义价值观影响下，青年科技人才的职业动机往往流于短平快，为此学术失范行为也间或有表现，学术创新意识退居其次。

3. 加强对海归青年科技人才思想引领的任务艰巨

在国际化战略推动下，海归青年科技人才规模逐步扩大。不少海归青年科技人才对国家的发展感到自豪，但却对政治淡漠，对思想政治工作存在误解。尽管每年都参加至少一次以上的思想政治教育会议或活动，但是大部分海归青年科技人才认为"和自己关系不大"，甚至"耽误了科研时间"。从政治意愿来看，愿意接受党组织培养，并争取入党的积极分子比较少。另外，海归青年科技人才会不自觉地将自己的生活境况与同窗校友进行比较，当与他人生活水平差距较大时，容易产生心理失衡，大多数会选择微信朋友圈、BBS、博客等网络社交平台释放吐槽，还有极个别人会把情绪带进课堂。这些也对组织上的思想政治工作提出了要求。

（二）青年科技人才的结构问题

由于我国区域经济、高等教育发展的不平衡，加之国家、地区、高校之间的人才争夺加剧了高校青年科技人才队伍分布的不平衡，主要表现在区域和性别失衡。

1. 青年科技人才发展的区域失衡越来越严重

我国经济社会发展东中西部不均衡，西弱东强，西部高校在核心竞争力包括青年科技人才队伍的竞争力等方面都显著低于东部高校。同时，西部高校拔尖人才和骨干青年科技人才又不断向东部高校流动。从高水平大学青年科技人才占科技人才总数的比例看，西部高校青年科技人才占比更高，年龄段越低，占比差距越大。从青年科技人才的职称结构看，西部高校具有高级职称的青年科技人才比例相较东部高校仍有较大差距（图8）。

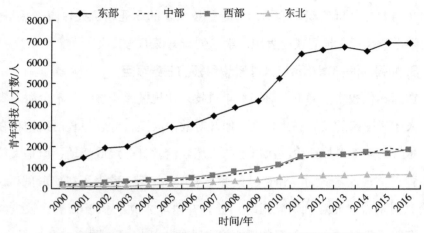

图 8　承担国家自然科学基金项目青年科技人才地域分布变化趋势

数据来源：国家自然科学基金委员会。仅统计了教育部直属高校

　　根据图 8，2000—2016 年，我国承担国家自然科学基金项目的青年教师在各个地域均有不同幅度的增长，增幅最大的是东部地区。2000 年东部地区仅有 1224 人，2016 年增至 6867 人，增长了近 5 倍；中部地区、西部地区数量及增幅基本保持一致；东北地区也有小幅增长，但是数量最少、增速最慢。

　　西部高校的青年千人计划等高层次人才也远低于东部同类型高校。从入选情况看，自 1994 年设立国家杰出青年科学基金项目以来，西部 6 所高水平大学共计入选 141 人，校均约 24 人，而东部高校共入选 1187 人，校均 59人。从目前高校杰出青年在校人数来看，东部高水平大学共计 1338 人，校均约 67 人，西部高校则仅有 139 人，校均为 23 人。

　　随着越演越烈的城市和高校人才大战，地处西部的高校在与东部高校的竞争中持续处于劣势。这样的人才差距最终将影响到西部大开发战略的有效推进和国家整体上的区域均衡发展战略目标实现。

2. 青年科技人才的性别结构失衡趋势需要引起警觉

　　根据我国相关部门统计数据，2015 年我国高校科技人才中，女性比男性少 1.72 万人。45 岁以上科技人才群体中女性比例低于男性 20 百分点，而青年科技人才群体，女性比例已经超过男性比例（图 9、图 10）。

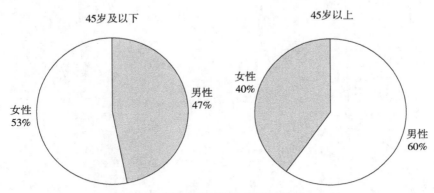

图 9　高校青年科技人才的性别比例

数据来源：教育部科技司提供的 2015 年高校科研活动人员数据

图 10 显示，随着青年科技人才群体年龄的逐渐降低，女性比例逐渐提高。36—40 岁、41—45 岁群体的女性比例尚未过半，而 31—35 岁年龄段女性比例已超过男性，30 岁及以下年龄段女性比例已高出男性 28 百分点，女性比例也有逐渐扩大的趋势。

我国的传统文化里，女性在家庭中承担哺育子女的繁重任务，随着"二孩"政策的放开，女性生育花费的时间和培育孩子花费的精力都有显著的增加。在这样的背景下，如何帮助青年科技人才队伍中的女性更好地平衡好家庭与工作，正成为高校未来科技创新发展的一个可能的重要影响因素。

（三）青年科技人才的职业发展问题

1. 在尊重"师徒"传承基础上如何鼓励独当一面开创新领域

在青年科技人才的发展定位上，高校普遍的做法是通过"传帮带"的传统师徒机制稳扎稳打。在这样的常规体系下，青年科技人才一方面通过加入

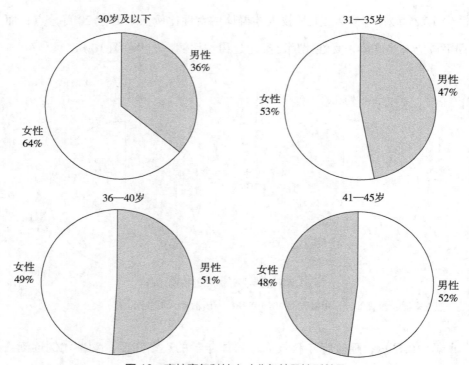

图 10　高校青年科技人才分年龄段性别差异

数据来源：教育部科技司提供的 2015 年高校科研活动人员数据

其中获得发展需要的各种支持；另一方面，其创新潜力可能受到"师父"长期潜移默化的影响，得不到很好的激发。除极少数"禀赋"异常的"精英"能够摆脱"抬轿子"的境地而步入职业发展快速通道，大多数普通青年科技人才在职业发展过程中得不到很好的激发。

青年科技人才发展定位也有一个错配现象。有的研究能力还需要精心呵护，有的已经可以独当一面。但是，部分具有较大潜力的青年人才，为了减少过程风险，往往选择加入一个资深前辈的团队，比较顺利地拿一些对未来发展具有支撑作用的人才"帽子"。有些自身可能潜力不足，却不甘于在既定科研团队中做辅助性工作，宁愿带着几个学生做重复研究，造成了青年科技人才资源的错配。

2. 在重视获取"人才计划"支持同时如何回归科技创新初心

目前，我国已经建立了多层次、多类型的人才计划体系，但是，从"省部级人才称号→国家级人才称号→院士级人才"，顺杆爬式的、以努力获得不同类型、不同级别人才计划支持的发展导向成为青年科技人才的标杆。人才"帽子"终身制带来的弊端也正显现。导致他们为了帽子无法安心地去创新，有了帽子不会安心创新。如何发挥"人才计划"支持作用，激励青年科技人才回归创新初心，显得尤为重要。

3. 在加大精英人才支持力度的同时如何发挥对青年科技人才整体的激励

国家相继启动了"海外高层次人才引进计划"等若干人才计划。加上国家自然科学基金的青年科学基金等基金，国家和相关部委人才计划的支持力度空前。与此同时，各级地方政府和高校自身也先后出台专项人才支持计划，形成很强的合力。各类"高层次人才计划"实质上体现了精英激励的思想，但是"帽子工程"导致高层次青年科技人才把主要精力都围绕争取项目转。如何完成从激励"关键少数"到激励"绝大多数"转变，才应该是"高层次人才计划"的原生价值。

（四）青年科技人才的评价问题

近年来高校注重青年科技人才评价改革，在分类管理、分类评价、强化聘期考核等方面做了许多有益探索。仍然存在选聘不严、考核较空、评价不全，重数量、轻质量，以及导向急功近利等问题。

1. 评价目标功利色彩浓厚

评价目标定位过于狭隘，充斥着"急功近利"色彩。一方面，评价结果出现"趋中"趋势，评价丧失了原本的甄别功效。另一方面，评价过程中出现"轮流坐庄"的现象，使评价成为"走过场"。

2. 评价指标重量轻质

主要以数量作为指标，重"量"不重"质"。一方面，为迎合评价，越来越多的高校科技人才在"发文章、拉课题、出著作"上疲于奔命，学术功利化、学术造假现象屡禁不止。另一方面，过度重视"量"的要求导致低水平论文、著作等科研成果泛滥，不利于高校青年科技人才的长期发展。

3. 职称晋升机制僵化

职称晋升是高校青年科技人才评价的核心利益所在，具有最为重要的导向作用。职称数量配额制造成晋升通道拥堵，强化论资排辈。职称晋升机制不透明，"学霸、学阀"抢"地盘"，控制青年科技人才晋升通道等问题仍然未能杜绝。普通青年科技人才在职业发展过程中面临经费支持、论文发表特别是职称晋升的重重阻力，部分青年科技人才可能会在漫长的论资排辈中变得平庸。

4. 分类评价尚未取得根本性突破

不同层次的高校，由于办学定位、人才培养目标不尽相同，对科技人才考核评价指标的侧重点理应有所不同。目前，各层次高校在科技人才考核评价指标的设计中却无明显差异。对科技人才类型的划分仍不够细致深入，评价标准过于单一，忽视了"青年科技人才"这一群体的特殊性。青年科技人才评价体系内部缺乏联动性，仍处于各项考核"各自为政"的现象当中。这可能误导青年科技人才，也阻碍了青年科技人才潜心研究，厚积薄发。

（五）青年科技人才的薪酬激励问题

薪酬制度是高校青年科技人才成长过程的一个关键因素。优化成长环境、推动自我职业发展，前提是有效解决青年科技人才的薪酬保障问题。近年我国高校青年科技人才的薪酬水平在持续增长，增长幅度位列全球高校前列。在取得成效的同时，还必须清醒地意识到青年科技人才薪酬保障还处在新旧问题叠加阶段。

1. 缺乏顶层设计

"高薪挖人"成为当前研究型大学的一个乱象。高校薪资决定机制中的自主权逐步扩大，校内薪酬制度存在双轨制，青年科技人才薪酬水平校际差异和区域差异凸显。同一学校内院系间的差异也巨大，基础学科、人文学科"创收"困难，收入水平较低。因此，可以说高校的薪酬体系有待改进。

一方面，从国家层面看，我国高校的薪酬制度设计主要涉及人力资源和社会保障部门、财政部门、教育部门，以及高校等。2018 年 4 月，中央深改组会议审议通过了《关于改革国有企业工资决定机制的意见》，进一步完善国有企业收入机制。比较而言，高校等事业单位的收入分配机制的立法规范则有所欠缺。另一方面，从学校内部来看，薪酬体系的割裂问题也很明显，"头痛医头、脚痛医脚"。而如果为解决青年人才队伍建设问题单独考虑青年人才的薪酬体系，则将产生校内薪酬的系统性和公平性问题。

2. 重"帽子"轻知识价值

我国高校现行的薪酬制度常常将科技人才薪酬与科技人才头上的"帽子"捆绑在一起。据调查显示，差异最大的是"千人计划"入选者，收入达到高校普通青年科技人才人均收入的 3.1 倍，即使和全体科技人才对比，具有不同类型"帽子"的青年人才的收入也高于科技人才的平均收入，高 1.4—2.7 倍不等。薪酬制度所体现出的重帽子头衔、轻知识价值的趋势，会误导许多青年科技人才将学术研究定义为"顺杆爬"，使其逐渐沦为贡献各种指标的工具。一部分拿到人才帽子的人才又会待价而沽，扰乱了学校间正常的人才流动和人才资源的合理优化配置（图 11）。

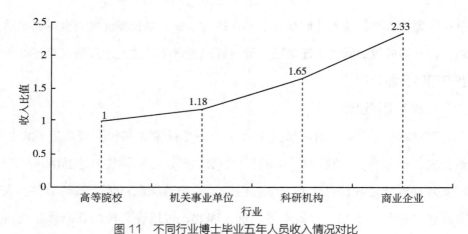

图 11　不同行业博士毕业五年人员收入情况对比

数据来源：黄达人 .《教育部直属高校教师收入结构调查分析与政策建议》，2012 年 5 月

3. 薪酬水平缺乏外部竞争力，薪酬结构比例有待调整

与发达国家研究型大学比较，我国青年科技人才的总体收入水平还不高，整体上不具有国际竞争力。我国高校青年科技人才平均年收入为 17.4 万元，与美国研究型大学助理教授相比，青年科技人才平均年收入仅达到其 1/3。与国内其他行业比较，高校青年科技人才收入也缺乏行业竞争力。

总体上，高校青年科技人才收入满意度低，与薪酬期望存在较大差距。青年科技人才在高校属于低收入人群，10% 的年收入不到 10 万，39% 的年收入为 10—15 万元，收入在 30 万元以上的人群仅占 7.3%。收入水平低成为青年科技人才激励保障体系中存在的主要问题（图 12）。

当前高校青年科技人才的薪酬结构中，岗位工资、薪级工资、国家政策津贴补贴和地方政策津贴补贴等政策保障性薪酬项目的比例仅占 26%，而学校政策津贴补贴和其他收入则占到了 74%（图 13）。薪酬体系与各种项目、论文、奖项、人才计划等指标过多地、简单地挂钩，重数量、轻质量，导向出了偏差，无形中捆绑了青年创新的思路，导致他们过于急功近利。

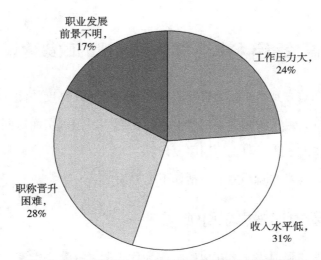

图 12　高校青年科技人才激励保障体系存在的主要问题

数据来源：中国高等教育学会薪酬管理研究分会 2016 年高校青年教师激励保障状况调研数据

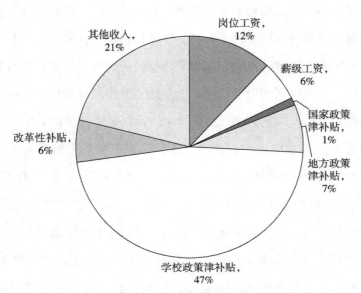

图 13　高校青年科技人才的收入结构

数据来源：中国高等教育学会薪酬管理研究分会 2016 年高校青年教师激励保障状况调研数据

三、加强高校青年科技人才队伍建设的政策建议

从中央到地方到高校，对青年科技人才队伍始终高度关注，给予了诸多的关心和支持，但从实际存在的问题看，仍然需要国家层面协同推进，加强高校青年科技人才队伍建设的顶层设计。

在具体的建议方面，主要包括如下七方面。

（一）着力加强思想引领

中华人民共和国成立之初以钱学森为代表的老一辈科学家，以黄旭华为代表的甘于奉献的时代骄子，以及时代楷模黄大年式的一批科学家，他们科学报国的人生生动地诠释了科技工作者理想信念的强大力量。当前，针对青年科技人才中功利主义驱动的价值观越来越浓的问题，要加强高校青年科技人才的理想信念教育和师德师风养育。引导他们把个人梦与中国梦紧密联系在一起，在实现中国梦的征程中实现个体价值的升华；引导青年科技人才树立敢为人先，开拓创新的敬业精神；引导他们坚持以理想信念引领学生，以道德情操感化学生，以扎实学识服务学生，以仁爱之心关怀学生。

在引导海归人才归国的再适应方面，建议把思想引领融入全面的服务中，寓思想教育于发展的支持中。建议由中央财政设立青年海归科技人才"普惠型"科研启动基金，为职业生涯顺利启航提供启动支持；多部门协同推进评价改革，进一步完善青年海归科技人才学术评价和晋升机制；青年海归科技人才所在单位应加强培训，为海归科技人才再适应提供针对性辅导；建立资深科技人才与青年海归科技人才结对机制，协助海归科技人才构建学术网络并积极融入所在单位的科研环境和学术文化。为青年海归科技人才提供合理发展预期，鼓励其调整好心态尽快"接地气"。

（二）大力提升拔尖人才自主培养能力

高校青年科技人才队伍建设的主要矛盾，已经从青年人才供需失衡向高质量青年科技人才短缺转变。高校青年科技人才的主要来源渠道是博士生教育，提升博士生质量，加强高校青年科技人才的自主培养能力迫在眉睫。

我国博士研究生教育一直存在过度使用、培养不足的问题，从提升青年科技人才自主培养能力角度亟须大力加强博士生教育。建议进一步完善博士生导师制度，推动博士生教育从导师个人指导向导师组合力指导的转变；严格博士研究生培养过程检查及博士毕业论文创新质量的同行审核和答辩监督；减少博士研究生毕业标准中对公开发表学术论文的数量要求，完善国际访学和学术交流的质量机制和模式；扭转部分高校非海外高校博士毕业不聘用的自我否定观念，在高校青年科技人才招聘和引进环节，回归以创新能力作为核心的遴选标准。另外，建议积极探索中国特色的博士后制度，将博士后作为我国高校青年科技人才的重要组成部分。

（三）统筹"人才工程"，防止"帽子"满天飞

据统计，我国国家层面和省级层面分别有人才计划 84 个和 639 个，市县层面人才计划更是多不胜数。"人才计划"或"人才工程"在一定的发展阶段对青年科技人才发展发挥了积极作用，但是当前"人才工程"叠床架屋，消极作用逐渐递增。建议中组部、人力资源社会保障部、财政部、教育部、科技部等建立统一协调机构，全面梳理各类人才计划，制定相互侧重、互相补充、统一评审的人才计划体系；建议制定限项申报机制，限定每个申请人在同一层次人才计划中，只能申请一项；建议明确规定"人才计划"支持期结束后，不再将其曾经获得人才计划支持的经历作为资源分配的依据，避免"人才计划"终身制。

（四）深入实施分类评价，激励青年人才脱颖而出

人才评价是人才发展体制机制的重要组成部分，是人才资源开发管理和使用的前提。为此，中央办公厅、国务院办公厅于2018年2月专门印发《关于分类推进人才评价机制改革的指导意见》，对深化人才分类评价改革进行了专门部署。

高校青年科技人才评价必须围绕实施人才强国战略和创新驱动发展战略，以科学分类为基础，以科研诚信为基础，以激发人才创新创业活力为目的，以创新能力为导向。对主要从事基础研究的人才，着重评价其提出和解决重大科学问题的原创能力、成果的科学价值、学术水平和影响等。对主要从事应用研究和技术开发的人才，着重评价其技术创新与集成能力、取得的自主知识产权和重大技术突破等。对从事社会公益研究、科技管理服务和实验技术的人才，重在评价考核工作绩效，引导其提高服务水平和技术支持能力。在加强科学分类基础上，改革评价指标"求全责备"的倾向，改革高校职称评审过于僵化的问题，系统设计破格晋升的标准和机制，为青年拔尖人才脱颖而出提供稳定的机制，激励拔尖人才朝着政策导向的目标，产出大成果，做出大文章。

（五）完善海归拔尖青年人才服务机制

高校在海外拔尖青年人才的引进和培养中，存在重协助申请人才称号、重向外高薪引进，轻内部培养、轻发展服务等问题。拔尖青年科技人才尤其是海归人才正处于"创新黄金期"，如何做好服务，营造有利于其潜心研究的创新环境至关重要。

建议在加大海归拔尖青年科技人才海外引进力度的同时，积极探索海归拔尖青年人才的培养机制。建议进一步加强与海归拔尖青年科技人才工作生

活密切相关的规章制度、重大事件决策的规范化和透明化建设，密切海归拔尖青年科技人才与学校、院系之间的顺畅沟通；进一步加强海归拔尖青年科技人才的支撑体系建设；加强对海归拔尖青年科技人才生活上、健康上的关心。建议学校相关后勤保障部门建立信息通畅、覆盖全面、主动关心的服务机制，最大限度地把青年教师的理想和追求转化为学校发展动力。

（六）多举措并举缓解东西部高校青年人才发展失衡

当前，东部、中部、西部高校青年科技人才发展不均衡的状态有加剧的趋势，依靠市场调节在短期内难以根本扭转，必须由国家从宏观管理层面予以倾斜支持。此前，相关部委已经在基金项目计划中单列中西部或区域发展基金，产生了积极的导向作用。建议国家继续坚定不移地加强对西部高校发展的重点支持并作为一项长期战略，久久为功；建议教育部等政府主管部门制定并提出加快东西部高校青年科技人才柔性共享机制，创新西部高校人才引进和使用机制，支持东部高校青年科技人才以每年定期在西部高校工作一段时间的方式，带动西部高校的科研和教学水平；建议制定专项研究计划，支持东部高校青年科技人才与西部高校教师合作研究。建议国家进一步加大对西部高校人才队伍建设的支持力度，吸引优秀青年人才全职加盟西部地区高校，营造良好的人才发展环境，培养人、留住人。

建议有关部门高度关注、进一步研究高校青年科技人才队伍中女性比例逐渐递增的趋势的深层次原因及其对中国未来创新的影响。针对青年女性科技人才这一群体及其未来对中国创新能力的影响，提前谋划，研究出台专门的政策举措。

（七）加快推动高校薪酬制度的结构性改革

强化基础性绩效工资的功能和占比对完善绩效工资制度非常重要。建议提高国家工资份额，稀释奖励绩效的比例，使固定工资与奖励绩效工资的比例趋向 7：3 左右。考虑到高校校内各类人才支持计划在促进青年科技人才快速成长中发挥着重要作用，建议对其经费支持和奖励不列入绩效总额。建议在学校内部建立各类人员队伍之间的薪酬联动机制，以保障组织内部的效率和公平。提高基础研究岗位青年科技人才奖励性绩效工资水平，使之占比扩大到 60%；对技术转移和股权激励实行备案制，扩大科技人才的自主支配权；建立薪酬稳定增长机制。目前，稳定的薪酬增长机制还未普遍建立，可借鉴海外高校的经验，通过普涨和设置薪酬阶梯来实现薪酬的年增长。同时，加强人性关怀，针对青年科技人才的个人发展与生活需要，提供相应的额外福利。

四、结束语

青年科技人才作为高校人才队伍的主体和决定未来发展水平的先行指标，正成为践行高校创新使命核心力量、立德树人的主体力量。面向新时代、新目标、新要求，本课题对其成长中遇到的若干关键问题开展深入研究，既非常必要也非常及时。

课题研究过程也是学习领会党的十九大精神的过程，是在高校科技人才队伍建设方面思考如何更好地贯彻落实党的十九大精神的一个集体思想碰撞过程。

课题组对新时代高校青年科技人才队伍建设面临的新形势、新任务、新要求，对新时代高校青年科技人才的定位进行了系统分析；对高校青年科技人才队伍建设取得的进展进行了数据翔实的梳理；从高校青年科技人才既是创新生力军又是育人主力军的任务出发，按照习近平总书记提出的做人民满意的好老师这一对青年教师的殷切期望出发，对照习近平总书记提出的三个"牢固树立"和四个"引路人"的要求，从思想政治素质、职业发展、队伍结构、评价体系、薪酬保障等方面分析了青年科技人才队伍存在的关键问题，从八方面提出了加强青年科技人才队伍建设的政策建议。

站在新时代的历史起点，让我们以习近平新时代中国特色社会主义思想为指引，紧密扎根新时代中国特色社会主义的伟大实践，以更加广阔的视野、更加开放的姿态、更加执着的努力，瞄准2035年进入创新型国家前列的目标，加快高校青年科技人才队伍建设，加速创新型国家建设，为中华民族伟大复兴和人类文明进步做出更大贡献。

参考文献

［1］王海峰，罗长富，李思经. 关于青年科技创新人才成长的思考与对策［J］. 中国科技论坛，2014（3）：131-135.

［2］马灿. 青年科技人才培训意愿的实证研究——以15家高科技企业为例［J］. 中国青年政治学院学报，2014（1）：84-88.

［3］李伟清，孙绍荣，庄新英，等. 政府人才计划在培养科技人才中的作用——上海市"青年科技启明星计划"实施调查与分析［J］. 研究与发展管理，2013（5）：135-142.

［4］董美玲，高校青年科技创新人才培养策略研究［J］. 科技进步与对策，2013（16）：138-141.

［5］牛萍，曹凯. 关于促进青年科技人才成长的若干思考［J］. 中国青年研究，2013（5）.

［6］张相林. 我国青年科技人才科学精神与创新行为关系研究［J］. 中国软科学，2011（9）：100-107.

［7］朱志成，乐国林. 我国高层次创新型青年科技人才的成长与管理分析［J］. 科技进步与对策，2011（9）：142-146.

［8］郭美荣，彭洁，赵伟，等. 中国高层次科技人才成长过程及特征分析——以"国家杰出青年科学基金"获得者为例［J］. 科技管理研究，2011（1）：135-138.

［9］赵伟，屈宝强，王运红，等. 我国环境领域高层次科技人才论文产出分析——以国家杰出青年科学基金获得者为例［J］. 中国科技论坛，2010（12）：112-116.

［10］胡平，吴善超，李聪，等. 我国杰出青年科技人才资助成果的评价研究［J］. 科学学与科学技术管理，2010（3）：190-194.

［11］李晓轩，曹效业，陈浩，等. 我国青年科技将帅人才团队建设及学术交流现状研究［J］. 科研管理，2002（4）：120-127.

［12］赵玉索. 青年科技人才的筛选标准及方法［J］. 科学学与科学技术管理，2002（6）：101-102.

［13］刘素民. 论青年科技人才的创造力［J］. 当代青年研究，2000（6）：30-32.

［14］赵玉索. 青年科技人才的量化评选办法初探［J］. 科学管理研究，2000（1）：57-58.

［15］梁燕，阚维明. 建立青年科技奖励是青年人才培养的有效途径［J］. 研究与发展管理，1996（2）：109-112.

［16］白春礼. 杰出科技人才的成长历程——中国科学院科技人才成长规律研究［M］. 北京：科学出版社，2007.

支持老科技工作者服务科技强国建设

——基于全国老科技工作者状况调查

李　慊　　邓大胜

（中国科协创新战略研究院，北京 100038）

摘要： 老科技工作者是我国重要的科技人力资源，为更好地了解和掌握新时代老科技工作者的新情况、新问题，引导老科技工作者发挥独特优势，中国老科协于 2017 年组织开展了全国老科技工作者状况调查。调查发现，我国老科技工作者拥党爱国，在科普、服农助企、建言献策等领域发挥了重要作用，是我国积极应对人口老龄化的重要依托，是实现第一个百年奋斗目标和向第二个百年奋斗目标进军的可靠力量。但是，老科技工作者发挥作用的过程中仍面临一些障碍，老科技工作者期待完善政策环境、建设适老居住环境、满足学习需求、搭建交流平台。建议将老科技工作者的开发利用纳入各级人才队伍建设的总体规划，切实保障老科技工作者合法权益，支持住宅适老化改造，创新老科技工作者教育发展机制，加强对各级组织建设的支持力度，奖励先进、激发热情，在全社会营造尊重老科技工作者的良好氛围。

关键词： 老科技工作者，调查研究，科技事业

一、老科技工作者是重要的科技人力资源

科技人力资源是科技创新的主导力量和关键要素，反映的是一国或者一个地区科技人力储备水平和供给能力。作为科技和知识的有效载体，科技人力资源是创新驱动的源动力，因此，充分发挥科技人力资源的重要作用，是实施创新驱动发展战略的必然要求。老科技工作者是一支门类齐全、技术精湛、具有高度敬业精神的专业人才队伍，他们长期奋斗在教育、科研、文化、卫生和工农业生产等领域，积累了丰富的实践经验，具有较高的专业技术水平，为国家的科技进步、经济社会发展做出了重要贡献，是党和国家的宝贵财富，是我国科技人才队伍的重要构成。

2016 年 2 月，中共中央办公厅、国务院办公厅印发了《关于进一步加强和改进离退休干部工作的意见》，对做好离退休干部工作提出了要求，强调要主动适应协调推进"四个全面"战略布局和人口老龄化的新形势、新要求，积极应对离退休干部队伍在人员结构、思想观念、活动方式、服务管理等方面的新情况、新问题，更加注重发挥离退休干部的独特优势，引导广大离退休干部在推进全面建成小康社会、全面深化改革、全面依法治国、全面从严治党中做出新贡献。文件还明确提出，要及时把离退休干部对中央重大决策部署、重要改革举措的看法和建议反映出来，为各级党委和政府决策提供参考；鼓励退休专业技术人才依托高等学校、科研院所、干部院校、各类智库、科技园区、专家服务基地、农民合作组织等开展人才培养、科研创新、技术推广和志愿服务。

在转变经济发展方式，调整经济结构，推动科技进步，保障和改善民生等多项工作中应听取老科技工作者的建言和献策，充分汲取他们的经验和智慧，取得他们的支持和帮助，引领和发挥好他们在政治、经验、威望方面的优势，从而更好更快地推进党和国家事业发展。

二、调查组织实施

为更好地了解和掌握新时代老科技工作者在人员结构、思想观念、活动方式、服务管理等方面的新情况、新问题，注重发挥老科技工作者的独特优势，引导老科技工作者在全面建成小康社会的决胜阶段、中国特色社会主义进入新时代的关键时期做出新贡献，中国老科协于 2017 年对全国老科技工作者状况进行了调查、座谈、走访。依托分布在全国 31 个省、自治区、直辖市老科协及 16 个老科协分会开展调查工作。调查对象参照《中国老科学技术工作者协会章程》中关于会员的规定，即老科技工作者主要指具有中级以上（含中级）技术职称达到退（离）休或接近退休年龄的科技工作者，尤其是在科学研究、技术发明、文教卫生、规划管理等领域做出卓著贡献的专家、学者、领导干部和知名人士。根据退离休前或在职时从事岗位的特点，科技工作者包括科研人员、教学人员、工程技术人员、卫生技术人员、农业技术人员、行政管理人员和从事其他科技工作的人员（图 1 ①—④）。

本次调查共回收问卷 3521 份，有效问卷 3397 份，有效回收率为 96.5%。在调查样本中，女性占 28.1%，男性占 71.9%；平均年龄 73 岁；11.7% 退休且返聘，7.2% 在职未退休，81.0% 退休；已退休调查样本中 40.9% 已退休 5 年及以下，24.4% 退休 6—10 年，17.6% 退休 11—15 年，17.1% 退休 15 年以上。

三、老科技工作者志愿参与科技强国建设

（一）老科技工作者饱含爱国主义情怀，衷心拥护党中央

1. 积极关注党的十九大

中国科协对党的十九大的快速调查结果显示，60 岁以上科技工作者中

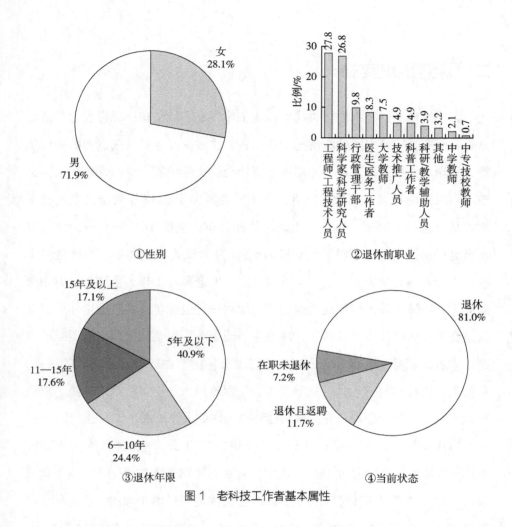

图 1 老科技工作者基本属性

的 88.4% 表示关注党的十九大，84.1% 收看或收听了党的十九大开幕会现场直播，第一时间了解掌握党的十九大会议精神，收看率高于 30 岁以下青年科技工作者（79.2%）。重庆大学教授鲜学福院士说，"我第一时间收看了党的十九届中央政治局常委同中外记者见面会直播，新一届中央领导在治国理政方面拥有丰富的经验，心中充满对党、对民族、对人民的深情与责任，强调全面建成小康社会，一个不能少；共同富裕路上，一个不能掉队；不断增强人民的获得感、幸福感、安全感。我相信，在新一届中央领导集体的带领下，我们一定能朝中华民族伟大复兴的梦想不断迈进。"西安交通大学原校长史维祥教授谈到了老科技工作者以"爱国、奋斗"为核心的"西迁精神"，他们扎根西部，在祖国最需要的地方建功立业。中国探月工程原总设计师孙家栋院士讲道"作为一名老科技工作者，我始终秉持'唯己担当，利国为本，用心做事，献身梦想'的理念。"

2. 对党和国家发展充满信心

老科技工作者高度认同党的领导，关注国家出台的方针政策，对实现国家科技经济发展充满信心，爱国情怀深厚（图2）。如图2所示，92.7%的老科技工作者关注国家政策。其中，26.8%表示非常关注，65.9%表示比较关注。老科技工作者对我国实现"到2020年时使我国进入创新型国家行列，到2030年时使我国进入创新型国家前列，到新中国成立100年时使我国成为世界科技强国"的目标充满信心，其中41.9%非常有信心，49.0%比较有信心。"十三五"规划明确出台渐进式延迟退休年龄政策，对此60.2%的老科技工作者表示赞同，其中12.2%表示非常赞同，48.0%表示比较赞同。

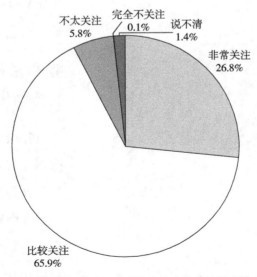

图2　老科技工作者对国家出台的方针政策关注情况

3. 坚持参加政治理论学习活动

老科技工作者长期受党的教育，经历过各种考验和磨砺，政治立场坚定，对党和国家事业忠诚。老科技工作者参与政治理论学习、党建活动的意愿高涨。其中，77.7% 愿意参加政治理论学习（图3），82.6% 愿意参加党组织活动（图4）；在职未退休老科技工作者对参加党组织活动的热情（88.6%）高于返聘（83.0%）和退休（82.1%）老科技工作者。不少老科技工作者带病坚持参加党组织活动，近三成健康状态不佳的老科技工作者每年坚持参加5次以上。

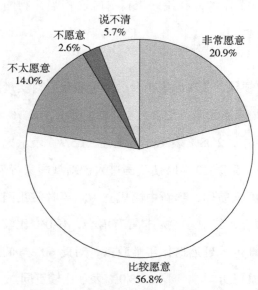

图3　老科技工作者参加政治理论学习意愿

（二）老科技工作者心系科技事业，期待重新出发释放余热

1. 继续发挥作用意愿强烈

老科技工作者在几十年岁月中勤奋学习和工作，在为祖国社会主义建设事业做出贡献的同时，也积

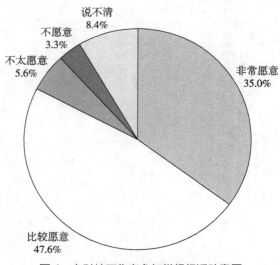

图4　老科技工作者参加党组织活动意愿

累了丰富的专业知识和实践经验。他们的聪明才智并没有因退休而消失，他们对社会主义事业的热情也没有因退休而减退，他们关心科技事业发展，希望能再展所长，继续为国家创新事业发展提供智力支

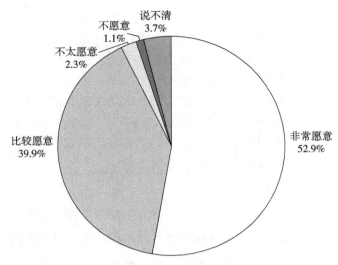

图 5　老科技工作者继续发挥作用意愿

持，实现报效祖国、老有所为的愿望（图 5）。如图 5 所示，92.8% 的老科技工作者表示希望继续发挥作用，为国家科技事业发展贡献力量。其中，52.9% 表示非常愿意，39.9% 表示比较愿意，不愿意继续发挥作用的仅占 1.1%。科教辅助人员（97.1%）、科普工作者（95.8%）、医务人员（94.1%）继续发挥作用的意愿相对强烈。

2. 继续发挥作用形式内容多样化

老科技工作者通过多种形式继续发挥作用，意愿在科普宣传（36.1%）、建言献策（31.0%）、技术咨询（26.5%）、教育培训（26.2%）等领域释放余热。近七成老科技工作者愿意以"老科协报告团"的方式，进企业进农村进社区进学校，去传播技术、传播知识（图 6）。在科普领域继续发挥作用是不同职业老科技工作者的共同选择，从事技术推广、科教辅助工作的老科技工作者中分别有 45.8% 和 41.2% 希望通过科普宣传继续发挥作用，科普宣传也是科学研究人员（36.9%）、行政管理干部（36.8%）、工程技术人员（35.5%）、大学教师（34.8%）、医务人员（33.2%）继续发挥作用的第一选择。

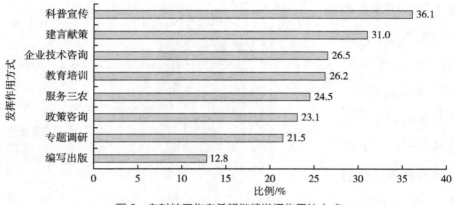

图6　老科技工作者希望继续发挥作用的方式

3. 老科技工作者将继续发挥作用的意愿付诸实践

调查显示，2016 年，43.1% 的老科技工作者曾为企业创新发展提供咨询、提出建议；35.2% 的老科技工作者曾参加科技下乡活动，深入基层开展农业科技推广等活动。40.1% 的老科技工作者 2016 年举办过科普讲座或培训，38.8% 为科普场馆提供过服务。33.5% 的老科技工作者 2016 年曾利用专业知识为政府部门提供过决策咨询。退休前从事科普工作的老科技工作者仍是科普宣传的主力，2016 年，50.0% 和 51.2% 的退休前从事科普工作的老科技工作者为科普场馆提供了服务和举办了科普讲座或培训（图 7）。

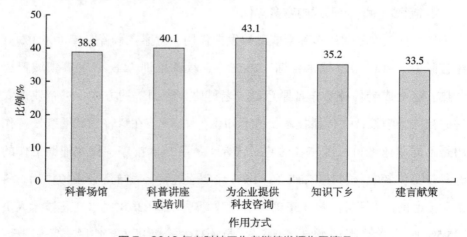

图7　2016 年老科技工作者继续发挥作用情况

（三）老科技工作者投身科普事业，成为科普宣教的"生力军"和"引路人"

1.致力于提高全民科学素质

老科技工作者规模庞大，专业齐全，热心奉献，经验丰富，影响广泛，是扩大科学普及的社会受益面、提高全民科学素质的重要力量，他们已经成为科普宣教的"生力军"。在科普领域继续发挥作用是不同职业的老科技工作者的共同选择，从事技术推广、科教辅助工作的老科技工作者中分别有45.8%和41.2%希望通过科普宣传继续发挥作用，科普宣传也是科学研究人员（36.9%）、行政管理干部（36.8%）、工程技术人员（35.5%）、大学教师（34.8%）、医务人员（33.2%）继续发挥作用的第一选择。2016年，40.1%的老科技工作者举办过科普讲座或培训，38.8%为科普场馆提供过服务。广西壮族自治区近500位老科技工作者组成科普宣讲团，受益群众近300万人次；陕西省有6万人次的老科技工作者参与"科技之春"科普活动，受益群众逾百万人次。孙家栋院士表示要把科学普及放在与科技创新同等重要的位置。

2.为青少年科普引路导航

老科技工作者深受青少年欢迎，广州大学老科技工作者组成的科技辅导团8年间在200余所中小学组织了科技活动，激发青少年的科学梦想，宣讲科学的道理、科技的作用，成为青少年追求科学梦想的"引路人"。

（四）老科技工作者服务"三农"助力企业，为创新驱动发展服务

1.走进农村，服务"三农"发展

涉农专业和基层老科技工作者积极面向农业生产第一线，深入农村基

层开展技术咨询、技术服务、技术培训等活动，推广先进技术，提高农民科学素质，为促进农村发展、农业增产和农民增收贡献智慧和力量。2016 年，35.2% 的老科技工作者曾参加科技下乡活动，深入基层开展农业科技推广等活动。新疆老科协先后组织 50 余位老科技工作者 10 次深入南疆、北疆，深入村户检查指导农村沼气建设，帮助新疆农村家庭开启养殖型沼气生态模式。吉林省的农业老科技工作者解决了上百个蔬菜生产技术难题，推广了 50 余个名优特尖蔬菜新品种，直接跟踪指导 100 余户菜农科学种菜。江西省瑞金市老科协 5 年来举办各类中短期培训班 66 期，受训农户 1600 多人次，其中贫困农户 600 多户，有效地提高了贫困农户脱贫致富的能力。

2. 走进企业，助力企业技术创新发展

部分老科技工作者利用专业技术优势助力企业技术创新发展，为企业创新发展提供咨询、提出建议，提供技术和人才支撑，促进企业技术创新，推动企业科技成果转化，服务企业转型升级。2016 年，43.1% 的老科技工作者曾为企业创新发展提供咨询、提出建议。天津市老科技工作者组成的咨询委员会服务了上百家企业，为企业搭建了产学研合作平台，帮助企业进行知识产权质押贷款和知识产权保护，为企业争取了近亿元市级和国家级财政支持。

（五）老科技工作者发挥经验优势建言献策，强化社会担当

1. 发挥智力参谋作用，为党和政策决策咨询服务

老科技工作者人生阅历和工作经验丰富，社会影响广泛，他们通过参加调查研究、参政议政等活动，为经济和社会事业发展出谋划策、建言献计，使他们的宝贵经验发挥更大效应。31.0% 的老科技工作者希望以建言献策的方式发挥作用，33.5% 的老科技工作者 2016 年曾利用专业知识为政府部门提供过决策咨询。福建省老科技工作者积极开展调研建言，先后向福建省委省政府呈送 20 份调研报告，先后得到 56 次批示，部分建议被纳入福建省人

民代表大会颁布的条例中。

2. 发挥示范引领作用，勇于担当社会使命

调查显示，69.0% 的老科技工作者表示愿意参与国家或地方的公共事务管理，表现出较强的社会参与意愿。其中，西部老科技工作者的参与意愿（70.5%）高于东部（69.2%）和中部（67.2%）。当遇到错误时，老科技工作者自觉担当社会责任，敢于仗义执言。51.3% 的老科技工作者在遇到错误科技信息时，选择向周围人澄清错误；30.9% 选择向相关管理部门反映问题（图 8）。

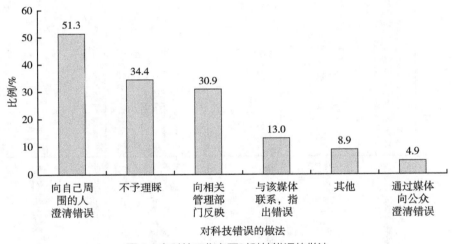

图 8 老科技工作者面对科技错误的做法

四、值得关注的几点问题和期待

（一）政策环境尚待完善，经费激励尚待补缺

1. 期待营造良好的政策环境

党和政府从建设老年宜居环境、发展老年教育等方面出台了相关政策文件，但指导、扶持老科技工作者继续发挥作用、切实做好老有所为的政策相

对缺失，部分政策更新速度较慢、可获取性较低。27.5% 的老科技工作者表示有扶持老科技工作者继续发挥作用的政策文件，45.0% 的老科技工作者希望相关部门出台帮助老科技工作者发挥作用的相应政策（图 9）。部分具有高级专业技术职称的老科技工作者退休前兼任副处级及以上的行政职务，按照相关规定要求，他们在社会团体兼职时不得领取任何报酬和补贴，在参与社会公益事业时需自己支付交通费、通信费、误餐费等基本工作费用。调研中，27.9% 的老科技工作者希望能报销必要的交通费等费用。

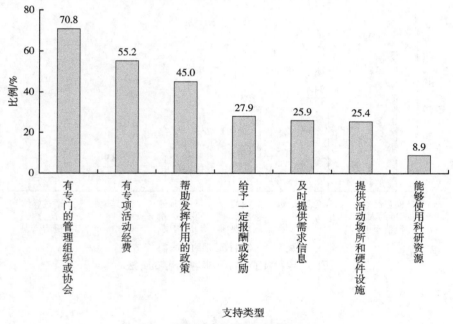

图 9 老科技工作者希望获得的支持

2. 对缺少经费支持、激励机制问题的反映较多

对于老科技工作者继续发挥作用过程中存在的主要困难，41.1% 认为缺少经费支持是继续发挥作用过程中存在的最大困难，其他依次为缺乏相关渠道（27.9%）、缺乏激励机制（26.7%）、退休后不受重视（25.7%）、再工作制度不完善（23.3%）等（图 10）。仅 32.8% 和 10.9% 的老科技工作者反

映有专项用于支持老科技工作者继续发挥作用的经费和奖金。55.2% 的老科技工作者希望获得专项活动经费，27.9% 希望获得报酬或奖励。按照国家政策要求，在学会、协会继续发挥作用的老科技工作者不得领取任何薪酬、奖金、津贴等报酬，这不仅削减了老科技工作者的工作热情，也增大了老科协基层组织的工作难度。55.2% 的老科技工作者期望中国老科协等组织能提供专项活动经费，27.9% 期望有相应的激励、奖励措施。

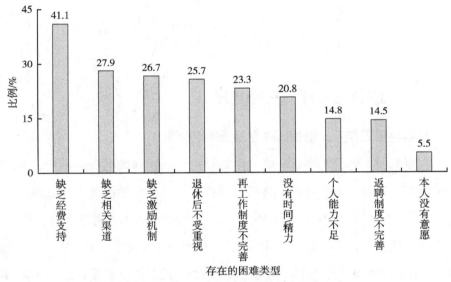

图 10　老科技工作者继续发挥作用存在的困难

3. 老科技工作者继续发挥作用资源覆盖差异较大

老科技工作者继续发挥作用需要多种资源或平台提供支持、激励和服务，调查显示，各类资源覆盖差异较大。84.1% 的老科技工作者表示身边有老科技工作者协会，其他依次为建言献策渠道（64.2%）、活动场地（58.0%）、可使用的科研资源（35.1%）、专项经费（32.8%）、科技成果转化平台（28.4%）、扶持政策（27.5%）、科技成果奖励（26.7%）和专项奖金（10.9%）（图 11）。

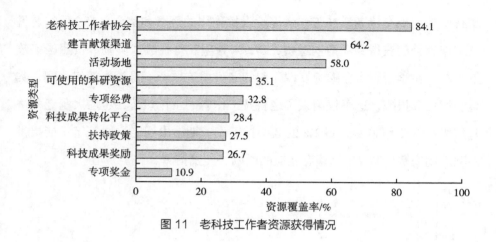

图 11　老科技工作者资源获得情况

（二）适老宜居环境有待建设

1. 老科技工作者反映社区养老服务基础较弱

调查显示，90.9% 的老科技工作者对生活现状较为满意。其中，20.3% 非常满意，70.6% 比较满意。西部老科技工作者的生活满意度（91.9%）略高于东部（90.0%）和中部（89.9%）。60.5% 的老科技工作者对当前的退休金收入感到满意。其中，5.8% 非常满意，54.7% 比较满意，明确表达很不满意的占 6.7%。社区配套资源缺乏（41.1%）是老科技工作者生活中遇到的最大困难（图 12）。其次是缺乏适合老年的生活产品（32.4%）、收入低（22.0%）、精神文化生活贫乏（20.6%）等。东部老科技工作者对社区配备资源缺乏问题的反映相对强烈（42.8%），比例高于中部（40.9%）和西部（38.3%），人民日益增长的美好生活需求和不平衡不充分的发展之间的矛盾凸显。

2. 住宅适老化程度较低增大了出行困难

调查显示，92.3% 的老科技工作者选择居家养老，2.1% 选择社区养老，1.1% 选择机构养老。中部老科技工作者居家养老的比例（93.0%）略高于东部（92.2%）和西部（91.6%）。性别对养老方式的影响不大，男性和女性老

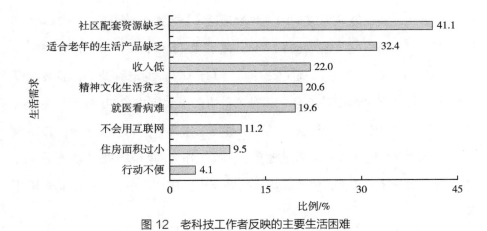

图12　老科技工作者反映的主要生活困难

科技工作者中选择居家养老的均为92.3%。95.6%的老科技工作者居住在楼房，3.5%居住在平房，0.9%居住在别墅。但住宅适老化程度仍较低，62.3%的老科技工作者表示其居住的楼房内没有电梯，87.1%居住在二楼及以上楼层。近三成老科技工作者明确表示不满意当前的居住条件，自评身体不太健康和非常不健康的老科技工作者分别有40.1%和40.0%，他们明确表示不满意当前的居住条件。中国老科协党委书记、老专委会副主任齐让认为，既有住宅加装电梯是满足老科技工作者日益增长的美好生活需要的重要手段，应继续集中力量逐步解决这个长期想解决而没有解决的难题。

（三）期待多样化的学习需求得到满足

1. 继续学习意愿强烈，但供小于求

调查显示，91.7%的老科技工作者希望继续学习，科普工作者的学习意愿最为强烈（95.2%）。继续学习意愿的区域差异并不明显，东、中、西部分别有92.2%、91.1%、91.6%的老科技工作者表达了继续学习的意愿。从学习内容来看，老科技工作者最想学习科技动态相关知识（47.8%），其他依次为医疗保健（39.0%）、书画摄影（26.5%）、智能终端应用（23.6%）、计算

机（21.9%）、文史诗词（17.9%）、政治理论（15.5%）、音乐舞蹈（14.4%）、种植养殖（13.6%）、理财（11.2%）、体育项目（8.0%）、外语（7.5%）、幼儿教育（4.7%）、服装时尚（2.3%）。但有31.3%的老科技工作者表示没有任何学习交流的途径和机会，其对老科协的最大诉求（49.9%）是为老科技工作者提供交流学习的机会。某市老科技工作者协会副会长表示，该市现有的老年教育机构远远不能满足现在老科技工作者的学习需要，应充分发挥老科协人才荟萃、专业齐全等优势，兴办老年科技培训中心，满足其多样化需求。

2. 期待增加交流学习机会

从学习方式来看，54.0%的老科技工作者希望组织参观学习，通过参观的方式学习更多知识，其他依次为定期举办专题讲座和培训（40.2%）、兴建老年大学或其他稳定教学点（34.0%）、获得书籍、视频等学习材料（29.4%）、有网络学习平台（29.2%）和参与学术讲座（27.9%）。中国老科协计划组织"老科协学堂"，定期邀请院士专家举行报告会，86.0%的老科技工作者希望参与其中，表现出较强的学习交流的期待。为满足老科技工作者多样化的学习需求，安徽省安庆市老科协组织40余名老科技工作者参观了千亩高标准农田建设项目基地，在参观学习之余，专家纷纷为家庭农场发展献计献策，在学习中实现了老科技工作者和农户的"双赢"。

（四）期待学会协会搭建广阔交流平台

1. 期待着力搭建学术交流平台

70.8%的老科技工作者希望有专门的管理机构或协会整合资源，在老科技工作者继续发挥作用方面给予支持和帮助。近五成的老科技工作者希望协会、学会为其交流机会，其次为信息技术服务（40.6%）、提供与社会各界交流的机会（31.6%）、政策咨询服务（25.6%）等。东部老科技工作者对学习交流的需求更为强烈（51.3%），略高于中部（49.6%）和西部（47.9%）（图13）。58.4%的老科技工作者希望通过学会、协会组织的渠道继续发挥作用，其他依次为单位组织（42.2%）、单位返聘（16.6%）、社区组织（13.9%）、党组织（13.2%）、个人自发组织（10.7%）、人才市场和中介组织（3.4%），展示了老科技工作者对学会协会的充分信任和信赖。

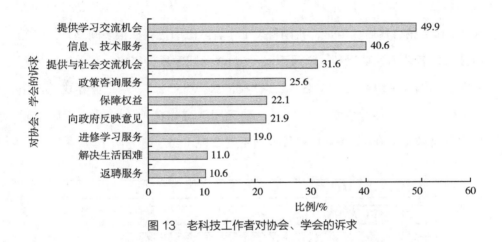

图 13　老科技工作者对协会、学会的诉求

2. 期待打造"老科技工作者之家"

学会、协会是组织老科技工作者继续发挥作用的重要组织机构。84.1%的老科技工作者表示老科技工作者协会为其继续发挥作用提供了资源和平台，西部（85.7%）和中部（85.3%）的比例略高于东部（82.3%）。58.4%的老科技工作者表示通过学会组织的渠道继续发挥作用，其次为单位（42.2%）、社区（13.9%）等，学会、协会在组织科普工作者方面作用更为突出（66.3%）。近九成的老科技工作者认为中国老科协正在筹办的以老科协智库（92.5%）、老科协奖（89.6%）、老科协学堂（89.1%）、老科协报告团（88.0%）、老科协日（83.8%）为主的"五老"工作很有必要，并表现出较高的参与热情。

五、对科技界、老科协发展的评价

（一）老科技工作者认为当前急功近利问题较为突出

老科技工作者比较认可中国科技工作者的能力和成绩。其中，7.9%认为我国科技工作者的科研能力优于发达国家，44.1%认为与发达国家差异不大，36.7%认为稍有落后。但是，我国科技工作者队伍中仍存在很多问题，其中老科技工作者认为急功近利、学风浮躁（67.6%）问题最为突出，其他依次为人才流失到国外（59.4%）、缺乏与公众沟通交流（55.5%）、与企业界缺乏合作（49.2%）、不安心做科研（48.6%）、缺乏团队合作精神（47.4%）、研究脱离实际需求（47.0%）和女性科技人员不受重视（26.3%）（图14）。

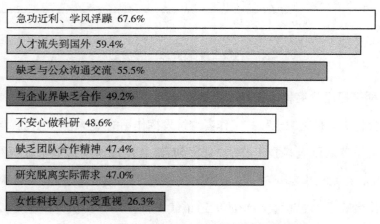

图14　老科技工作者对当前科技界问题的判断

（二）老科协认知度较高，凝聚力评价较高

调查显示，71.9%的老科技工作者表示了解中国老科协。其中，非常了解占13.9%，比较了解占58.0%（图15）。中国老科协认知度的地域差异不大，

存在职业差异，中学教师老科技工作者中有 66.4% 了解中国老科协，该比例在大学教师中占 75.4%。65.4% 的老科技工作者认为中国老科协在凝聚老科技工作者方面发挥了较好的作用。其中，11.5% 认为非常有凝聚力，53.9% 认为比较有凝聚力。凝聚力认可度的地域差异相对明显，西部老科技工作者中 67.7% 认可老科协的凝聚力，东部为 63.8%。

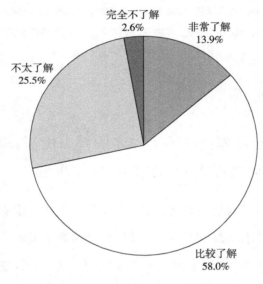

图 15　老科技工作者对老科协的了解程度

（三）"五老"工作的必要性得到认可

中国老科协计划打造"五老"品牌（老科协智库、老科协日、老科协奖、老科协学堂和老科协报告团），进一步帮助老科技工作者继续发挥余热。"五老"工作的必要性得到了老科技工作者的认可。调查显示，92.5% 的老科技工作者认为有必要打造老科协智库，89.6% 认为有必要设立老科协奖，89.1% 认为有必要开设老科协学堂，88.0% 认为有必要组织老科协报告团，83.8% 认为有必要设立老科协日（图 16）。

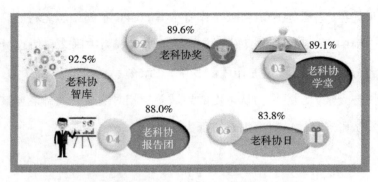

图 16 老科技工作者对"五老"工作必要性的判断

六、政策建议

（一）充分发挥老科技工作者的智力优势，将老科技工作者开发利用纳入各级人才队伍建设总体规划

一是系统梳理和评估现有支持老科技工作者发挥作用的政策措施及其情况，为老科技工作者继续发挥专业技术特长提供政策保障。二是鼓励各地将老科技工作者队伍纳入人才队伍建设总体规划，制定老科技工作者开发利用专项规划，让老科技工作者退休不退业，歇脚不松劲。鼓励专业技术领域人才延长工作年限。三是鼓励政府吸纳老科技工作者参加决策咨询。在专项调查、重点督查等工作中充分听取老科技工作者的意见和建议，发挥老科技工作者的智慧、经验优势和知识专长，组织老科技工作者为国民经济和社会可持续发展提供决策咨询服务。四是支持老科技工作者服务科学普及，建议各级单位支持和组织老科技工作者深入城镇社区、农村、企业、学校，举办科普讲座、传播科学知识，开展科学普及，并把老科技工作者纳入科普和提高科学素质工作队伍建设的范围。

（二）搭建老科技工作者发挥作用平台，切实保障老科技工作者合法权益

一是建立老科技工作者专家人才信息库和老科技工作者成果数据库，逐步形成跨部门、跨行业、跨地区的老科技工作者人才信息网络，通过供需双向选择，实现老科技工作者在更大范围内合理配置。二是做好退休返聘工作，各级单位应根据老科技工作者的业务专长，充分发掘他们的潜力，建议参照在职专家标准提高返聘、外聘的老科技工作者的待遇报酬。推动用人单位与受聘老科技工作者依法签订书面协议。依法保障老科技工作者在生产劳动过程中的合法收入、安全和健康权益。三是鼓励各级老科协继续认真开展"老科协学堂""老科协报告团"等品牌活动，营造学习氛围，支持老科技工作者继续学习，形成定期学习报告制度。四是支持老科技工作者进行二次创业，鼓励联合组建经营实体，要以社会需求为导向、以市场调节为基础，积极支持老科技工作者联合开办咨询公司、培训基地等，帮助有意愿且身体状况允许的老科技工作者接受岗位技能培训或实用技术培训，各级单位不应阻挠老科技工作者接受外单位聘请。五是支持老科技工作者开展科研和著书立说。在课题立项、专著出版、成果评定等方面，相关部门应给予政策性支持。

（三）支持住宅适老化改造，创新老科技工作者教育发展机制

一是鼓励开展既有住宅加装电梯工作，制定适应既有住宅加装电梯的地方标准，实行政府补贴与受益者付费结合的资金筹措机制，支持有实力的企业参与加装电梯的投资、建设和管理。二是加快社区配套设施规划建设，同步建设涉老公共服务设施，增强老年人生活的便利性。三是支持老科技工作

者开展有益健康的活动，建议逐步提高老科技工作者离退休待遇，建立老科技工作者定期疗养制度。四是积极开展老科技工作者思想道德、科学文化、医疗保健、书画摄影、智能应用等方面的教育，帮助老科技工作者获取更多教育资源和机会。积极探索体验式学习、远程学习、在线学习等模式，引导开展读书、讲座、参观、展演、游学、志愿服务等形式的老科技工作者教育活动。推动信息技术融入教育教学全过程，推进线上线下一体化教学，支持老科技工作者网上学习。五是发挥地方老科协优势，结合区域实际，推动美术馆、图书馆、文化馆（站、中心）、科技馆、博物馆、纪念馆、公共体育设施、爱国主义示范基地、科普教育基地等向老科技工作者免费开放。

（四）加强对各级老科协组织建设的支持力度，奖励先进激发热情

一是积极支持老科技工作者人数多、层次高的大型企业、科研院所尽快建立老科协组织，解决好服务老科技工作者"最后一公里"的问题。二是重视发挥老年社团组织的作用，充分发挥各级老科协等社团组织凝聚老科技工作者的桥梁纽带作用，支持各级单位组织建立多类型的专业老年社团，政府部门要加强与老年社团组织的联系，帮助其解决实际工作困难。三是发挥协会、学会网络健全的组织优势，采取大联合、大协作工作方式，联合有关部门和单位，共同组建柔性研究机构和合作平台，逐步健全沟通渠道与合作机制，充分整合各方资源、借助各方力量，形成合力，共同搭建合作平台。四是支持奖励在服务创新驱动发展进程中积极探索、勇于创新，做出突出贡献的老科技工作者和组织。组织各地举荐默默耕耘、无私奉献的优秀老科技工作者，参与中国科协"创新争先奖"评选，逐步提升"老科协奖"的大众认可度和社会影响力，在全社会营造尊重老科技工作者的良好氛围。

参考文献

［1］杜成龙. 发挥老科技工作者作用的思考——基于烟台市的调查研究［J］. 学会，2018（10）：56–59.

［2］马丽萍. 开发老科技工作者人力资源 践行积极老龄观——对话中国老科技工作者协会常务副会长齐让［J］. 今日科苑，2018（9）：4–6.

［3］金易. 论老龄人力资源深度开发［J］. 学术交流，2012（1）：117–121.

［4］王硕，张晶. 老科技工作者期待老有所为［N］. 人民政协报，2011–10–27（C03）.

［5］何钰铮. 老科技工作者是科普工作的主力军——浅谈发挥老科协作用做好科普工作［J］. 今日科苑，2011（11）：84–89.

［6］雷绮虹，葛霆，赵连芳. "公众对老科技工作者开展科普的态度"调查数据给我们的启示［C］// 中国科普研究所. 中国科普理论与实践探索——公民科学素质建设论坛暨第十八届全国科普理论研讨会论文集. 北京：科学普及出版社，2011：267–272.

［7］莫文艺，李松安. "万名专家讲科普"走进社区农村和学校——老科技工作者成为科普宣教的"生力军"［N］. 广东科技报，2015–12–4（7）.

［8］范名金. 充分发挥老科技工作者作用的思考［J］. 今日科苑，2018（4）：67–71.

［9］江西省老科技工作者协会. 发挥自身优势助力精准扶贫——江西省老科技工作者协会助力精准扶贫的实践与思考［J］. 今日科苑，2017（12）：24–28.

［10］《充分发挥老科技工作者作用 服务中小企业发展》课题组. 老科技工作者服务中小企业的对接机制研究［J］. 科协论坛，2015（5）：40–41.

老科协发展轨迹及其运行规律研究

齐 让　徐 强　翟占一　曾清华　陶智全

韩凯明　孙绍荣　唐宏业　张忆平　杨贵树

（老科协发展轨迹及其运行规律研究课题组）

摘要： 本课题主要研究中国老科协成立 30 年来的发展历史轨迹和运行规律，以及对新时代老科协事业发展的建议与思考。分析了老科协产生、发展的时代背景、历史轨迹、重大意义；总结了老科协发挥的重要作用、取得的重大成就和老科协发展运行规律、经验及老科协和老科技工作者具有的独特优势；提出了进一步推进老科协事业发展的建议与思考。

关键词： 老科协，发展轨迹，运行规律

人类社会发展的历史证明了一个道理：国家的强盛，取决于科技实力的强大；民族的兴盛，取决于科技事业的发展；人类社会的进步，取决于科技的不断进步。科技已成为引领人类社会发展的不竭动力。在新的时代，习近平同志发出"向着世界科技强国不断前进"的号令，国家在推行科教兴国、人才强国战略，建设世界科技强国的进程中，科技工作者毫无疑问是中坚力量，发挥着主力军的重要作用。而老科技工作者则是科技强国主力军中不可或缺的重要方面军。

2019 年是中华人民共和国成立 70 周年，也适逢中国老科学技术工作者

协会（以下简称中国老科协）成立 30 周年，还是全国第一个老科协组织诞生 40 周年。回顾中国老科协三四十年来的风雨历程，研究发展轨迹、总结实践经验、探索运行规律，展望发展前景，对充分调动和发挥老科技工作者在建设创新型国家伟大事业中的积极性及聪明才智，在新时代开创老科协事业新局面，具有重要意义。

一、老科协产生、发展的历史轨迹与时代背景

老科协是在特殊的时代背景和深厚的历史渊源中产生和发展起来的科技社团。

（一）老科协产生、发展的历史轨迹

按照时间和我国经济社会发展阶段顺序、各级各地老科协组织的历史沿革，探讨其发展轨迹，老科协的发展可划分为四个阶段。

1. 自发探索阶段（1979—1986）

这一阶段的主要特点是：以 1979 年 6 月中国第一个老科协社团组织诞生为起点。一些分散的离退休科技工作者根据社会和市场的需要，在为中小企业提供技术咨询、科技开发攻关和人才培训中自发形成老科技工作者组织，开展社会服务。20 世纪 70 年代后期，第二次全国科学大会和党的十一届三中全会的召开，提出了四个现代化的关键是科学技术的现代化、科学技术是生产力的观点，确定党和国家工作重点转移到以经济建设为中心，解除了包括离退休科技工作者在内的广大科技人员"白专道路""臭老九"的精神枷锁，激发出他们的工作热情和科技活力。面对如火如荼的经济建设热潮和大批企业科技人才青黄不接的现象，全国工业较为集中的上海市、沈阳市、重庆市、成都市等市一批离退休工程师希望组织起来，继续发挥余热。

1979 年 3 月，重庆西南铝厂退休总工程师王大成和重庆城建职工学院的几位教授，联系其他厂矿、高校的十几位退休工程师、教授，商讨建立组织事宜。同年 6 月，经重庆市科协批准，全国第一个由退离休科技人员自愿组成的老年科技群众组织——四川省重庆市退离休工程师协会诞生。这一组织形式逐步在全国其他地方扩散开来，据不完全统计，到 1986 年年底，先后有上海市、辽宁省、北京市、天津市、吉林省、江苏省、福建省、山东省、湖南省、广东省、甘肃省、宁夏回族自治区、四川省、江西省 14 个省、自治区、直辖市和成都市、沈阳市、济南市、青岛市、广州市、西安市、乌鲁木齐市 7 个省会城市，建立了退离休工程师协会等老科技工作者社团。

2. 全国启动阶段（1986—2005）

此阶段的主要特点是：以 1986 年 10 月中央批转七部委上报的《关于发挥离休退休专业技术人员作用的暂行规定》为起点。党和国家十分关注老科技工作者作用发挥，全国性老科协组织成立，并初步构成了以行政区域、部分企事业单位老科协为团体会员单位，以行业为依托建立分会和专业委员会等为主要组织形式的纵横组织网络，并把围绕党和政府中心工作开展建言献策和科普宣传扩展为老科协的重要职能。1986 年 10 月，中共中央办公厅、国务院办公厅批转中央组织部等七部委上报的《关于发挥离休退休专业技术人员作用的暂行规定》，要求科技等社团利用自身条件和优势积极组织离退休专业技术人员继续发挥作用。1988 年 6 月，中国科协召开座谈会，确定筹建全国退（离）休科技工作者团体的联合会组织，并于 7 月同意联合会组织挂靠中国科协。1988 年 12 月，国家科委正式批复：同意成立中国退（离）休科技工作者团体联合会。1989 年 11 月，中国退（离）休科技工作者团体联合会第一次全国会员代表大会在北京召开。1990 年 2 月 4 日，时任中共中央总书记江泽民亲自前往中国退（离）休科技工作者团体联合会看望慰问专家、学者，向全国退离休科技工作者致以新春的祝福，并题词："团结广大退离休科技工作者为科技进步经济繁荣社会发展和民族振兴再做贡献。"1993年5月，中国退（离）休科技工作者团体联合会第二次会员代表大会确定将"中国退（离）休科技工作者团体联合会"更名为"中国老科技工作者协会（简称中国老科协）"。这期间，全国基本实现省级老科协组织全覆盖，以部门、行业为依托的分会、专委会纷纷建立起来，各级老科协组织进一步完善，初步形成上下纵横的组织网络并积极发挥作用。中国老科协把建言献策、普及科学技术知识、开展科技服务写入章程业务范围，列为老科协的重要工作职能。

3. 快速发展阶段（2005—2013）

该阶段的主要特点是：以2005年2月颁布的《关于进一步发挥离退休专业技术人员作用的意见》为起点。中央文件为老科协工作定位：发挥"团结凝聚离退休专业技术人员的桥梁纽带作用"。地方各级老科协组织进一步发展，组织运行机制基本形成，协会性质、工作职能和目标任务进一步明确和规范，各级老科协围绕中心、发挥优势、服务大局、成绩显著。2005年年初，在胡锦涛总书记的关怀下，以人事部、中央组织部为主，联合6个部委，共同起草了《关于进一步发挥离退休专业技术人员作用的意见》上报中央。中共中央办公厅、国务院办公厅向全国印发了这个意见。该文件明确要求高度重视发挥离退休专业技术人员的作用，发挥中国老科技工作者协会、中国老教授协会等社团组织团结和凝聚离退休专业人员的桥梁纽带作用。各地老科协围绕当地党委政府工作中心，组织引导广大老科技工作者开展专题调研和建言献策工作，积极投入科普宣传、科技服务各项活动。老科协组织体系、运行机制进一步健全完善，有为有位正能量激励机制建立起来。

4. 提升转型阶段（2013至今）

本阶段的主要特点是：以2013年11月党的十八届三中全会作出全面

深化改革的决定为起点。老科协组织在面临全面深化改革和中国特色社会主义进入新时代的新形势下，认识和把握老科协面临的新机遇，解决好老科协面临的新问题，积极探索老科协工作的新思路和新途径。2013 年 11 月 12 日，党的十八届三中全会通过了《中共中央关于全面深化改革若干重大问题的决定》，提出了"要改进社会治理方式，激发社会组织活力"，发挥社团组织的作用，实行政府购买社会服务新举措。中央的改革举措使老科协工作面临一个全新的视角，为老科协的发展提供了新的思路。中国老科协在全面总结、科学分析和完善老科协工作职能任务的基础上，明确提出"四服务"职能，即服务党和政府科学决策，服务全民科学素质提升，服务创新驱动发展，服务老科技工作者；打造和推出"5+2"和"双十百千"特色品牌活动，即"五老品牌"（老科协智库、老科协日、老科协大学堂、老科协报告团、老科协奖）和"两个助力"（助力企业创新行动、助力乡村振兴行动），带领全国老科协组织和老科技工作者推进老科协事业的新发展。

（二）老科协产生、发展的时代背景

1. "向科学进军"群众性科技活动为老科协的产生奠定了人才基础

20 世纪 50 年代中后期，党中央、毛主席向全党全国人民发出了"向科学进军"的号令，全国各地出现了"学习数理化，学习科技知识"的热潮，一大批中青年科技人才成长起来。1964 年，周总理在政府工作报告中首次提出实现四个现代化的目标，各条战线的科技人员脱颖而出，快速增长。他们同这一时期和之前大中专院校培养的毕业生汇聚成为规模可观的科技力量。我国科技人员 1952 年为 42.5 万人、1978 年为 434.5 万人、1986 年为 835.3 万人，其结构分为工程技术人员、卫生技术人员、教学人员、科研人员与农业技术人员（图 1、图 2）。

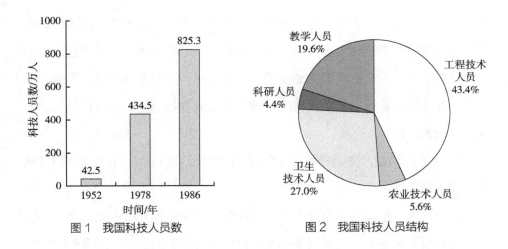

图 1　我国科技人员数　　　　　图 2　我国科技人员结构

据科技部门调查了解，同期离退休老科技工作者约占科技工作者队伍的 10%—20%。这为老科协的建立奠定了人才基础。

2. 党和国家工作重点转移到以经济建设为中心为老科协建立提供了社会基础

20 世纪 70 年代后期，党的十一届三中全会和全国科学大会召开，实现了以经济建设为中心的工作重点转移，国家经济建设突飞猛进。但由于十年"文化大革命"学校停课造成科技人员断代；国家实行干部、职工和高科技人员离休、退休的制度和规定，保留下来的中华人民共和国成立前科技人员和我国自己培养的部分科技人员也逐步到达了退休年龄，使全国科技人员出现了严重短缺的现象。仅据 1982—1989 年统计，全国工业、农业、科研、三产等行业科技人员年均缺口达 200 多万 [①]，这为离退休科技人员继续发挥作用提供了庞大的市场需求和现实需要，为老科协组织的建立提供了社会基础。

3. 党和国家的高度重视为老科协建立提供了政策支撑及思想基础

党中央和国务院多次发文强调要重视支持老科协工作，发挥好离退休科

---

① 杨志雷，孙文军. 乡镇企业技术进步缓慢的原因探析 [J]. 云南科技管理，1998（3）：15–17.

技人员作用，要求"各级党委、政府和有关部门要从实施人才强国战略的高度，重视发挥好离退休专业技术人员特别是老专家的作用，并努力在全社会营造重视、关心、支持离退休专业技术人员发挥作用的良好环境，使他们继续为全面建设小康社会做出贡献"①。这为各级老科技组织的建立提供了政治保障和政策支撑。

4. 离退休科技人员继续发挥作用的强烈意愿为老科协组织的建立和发展奠定了思想基础

各地绝大多数离退休科技人员怀着继续为我国科技发展和经济建设贡献余热的意愿和满腔热情，盼望建立相应机构把大家组织起来，形成合力以更好地发挥作用。有关调查显示，希望退休后能继续发挥作用的有 92% 以上。事实上，他们中的大多数都在以不同形式继续发挥作用。按此推测，目前，我国希望和正在以不同形式发挥作用的老科技工作者人数预计超过 1000 万人，这又为老科协组织的建立和发展奠定了思想基础。

5. 新时代，为老科协事业和老科技工作者发挥作用提供了更加广阔的发展前景和活动空间

①党和国家的重大决策部署给老科协事业发展带来新的动力和新的机遇。党的十九大和"科技三会"的召开，习总书记的重要讲话，既为老科协事业提供了重要精神寄托和发展动力，也对老科协工作提出了新的更高的要求，给广大老科技工作者搭建了在新的时代，在进军世界科技强国、建设创新型国家的伟大事业中发挥余热、再做贡献的大舞台，老科协事业必将迎来一个蓬勃发展的新阶段。②中央关于全面深化改革的《决定》和有关重要会议文件精神给老科协事业发展带来新理念和新思路。中央关于全面深化改革

---

① 中央组织部，中央宣传部，中央统战部，人事部，科技部，劳动保障部，解放军总政治部，中国科协.关于进一步发挥离退休专业技术人员作用的意见［DB/OL］.（2005-02-23）［2020-03-31］. http://law.51labour.com/lawshow-97140.html.

的决定、习总书记系列重要讲话和中央的群团工作会议、离退休干部工作会议及中央下发的相关文件精神、《科协系统深化改革实施方案》等政策规定，对科协系统社团组织的生存与发展提出了新的要求，对于准确把握老科协组织工作定位，充分认识发挥老科协组织和老科技工作者作用，始终保持老科协组织的政治性、先进性、群众性具有十分重要的意义。③我国面对的人口老龄化问题，给老科协工作提出了新任务和新要求。按照国际通行的老龄化社会标准，1999 年，我国开始迈入老龄社会。老科技工作者是离退休老人群体中的一个重要群体，至 2018 年我国离退休的老科技工作者人数超过 1600 万人（2010 年为 1000 万人），占离退休人员的 10% 以上，其中 600 万人是近 10 年来进入退休年龄的"低龄健康的老科技人员"①。根据我国当前的退休政策，按 1977—1987 年高考录取数预测，未来十年我国离退休科技人员的数量至少还将增加 600 万人以上（不包括其他途径取得高等或中等教育学历、通过技能鉴定的高技能人才）。做好科技队伍老龄化工作，是应对人口老龄化社会问题的一个重要方面，是老科协面临的新任务和新要求。

二、老科协存在、发展的重要作用和重大意义

（一）老科协发挥的重要作用和取得的主要成果

各级老科协积极发挥桥梁纽带作用，团结带领和联系 1600 万名老科技工作者，坚持"围绕中心、服务大局，积极作为、量力而行，发挥优势、务求实效"的原则，在开展四服务、传递社会正能量、维护社会稳定、助力世界科技强国建设中发挥了积极作用，取得了较大成就，做出了重要贡献，不断谱写出新的篇章。

---

① 马丽萍. 开发老科技工作者人力资源 践行积极老龄观——对话中国老科技工作者协会常务副会长齐让 [J]. 今日科苑，2018（17）：4-6.

1. 坚决拥护和服从党的领导，坚定不移听党话、跟党走，政治建会成果丰硕

30多年来，各地老科协带领老科技工作者认真学习贯彻党的路线、方针、政策，坚决拥护和服从党的领导，坚定不移听党话、跟党走，强化政治引领，坚持政治方向，突出政治建会，为维护社会稳定、传播正能量做出了积极贡献。尤其是党的十八大、十九大召开，进入社会主义新时代以来，学习习近平新时代中国特色社会主义思想，把坚持正确的政治方向，坚定听党话、跟党走的信念放在各项工作的首位，进一步增强老科协组织的政治性、先进性、群众性，联系实际推进老科协事业的发展，不断开创老科协工作新局面，取得了政治建设的丰硕成果。

2. 服务党委、政府科学决策，充分发挥老科协智库作用成效显著

遵照中央关于加强决策咨询工作的精神，充分发挥老科技工作者的优势，始终将开展建言献策、决策咨询活动作为老科协的一项重点工作。据不完全统计，各省、自治区、直辖市老科协和中国老科协部分分会、直属团体30年来所提建议20余万份。近10年来，得到省部级领导批示的有2000余份，得到国家领导人批示的有近百份①，为推动国家各项事业的发展做出显著贡献。

3. 服务"三农"，助力精准扶贫和乡村振兴贡献突出

各地老科协始终坚持把服务"三农"工作放在重要位置，调动广大老科技工作者奉献热情和科技优势，助力乡村振兴，为脱贫攻坚、促进经济社会发展做贡献。据不完全统计，30年来，各级老科协组织在精准扶贫和助力乡村振兴工作中，开展科技培训20余万次，受益3000多万人次；举办示范基地（点、园）2万余个，推广新技术2万余项；科技扶贫100余万户，脱

① 中国老科学技术工作者协会. 中国老科协30周年系列丛书：大事记［M］. 北京：中国科学技术出版社，2019：4-8.

贫60余万户①，全国300多个老科协组织被评为各级助力脱贫攻坚先进单位，受到表彰。

4. 服务全民科学素质提升，深化科普知识宣传教育大众受益

围绕建设创新型国家和经济社会发展，开展了丰富多彩的科普工作。以多种形式做科学报告和讲座，开展科技培训，编辑出版科普图书、科普画册，助力中西部地农村中学科技馆建设。据不完全统计，各级老科协成立的报告团有5000多个，老专家5万余人，举办科普报告30余万场，受益人数达3000多万人次；截至2018年年底，建设农村中学科技馆850所，已运行700余所。

5. 服务创新型国家战略实施，助力企业创新发展开花结果

一大批老科技工作者采取不同方式从事参与科技研发、技术革新和推广，助力企业技术进步。不少老专家获得国家级和省、市级科技进步奖。30年来各级老科协为近2万家企业进行了技术咨询服务，服务项目近5万个。

6. 服务老科技工作者，建设温馨和谐的老科技工作者之家

在中国老科协带动下，各地老科协充分发挥桥梁纽带作用，大力开展服务老科技工作者的各项活动。多次开展调查研究，帮助老专家排忧解难，保障合法权益。根据党和国家有关文件精神，各地老科协还结合实际，争取政府部门出台相关政策文件，使广大老科协工作者和老科技工作者受到极大鼓舞。努力把老科协建成会员的温馨和谐之家，为确保老科技工作者这个重要群体的和谐和稳定做出了重要贡献。

（二）老科协存在、发展的历史必然性和重大意义

我国老科协在改革开放和现代化建设的滚滚时代潮流洗礼中前行，其发展壮大具有历史必然性和重大而深远的理论与实践意义。

---

① 中国老科学技术工作者协会. 中国老科协30周年系列丛书：大事记［M］. 北京：中国科学技术出版社，2019：4–8.

1. 老科协的产生和发展是我国社会发展阶段的一个必然现象

经过 10 年"文化大革命"后进入改革开放大潮的新时期，在吹响以经济建设为中心实现四个现代化的号角声中，由于"文化大革命"学校停课造成科技人才断层，十分需要老科技工作者继续发挥作用。在这样的历史阶段，老科协的诞生成为一个必然的现象。即使在进入新时代的今天，国家建设和发展仍然需要通过老科协这样的组织，带领广大老科技工作者，依靠自身优势发挥作用。

2. 老科技工作者队伍仍然是建设科技强国、实现中华民族复兴的一支不可或缺的重要力量

按照当今国际上对人的年龄段的划分，退休的科技人员中绝大多数正值六七十岁的黄金年龄时期，尤其是退休专业技术人才，仍然是科技发展的一支重要力量，是国家重要的人才资源储备。从目前我国科技人才的现状看，科技人才还远远不能满足经济社会发展的需求，尤其是基层一线科技人员匮乏问题仍然突出。同发达国家相比，在科技人才与总人口比例上差距还较大。2017 年，我国万名就业人员中科技人员数仅为德国、韩国的 1/3 左右，日本、俄罗斯、英国的 1/2 以下[1]。合理地开发和使用老科技工作者力量，充分发挥老科技工作者的作用，既可以缓解科技人才供需矛盾，又能保持科研项目的连续性、持续性和科学普及的广泛性、科技活动的群众性。

3. 老科协成为党和政府团结凝聚广大老科技工作者的桥梁和纽带、组织老科技工作者发挥作用的重要平台

老科协的存在与发展，对于团结服务老科技工作者，充分保障他们权益，组织引导他们开展老有所为、老有所乐、老有所学、老有所养的各项活动，维护社会稳定和安定团结，具有不可替代的重大作用。

---

[1]　中国老科学技术工作者协会. 中国老科协 30 周年系列丛书：大事记［M］. 北京：中国科学技术出版社，2019：4–8.

4. 新时代老科协和老科技工作者有其他社团组织无法比拟的特点和优势

①党和国家及地方各级党委、政府多次发文，明确指出要重视支持老科协和老科技工作者发挥作用，明确老科协是党和政府联系老科技工作者的桥梁和纽带；②老科协所承担的工作任务与国家经济社会发展和建设科技强国、实现两个一百年奋斗目标最直接紧密地联系在一起，服务对象——以全社会各类群体并且以基层群众为主体，服务内容——包含经济社会和群众生活的各方面，活动方式——各级老科协通过搭建平台直接地、面对面开展服务，活动成果——直接惠及广大群众；③老科协具有"老"字与"科"字的双重特点、双重优势和双重作用，"老"字不仅仅是从年龄上看而且具有资深的含义，"科"字表示是科技工作者，两者相加形成老年群体中的精英群体；④老科协是一个公益性很强的兼具社会性、群众性、服务性、公益性的组织。

三、老科协发展运行基本规律和主要经验

我国老科协自诞生以来，在几十年的奋进发展中不断摸索老科协自身发展运行的基本规律和工作经验，在继续推进老科协事业新发展中需要认真把握和坚持这些规律与经验。

（一）老科协发展运行的基本规律

1. 坚持党对老科协事业的领导是老科协健康发展的根本保证

各地老科协自成立以来，始终把坚持党的领导、牢牢把握正确政治方向，作为老科协事业健康发展的根本保证。坚持把贯彻党的基本理论、基本路线、基本纲领、基本经验，落实到老科协工作的各方面。同时，加强了党组织建立工作。根据对全国各地58个老科协组织的调查，截至2018年年底，已建党组织的占59%，正在筹建党组织的约占19%。各级老科协坚定与党

中央和各级党委站在一起、想在一起、干在一起，主动宣讲发展变化和主流声音，弘扬和发展积极健康的政治文化，为做好老科协工作提供坚强的政治保障。

2. 坚持充分调动老科技工作者积极性是做好老科协工作的内在动力

老科技工作者饱含爱国主义情怀，政治立场坚定，超九成关注国家政策，对党和国家未来充满信心。据调查，92%以上的老科技工作者希望退休后能继续发挥作用，为国家科技事业发展贡献力量。广大老科技工作者老骥伏枥、燃烧余热，是我国一个特殊的优秀精英群体。学习他们乐于奉献、不计报酬的优秀品质，继承他们兢兢业业、励志前行的光荣传统，激发他们发挥余热、老有作为的奋斗精神，这是弘扬社会主义核心价值观的充分体现，是促进老科协工作进步的力量源泉，是老科协事业发展的强大内在动力。

3. 坚持"四服务"工作定位是老科协事业与时俱进的根本要求

"四服务"，是对30多年来老科协工作的科学总结，是老科协的基本职能和职责，是老科协服务宗旨的具体体现。实践证明，坚持"四服务"工作定位，有利于充分发挥老科协组织作为党和国家联系老科技工作者的桥梁和纽带作用，有利于充分发挥老科技工作者老有作为、积极作为的重要作用，是老科协事业与时俱进的根本要求，为老科协事业开拓了更大的发展空间。

4. 坚持打造和创新活动品牌，突出开放型、枢纽型、平台型特色，是增强老科协影响力提升社会形象的重要载体和抓手

中国老科协加强顶层设计，突出开放型、枢纽型、平台型特色，以"5+2"工作品牌作为抓手，着力打造"五老"品牌和"两个助力"行动，量力而行，尽力而为，服务经济社会发展。据不完全统计，全国各级老科协创建叫得响、有特色、影响大、效果好的工作品牌近千个，有效提升了老科协的影响、地位和形象。

5.坚持重心下移团结联系地方和下级老科协,是铸就老科协强大凝聚力的有效途径

各地老科协坚持把工作重心放到下级和基层老科协与老科技工作者上,积极开展对上下左右老科协组织的沟通与联系,关心支持下级老科协,开展多种形式的研讨交流活动;加强对下一级老科协组织的指导与服务,帮助协调解决困难和问题。老科协工作在坚持民主办会制度的同时,积极开展横向和纵向拓展工作,扩大分会、专委会和团体会员单位队伍,团结凝聚更多基层尤其是科研单位老专家,为他们办实事,更好地发挥他们的作用。

(二)老科协工作的主要经验

1.把握定位,发挥优势,量力而行

实践证明,开展老科协工作首先要准确把握老科协组织定位,发挥自身优势,根据现有力量设定老科协的目标和任务。把充分发挥党和政府联系老科技工作者的桥梁纽带作用,凝聚、激发老科技工作者智慧和奋斗精神,发挥余热再做贡献,作为老科协的根本任务。工作中避免不求实际的行政化的发展趋势,但又严格按照老科协组织基本职能和民主办会要求,积极主动做好老科协工作,把分散的老科技工作者组织起来,实现老年科技人才的智力整合、人才组合、学科综合,变个体智慧为群体优势,变单兵作战为集团奋战,形成了再做贡献的巨大合力。

2.积极争取,主动作为,有为有位

大多数老科协在工作中都十分重视争取中央和各级党委、政府关心重视老科协事业发展,争取相关部门指导、支持老科协发挥作用。一些地方的科协把老科协工作纳入管理之中,统筹考虑,一起安排部署、一起督促检查。不少协会领导放下架子主动向党委政府及业务部门领导请示汇报,得到了领导的肯定、鼓励和指示、要求。这有利于我们组织老科技工作者紧扣时代、

围绕中心、服务大局、主动作为，做到有为才有位，有位更有为。

3. 坚持宗旨，履行职能，服务发展

"为党政分忧、为百姓解难、为老科技工作者服务"，这是我们一些老科协组织对老科协宗旨的具体化、形象化表述。实践证明，只有坚持好这一宗旨，才能更好地全面履行"四服务"职能，打造出丰富多彩、形式多样、可以复制的老科协工作品牌，搭建服务老科技工作者的平台，为助推经济社会发展积极服务，在建设世界科技强国的伟大事业中发挥优势，再做贡献。

4. 理顺机制，政策导向，制度保障

从 30 多年老科协工作运行轨迹和规律看，全国老科协基本形成了一个统一的组织网络和运行机制，上级老科协尤其是中国老科协在依照党和国家有关政策法规，争取必要的配套政策、制度，建立起适合老科协发展的有效运行机制和科学管理模式，为老科技工作者发挥余热创造有利条件，发挥了很好的作用。各省、自治区、直辖市老科协在理顺运行机制，发挥顶层设计、政策导向和制度保障作用方面，不同程度地取得了好的成果。

5. 强化组织、建好队伍、提升能力

实践证明，老科协事业得以发展，需要不断加强组织与能力建设，这是抓好协会工作的关键环节。①中国老科协近几年明确提出了"横向到边纵向到底"的组织网络设想。根据对 17 个省、自治区、直辖市老科协的调查，实现了地、市、州级老科协全覆盖的 11 个；实现县、市、区级老科协全覆盖的 3 个，达 50% 以上的有 9 个。黑龙江省、江西省乡镇老科协组织覆盖率为 70% 以上，湖南省老科协实现了市、州，县、市、区和乡镇三级老科协组织全覆盖。②注重了会长、秘书长及班子主要成员的选配。大多数老科协都坚持从同级四大班子退休领导人中挑选会长，从科研院所和党政部门退休的同级科技精英和领导干部中选配秘书长，注重了行政管理、自然科学、社会科学人员的融合互补和年龄的梯次搭配。③各地老科协多数都建立了老专家

智库组织，成立了专家咨询组、科普宣讲（报告）团、科技服务站等。④思想业务能力建设上，主要采取以会代训的形式，组织主题论坛，开展专题讨论和交流活动。统一思想认识；开展业务培训，交流探讨开展老科协工作的新措施、新办法。

6. 深化改革，坚持创新，持续发展

随着我国各方面改革的推进，尤其是政府职能改革的不断深化，不少老科协组织主动融入全面深化改革洪流，改变旧有思维模式，坚持不断创新发展理念，创新工作思路和工作方式。有的老科协积极主动承接政府职能转移，为政府购买社会服务提供多种多样的项目选择，在发挥老科技工作者的作用、拓展经费来源及保障渠道等方面走出了新的路子。

四、推进新时代老科协事业新发展的建议与思考

30 多年来，老科协事业不断发展，得到了国家和社会的充分认可。但在新的形势任务面前，老科协事业也进入转型提升的新时期，老科协工作仍有较多与新形势新任务不相适应的突出问题，需要我们认真思考和面对。

（一）当前老科协工作上存在的主要问题

1. 仍有一些领导和部门对老科协工作和发挥老科技工作者作用重视不够

一些领导和部门认为老科协是"没事找事、管闲事"，对老科协态度消极，甚至担心老科协和老科技工作者多事。对中央关于重视老科协和老科技工作者作用发挥的指示、文件及领导讲话精神了解不够、贯彻执行不够有力。

2. 一些老科协班子和队伍存在不健全、不稳定问题

不少会长、秘书长及工作人员不想干，要求辞职；老科协领导班子尤

其是会长、秘书长人员选配难；专家队伍和工作人员普遍存在年龄偏大的问题，从而导致"老化"现象突出。

3. 老科协体制、机制及有关政策规定不够完善

目前还存在协会工作机构及人员设置无所遵从；老科技工作者退休后科技创新服务和创新成果与本单位在职科技人员享受同等待遇缺乏制度保障，老科协兼职领导必要的工作经费无法落实等问题。

4. 一些老科协组织无钱办事、无场地办事和无人办事的"三无"问题仍然存在

工作经费无法按正常渠道拨付，过去可以通过多种渠道筹集经费的做法无法实施。不少老科技工作者，以及较多的单位老科协组织"三无"问题较大。

5. 一些地区和单位的老科协工作发展不够平衡

部分地区和单位老科协工作开展不力，个别老科协组织濒临解体或名存实亡；有的队伍老化，对新知识了解不够，知识保鲜度差；有的素质跟不上，工作能力较弱，工作方法单一。

（二）对当前存在问题的原因分析

1. 对老科协和老科技工作者重要作用和意义认识不到位

一些地方和部门没有认识到忽略老科技工作者作用是极大的人才浪费。指导老科协工作的有关文件因发布时间较长，加上缺乏具体可操作性实施办法的跟进，其政策性、指导性减弱。一些部门近年下发文件的贯彻中显现出权威性不够的问题，提出的要求在一些地方没得到落实。社会上对老科协组织及老科技工作者作用的认知与宣传缺位。

2. 顶层设计、政策导向上的作用发挥不到位

①老科协组织的性质、地位、作用缺乏新的权威性定论。虽然老科协章

程有所涉及，中央文件也有过明确表述，但由于发文时间过久，一些领导的讲话不够明确，导致下面理解偏差。②体制机制上缺乏统一规范和要求。协会领导应如何构成，主要领导（会长、秘书长和协会法人）应由什么人担任；协会秘书班子如何设置，缺乏统一认识和明确要求；对老科协组织上下级关系上如何既区别于行政管理部门又有利于工作开展的有效方式缺乏明确规范。③一些关系老科协生存和发展的具体政策规定和操作规范缺乏。协会工作基本保障条件，如办公场地、工作人员及待遇、经费保障，缺乏权威性规定；老科协兼职领导和专家配发必要工作经费等缺乏可操作性实施办法；老科技工作者退休后开展科技创新服务的报酬和科技创新成果转化与本单位在职科技人员享受同等待遇上的政策、制度欠完善。④社会上一些非社会主义核心价值观导向的负面作用对老科协工作也产生了一定影响。

3. 老科协组织自身作用发挥不到位

一些地方老科协班子成员和工作人员，缺乏做好老科协工作的责任心、使命感，工作有其名而无其实；有的协会由于自身作为不够，不能有效地引起党委政府的重视支持和社会关注；有的老科协人员不爱学习吃老本，有的协会因基本条件无保障有劲使不上。

（三）对解决好当前主要问题的思路与对策

1. 采取有效措施提升老科协的社会形象

通过各级党委政府的文件、领导的批示和报纸、电视、网络等媒体，以及书刊、文艺等形式和途径，宣传老科协 30 多年来取得的成绩、老科协工作的重大意义和作用，扩大老科协的影响，提高社会对老科协和老科技工作者作用及重要性的认识，形成良好的舆论环境和弘扬社会主义核心价值观的导向。

2. 争取中央和各级党委、政府更加关心和重视老科协工作

从上至下通过党委、政府的明确要求和老科协自身作为的影响，提高

有关领导和部门对老科协组织和老科技工作者作用发挥的重视程度，使其做到真重视、真关心、真支持。为此，①需要在中央出台的相关文件和规定中再次强调发挥老科技工作者和老科协作用的重要意义及明确的政策要求和保障措施；②恢复和继续坚持并强化由组织部门牵头，宣传、人社、科技、财政、教育等部门配合的老科协工作联席会议制度；③坚持组织、人社、科技、科协等部门分管领导出任老科协副会长的传统做法；④各级各地老科协都要主动争取党委、政府和有关部门的领导与指导，以自身的主动作为获得领导的关注、重视与支持。

3. 进一步理顺老科协内在运行机制

老科协应进一步优化协会运行管理机制，解决体制、机制不完善问题。①采取有效办法解决协会班子不稳定问题。建议建立由同级组织部牵头并考察审定，科协、老科协共同推荐，会员代表大会选举产生的老科协领导班子选配机制。要通过权威部门或在中央有关文件中明确，由组织部门负责，从体制内干部群体中选配有管理能力并热心公益事业的退休领导干部担任会长、秘书长和法人代表。相关业务主管部门对协会领导构成，会长、秘书长和协会法人代表的选配对象，有一个相对统一的认识和规范。②理顺协会秘书工作机构。积极推进协会秘书长专职化、秘书工作班子实体化改革进程，可通过中央组织部和人力资源社会保障部明确认可，推广中国老科协和湖南省、山东省、黑龙江省、甘肃省、宁夏回族自治区等省、自治区老科协秘书处设置模式，在科协内部设置老科技工作者服务部门并承担老科协秘书工作班子职能，再适当聘用退休和社会人员作为补充。对协会工作机构及人员设置由主管部门根据工作职能任务需要，提出一个相对规范的基本要求，避免各行其是。③积极吸纳低龄老科技工作者加入老专家队伍。把建立和规范老科协智库、老专家科普宣讲团、老专家工作服务站和老专家科技服务营地（基地）作为老科协队伍建设的重要任务，要吸纳相对年轻的（60—70岁）、热心科技事业的低龄老专家和管理人员加入老科协老专家队伍，着力改变队伍年龄偏大和新人接替难的问题。④进一步理顺老科协上下级层际关系。上级老科协在做好本级工作的同时，有责任有义务加强对下级老科协工作的指导，要多从整个系统考虑问题，及时与有关部门沟通，协调解决下级老科协自身建设上的实际问题。要强化协会理事会议制度，担任上级老科协理事等职务的下级老科协有责任、有义务按照上级老科协要求做好工作。

4. 采取有效措施落实和完善有关政策法规

①督促落实中央和有关部门文件关于解决好老科协工作条件的要求，完善老科协组织经费预算方式的可操作性规定，可学习湖南省、黑龙江省老科协的做法，与财政等有关部门联合发文，明确规定把老科协经费纳入政府财政盘子支付。②落实好党政领导和专家退休后在老科协兼职期间必要的工作经费的相关要求，建议参照中央组织部关于退休或不担任实职党政干部到一些组织和企业兼任党组织书记的有关规定，明确必要工作经费范围（如交通、通讯、工作餐及学习资料费等）和标准的具体操作办法。③争取国家出台老科技工作者退休后的创新成果与本单位在职科技人员享受同等待遇的可操作性政策规定，落实好中央《关于进一步发挥离退休专业技术人员作用的意见》文件要求。④研究探讨新时代老科协如何实施非营利性实体化发展模式，发挥优势积极探索购买政府服务的路径方式，依法依规多渠道解决老科协领军人才和运转经费的问题。

（四）对新时代推进老科协事业新发展的思考与展望

2019年10月，习近平总书记在批示中强调：老科技工作者人数众多，经验丰富，是国家发展的宝贵财富和重要资源。各级党委和政府要关心和关怀他们，支持和鼓励他们发挥优势特长，在决策咨询、科技创新、科学普及，推动科技为民服务等方面更好发光发热，继续为实现两个一百年奋斗目标、实现中华民族伟大复兴的中国梦贡献智慧和力量[①]。习总书记的批示，充分肯定了老科协 30 多年来取得的成就，强调了发挥老科技工作者作用的重要意义，对关心关怀、支持、鼓励老科技工作者发挥优势特长提出了明确的要求，是对广大老科协和老科技工作者的极大鼓舞，是我们继续做好老科协工作的行动指南。展望老科协事业的发展前景，我们更加信心百倍。

进入新时代、踏上新征程，推进老科协事业新发展，老科协工作要有新气象、新作为。要始终牢记新时代老科协工作责任和使命，牢固树立守正创新、聚力发展的思想理念，

继承和发扬 30 多年来形成的优良传统、发展规律和宝贵经验。进一步强化老科协工作的大局观念，把老科协工作纳入促进我国科技创新、推动经济社会发展、建设世界科技强国和提升公民科学素质的大局，纳入党的建设工作的大局，纳入国家人才工作大局，纳入国家精神文明建设大局，纳入应对老龄化社会问题工作的大局，纳入党和国家科技工作的大局。要把发挥老科技工作者作用的工作作为党和国家科技工作的重要组成部分，作为科协工作的重要组成部分，作为"老"字号社会组织工作的重要组成部分，注重协同发展，从全局上思考和筹划，更好地团结引领广大老科技工作者在助力经济社会发展、建设世界科技强国中展现新作为！

---

① 清华大学老科协办公室. "纪念中国老科技工作者协会成立 30 周年座谈会"在人大会堂隆重召开—清华大学老科协委派会员代表参加［DB/OL］.（2019–11–27）［2020–03–31］. http://www.rsta.tsinghua.edu.cn/zh/detail.aspx?id=1059.

关于南水北调西线工程的意见建议

四川省老科技工作者协会

南水北调西线工程是一项规模巨大、影响深远的跨流域调水工程，党中央、国务院和地方党委、政府高度重视，社会各界广泛关注。本着对党和人民负责的精神，四川省老科协组织有关专家对西线工程原方案涉及的地质、生态、民族等问题开展了调查研究，于 2006 年将成果汇集出版了《南水北调西线工程备忘录》，认为西线工程原方案存在诸多难以解决的困难和不确定性，完全不可行。该书经中国老科协原会长钱正英等院士审读并提出明确意见后，经中国工程院原院长徐匡迪签发，正式上报国务院。2008 年年初，国务院第 204 次常务会议决定暂时停止西线工程前期工作。2010 年年底，中共中央、国务院在《关于加快水利改革发展的决定》中提出"适时开展南水北调西线工程前期研究"，体现了中央对重大工程项目科学决策的高度重视。

党的十八大提出了包括生态文明建设在内的"五位一体"的发展战略，指出"必须树立尊重自然、顺应自然、保护自然的生态文明理念，把生态文明建设放在突出地位"。四川省老科协根据中央指示精神，再次组织专家对西线工程原方案可能产生的问题和影响，特别是对近 5 年来出现的新情况、新问题开展了调查研究。为了更加全面地了解情况，解决黄河缺水的问题，除了调研西线工程调水区域外，还于 2014 年到黄河流域各省进行考察，同黄河水利委员会及有关省、市政府进行座谈交流。了解到黄河水资源优化配置及水权置换已经取得了初步成效。南水北调东线、中线工程通水后，黄河流域的水资源总量和水资源输送格局发生了较大变化。在以上工作基础上编辑出版了《南水北调西线工程备忘录》（增订版）。该书除进一步论证西线工程原方案不可行，还对如何解决西北各省、自治区严重缺水问题提出了可行的方案与综合措施，为党和政府科学决策西线工程提供参考。

一、鉴于我国西部特殊的自然地理（质）、社会条件，西线工程原方案不具备可行性

（一）工程区位于地质结构不稳定和大地震高危区域，潜在风险巨大

区内断裂构造较发育，其分布以 NW 向为主导，其中规模较大的有鲜水河断裂、甘孜—玉树断裂、龙日坝断裂、东昆仑断裂、达日断裂、阿坝北断裂、甘德南缘断裂等。这些断裂均具备晚第四纪活动特征，往往构成了活动块体的边界，是强震发生的主要场所，特别是作为川青块体南边界的鲜水河断裂地震活动性极强，共发生过 8 次 7 级以上地震和多次 6.0—6.9 级地震，显示出强烈的近代活动性。

据现有资料分析，本工程线路由西向东将要穿越的主要断裂构造有五道梁—长沙贡玛断裂、玉科断裂、达日断裂、甘德南缘断裂、阿坝北断裂、玛多断裂，其中的五道梁—长沙贡玛断裂、达日断裂、甘德南缘断裂、阿坝北断裂，具备晚第四纪活动特征。

1. 中小震密集发生

区域内自 1970—2012 年共记到 Ml=1.0—4.9 级中小地震 11604 次。

从 1970 年以来 2.5 级以上地震的分布规律来看，地震大多还是集中在四川省境内。鲜水河断裂带北段依旧是小震密集发生的区域，甘孜地块内部的金川县、壤塘县一带也是小震丛集活动的区域。区内小震在时间轴上也是密集发生，年频度约 20 次，部分年份频度出现高值是由于大震触发所致。

2.5 级以上强震多

根据正式公布的地震目录，迄今为止的 1300 余年中，共记到 $M \geqslant 4.7$ 级地震 53 次，其中 7 级以上地震达 4 次。区域目前记录的最大地震是 1947 年 3 月 17 日青海达日南 7.7 级地震。

在区域强震时空活动特性上，从 638—2013 年 9 月研究区 5 级以上地震的震中分布图来看（图 12），区内 5 级以上地震众多，其中还包含了 4 次 7 级以上地震（1816 年 12 月 8 日四川炉霍 7.5 级、1923 年 3 月 24 日四川炉霍 7.2 级、1947 年 3 月 17 日青海达日 7.7 级、1973 年 2 月 6 日四川炉霍 7.5 级），这其中大部分地震分布在四川省境内。研究区内 5 级以上强震主要丛集在两个区域：其一是鲜水河断裂带上的炉霍—甘孜段，三次炉霍 7 级以上地震发生在该段南东端，地震总体沿鲜水河断裂带呈南东—北西走向；其二位于马尔康南东侧，6 次 5 级以上地震沿龙日坝断裂呈北北西—南南东走向，其中最大一次地震为 6.6 级。其他地震尽管有少数在空间上联系紧密，但大部分散落在研究区内，说明它们可能具有相同的发震构造。

西线工程位于川青地块南缘及鲜水河断裂带，现在仍处在新构造的活跃期，地势仍在抬升，山体断块纵横，属于大地震多发高危地区，是我国大陆 7 级以上地震活动最显著的区域。1996 年以来发生 7 级以上地震 8 次，其中两次达到 8 级，包括 2008 年四川汶川 8 级特大地震。最近几年，工程沿线周边的四川省、甘肃省、青海省、云南省连续发生 5—7 级地震。根据中央地震机构预测，这一区域内的地震活动将是长期持续的。此外，该区域山体陡峭岩石破碎崩塌，泥石流滑坡等地质灾害频发，对西线工程建设和运行具有很大的、不可预见的破坏性。

（二）工程区位于国家禁止开发和限制开发的重点生态功能区域，原方案的实施可能危及国家生态安全和政治安定

1. 工程区处于我国重要生态功能区，维护着长江流域的生态安全

该区域是《全国主体功能区规划》确定的"两屏三带"生态安全格局中青藏高原生态屏障、黄土高原—川滇生态屏障的重要组成部分，区内有若尔盖草原湿地生态功能区、川滇森林及生物多样性功能区、横断山生物多样性保护重要区、川滇干热河谷土壤保持重要区，属于限制开发的国家重点生态功能区域。其森林、湿地、草原生态系统在涵养长江源头水源、保持水土、维持生态平衡方面有着重要的不可替代的生态保护作用，与青藏高原生态系统融为一体，是长江、黄河流域重要的生态安全屏障，也是长江"黄金水道"生态经济带建设的生态保障，在维护长江上游生态安全、生物多样性保护和经济社会可持续发展方面占有十分重要的战略地位。

2. 处于生态环境脆弱区，在全国生态建设中地位突出

该区域地质环境极不稳定，是强烈地震活动带和滑坡、崩塌、泥石流等地质灾害的高发区；由于该区域特殊的地理位置、独特的自然条件和恶劣的气候环境，已成为地质环境和生态环境极为脆弱、极易受破坏、一旦受损很难恢复的典型生态脆弱区，是全国生态建设的核心地区之一。西线工程原方案的施工将直接造成大面积森林、湿地、草地毁损，自然保护区生态及生物多样性受到破坏。调水以后湿地面积将萎缩、功能衰退，草地沙化将进一步加剧。西线工程对项目区生态环境必将造成重大破坏，对长江上游的生态环

境将产生严重影响，甚至直接影响"中华水塔"的安全。加之，工程区地处高寒地区，生态环境极为脆弱，生态环境破坏之后难以恢复。

3. 处于中华水塔核心区，水源地作用和水源涵养功能突出

该区域位于长江、黄河上游及源头，是中华民族"水塔"青藏高原的重要组成部分。区内天然湿地面积20518.22平方千米，占四川省湿地总面积（421万公顷）的48.78%，其高原泥炭沼泽湿地（若尔盖、红原与阿坝一带）是我国南方地区最大的沼泽带；作为长江、黄河的重要水源供给源之一，年均径流量占长江流域径流量的约11%，年均径流量占整个黄河径流量的8.21%，既是长江、黄河的重要水源发源地、重点水源涵养区和主要集水区，又是水资源保护的核心区域。

4. 处于生态环境敏感区，对全球变化响应作用显著

众所周知，青藏高原是全球重要的生态环境敏感区，是中国乃至东半球气候的"启动器"和"调节区"，又是全球气候变化的敏感区，被誉为"未来气候变化的晴雨表"。该区处于青藏高原的东南缘，大面积森林、高原植被，以及冰雪资源对全球气候调节起到重要作用，对气候变化和人类活动扰动十分敏感。同时，该区也是我国生物物种形成、演化、多样性分布的重点地区之一，其独特的生态系统是我国"生态源"的重要组成部分，在维系国家生态安全方面不仅地位特殊，而且作用显著。

工程区处于青藏高原片状多年冻土向岛状多年冻土、季节冻土的过渡地带、冰缘地貌带和流水地貌带的交错部位，地貌过程对人为活动干扰及气候变化的响应相当敏感，特别是冰川退缩的影响，导致湖泊萎缩、沙化和荒漠化情况严重。据中国科学院及国外专家等相关研究，随着全球气候变暖的变化趋势，该地区大多数冰川出现退缩，区域627条冰山大部分呈现退缩状态。雅砻江源头雪线上升，冰川近50年间已退缩了200—400m。冰川退缩的影响，具体表现在对水资源供水的影响，冰湖溃决洪水加剧，冰川泥石流

灾害增加，湿地退化，湖泊干枯或水位上升，河川径流不稳定，以及珍稀动物生存环境受到威胁，减缓气候变化等。2005 年 3 月 14 日，世界自然基金会（WWF）在瑞士格朗总部发布的《喜马拉雅冰川、冰川退缩及其对尼泊尔、印度和中国影响》的报告发出警告，冰川退缩和气候变暖将会导致极为严重的自然和人文灾难。

（三）西线工程原方案位于民族宗教问题复杂敏感的藏区，调水影响国家政治安全和民族团结

西线工程原方案区域处于西藏自治区和四川省、甘肃省、青海省等省藏区的结合部。由于历史文化、宗教、民族习俗的特殊性，该藏区是国家安全、民族团结的敏感区。近年来，达赖集团和西方敌对势力制造"3·16"等群体性暴力事件并煽动一百多起"自焚事件"，藏区维稳的形势复杂严峻。达赖集团惯于利用藏族群众宗教信仰和尊崇自然"神山圣水"的观念，借水电、矿山开发的移民问题，从事分裂、渗透活动，攻击党和政府破坏藏区生态，不尊重宗教和藏文化，挑起事端，制造群体性暴力事件。西线工程原方案的移民搬迁安置、宗教设施搬迁重建难度大，很可能被达赖集团作为借口，煽动闹事，从而引发矛盾，影响社会稳定，危害国家安全。

（四）西线工程原方案存在其他诸多不利因素

长江、黄河丰枯同期，黄河缺水时长江也缺水；高寒地带冬季水库、水渠结冰，调水极其困难；建设成本高昂，维护十分困难；工程建设周期长，目前冰川融化加速、雪线上升，几十年后的气候变化难以预测；长江上游已建成大批水电站，上游调走 170 亿立方米水，必将影响长江上游系列水电站对华东、华南地区清洁能源的供应。这些都是西线工程难以解决的问题。

二、实施生态工程和通过机制创新可望缓解黄河流域水资源短缺危机

（一）生态林业工程有助减少黄河冲沙用水

近十几年来，国家大规模实施天然林保护、西北防护林、退耕还林（还草）等生态工程及水土保持、流域治理工程取得较为显著的成效，黄河泥沙含量明显减少。据黄河水利委员会《2013 泥沙公报》黄河干流潼关水文站数据，1950—2010 年，年平均输沙量为 10.5 亿吨，1987—2010 年的平均输沙量为 5.9 亿吨，2013 年的输沙量为 3.05 亿吨。黄河干流的其他水文站的观测数据都呈现这种趋势。在黄河治理中，冲沙除淤需要消耗大量水资源，也是西线工程原方案测算调水量的重要依据。可以预见，随着生态文明建设战略的推进和生态工程的继续实施，黄河流域的生态环境将持续改善，黄河泥沙含量将进一步减少，从而减少用于冲沙的水资源消耗，从根本上缓解黄河流域水资源短缺的制约。

（二）水资源管理体制机制创新和节水技术创新有望提高黄河水资源利用效率

国务院在黄河流域推进以省为单位分水制，在此基础上实行有偿转让水权的市场机制。近年来，在内蒙古自治区鄂尔多斯市进行了水权有偿转让、节水灌溉试点，取得明显成效。既为工业项目提供了用水，又支持了地方经济发展。水权转让收益用于农田灌溉水渠的改造及喷灌、滴灌等现代灌溉设施的建设，推广先进的节水技术和设施，改变传统农业的大水漫灌为节水灌溉，提高了农业现代化水平。总之，探索建立黄河水资源有效配置的水市场机制，将有效提高水资源的使用效率。

三、建议

鉴于地质条件的不稳定性和巨大生态、社会风险及诸多不利因素，建议在充分论证和评估的基础上停止西线工程原方案的实施。与西线工程原方案相比，《三峡水库引水入渭济黄济华北工程》（"小江调水"）具有水源充足、取水口海拔较低、生态环境优良、地质条件比较稳定、移民困难较小、建设投资和维护经费较少等特点。建议进一步开展"小江调水"作为南水北调西线工程替代方案的研究。

认真贯彻落实党的十八大精神，牢固树立"尊重自然、顺应自然、保护自然"的生态文明理念。严格执行水资源管理的"三条红线"，控制黄河流域各省、自治区、直辖市的用水增长量。创新体制机制，优化黄河流域水资源配置，充分发挥已经建成南水北调东、中线工程的功能，调剂黄河下游河南省、山东省等省原由黄河提供的水量，将置换出的水量用于增加黄河中游的供水。在水权有偿交易、节水灌溉等方面总结和推广鄂尔多斯市的试点经验，大胆探索，鼓励节水技术创新，推广先进节水技术和设备。采取综合措施提高黄河水资源利用效率，解决黄河流域的缺水问题。

继续实施天然林保护、西北防护林、退耕还林、恢复若尔盖湿地等生态工程，增加黄河上游的地下水含量，扩大枯水期黄河水量；增加森林植被，从根本上减少水土流失，实现既改善黄河流域生态环境又减少黄河泥沙的"双赢"。提高公益林生态补偿的国家标准，同时落实财政资金，建立和完善省、自治区、直辖市级公益林生态补偿机制等。

（上报时间：2016 年 5 月）

新一轮退耕还林实施情况调研报告

中国老科学技术工作者协会林业分会

中央作出实施新一轮退耕还林还草战略部署英明正确，意义重大。2014年8月，五部委合发《新一轮退耕还林还草总体方案》，2015年9月，五部委合发《加快落实新一轮退耕还林还草任务的通知》，12月，八部委合发《扩大新一轮退耕还林还草规模的通知》，要求加快进度，扩大规模。前一轮退耕还林在2001—2003年落实近亿亩。新一轮2014—2015年1500万亩落实不了。这是为什么，怎么办，是需要清醒对待的重大问题。

中国老科技工作者协会林业分会组成调研工作组，2016年4—5月对五省、自治区、直辖市的12个地市、19个县区、38个乡镇、46个村屯，实地查看51个现场，了解实际情况，召开38个座谈会，听取省、市、县地方政府的意见，研究讨论实际问题。现将调研情况摘要如下。

一、新一轮退耕地块认定复杂，落实难，需要下决心及早调整政策

新一轮退耕方案要求，退耕范围以第二次全国土地调查（简称"国土二调"）成果和最新年度变更调查数据的耕地为依据，退耕地要落实到土地利用现状图上，做到实际与图上一致。还要求先退25度以上非基本农田后退

基本农田、先搞坡耕地以后再搞重要水源坡地等，前置性规定多，基层办起来很急、很难。

（一）国土二调图上显示与现实情况出入大，能退的找不到地

国土二调成果和年度变更数据与实地情况不符，能落实到图斑上的面积很少。25 度以上陡坡耕地又要先找出非基本农田，导致吻和率更低。

广西壮族自治区 2014 年全区土地核查 25 度以上非基本农田陡坡耕地 54.7 万亩（国家备案 52 万亩），现状与图上一致的面积仅有 5 万多亩，占 9.3%。前一轮中广西壮族自治区 2001—2003 年完成退耕地还林 282 万亩。新一轮在 2014 年度的 15 万亩退耕任务中，仅有 4.66 万亩与国土二调成果图斑相符，占 31%，而与农民签订退耕还林合同的只有 2.39 万亩，占该年任务 16%。2015 年，国家下达任务是 35 万亩，至 2016 年 3 月，完成造林的 1.43 万亩陡坡实际耕作地都不在国土二调的耕地范围。两年的中央补助资金都已下拨到县财政局却无法兑现。

基层反映，不是可退耕地少，也不是下达的任务多，而是图上"找不到"。农民想搞也不能搞。重庆市一些间歇性耕地、农民近期栽植林木的耕地被划定为草地、园地或林地，出现了在第二轮土地承包关系依然有效的情况下，农民承包的耕地在国土二调成果中变为了非耕地。辽宁省由于土地资源相对紧缺，存在大量侵占林地搞小开荒种地，因不在国土认可的耕地范围而难以实施退耕。

（二）现行政策规定的可退耕地范围与实际应该退耕的地块差距大，退了的调不了，需要退的进不去

五个省、自治区、直辖市情况虽有差异，但普遍大量存在的陡坡实际耕

作地、撂荒地、移民易地搬迁腾退地、严重石漠化耕地、严重沙化耕地、库区和重要水源地周围15—25度坡耕地等，农民愿退耕，但因没有纳入规定范围现在不能退，导致在具体实施中被拦在门外，已经实施的也不能享受相关的退耕政策。

广西壮族自治区是滇桂黔石漠化生态治理和扶贫攻坚的重点片区，全区石漠化耕作面积有200多万亩，其中25度以上的有68万亩。广西壮族自治区党委、政府对此高度重视，把严重石漠化地区的实际耕作地，作为全区实施退耕还林的重点。2009年以后一部分已提前退耕种上了果树和林木，问题是这些25度以上石漠化严重的实际耕作地，在国土二调成果和年度资料中，大部分作为"裸地"而不是"耕地"调绘。为加快进度，广西壮族自治区提出"先退后调"，但这些"裸地"因"土层厚度不达标"而无法调整为耕地，当地政府又怕违反政策不敢退，导致新一轮退耕工作几乎陷入停滞。2016年度各市县均没有申报任务。

甘肃省把新一轮退耕还林还草与改善三大高原、两大流域生态环境、调整农业产业结构、促进农民增收致富相结合，与秦巴山区、六盘山区和藏区三大贫困带扶贫开发、移民搬迁、特色林果产业建设融合发展，上报将25度以上陡坡耕地基本农田212.84万亩和25度以上耕地中的50.06万亩梯田调出，全部纳入新一轮退耕还林还草范围。在未得到批准之前，省里即使敢于担当先退后调，由于实际上难以调整地类，因而使补助政策不能兑现。

（三）地类变更程序繁杂，调整工作量大，现行政策下实行"先退后调"也难以加快进度

按照政策，现在允许动手干的只有25度以上坡耕地非基本农田和部分严重沙化耕地，而大量实际耕作地、撂荒地不在国土二调认定的耕地范围，

不能退。25 度以上基本农田调整为非基本农田，要在耕地保有量和基本农田保护指标调整批复后才能变更，地类变更前不能退；坡耕地梯田及重要水源地 15—25 度退耕要在次年上报需求批复后才能动手。为了加快进度，扩大规模，有的省份提出"先退后调"，而基本农田未调整为非基本农田、实际耕作地未调整成国土二调认定的耕地之前，即使退耕还林了，也不能兑现补助资金，还是地类先调整后才能兑现补助资金。资金不兑现，农民是不退的。2014 年、2015 年工作进展慢，虽然各地做了大量工作，但签订合同的比例却很小，导致兑现补助资金的更少，并没有真正完成任务。

认定符合条件可退耕的地块很复杂。广西壮族自治区调整地类每亩要30 元工作经费，而且必须有资格的第三方实施测绘。四川省泸定县 2014 年下达退耕还林任务 7600 亩，涉及 78 个村、110 个组、7868 个班块。县组成5 个工作组，每组 5 人（包括各乡、各村干部），费时 5 个月，开支 30 多万元，才认定了能退耕的地块。

按现有政策，将会导致退耕地零散，不能集中连片，大量资金滞留而无法兑现。例如，国家两年下达给广西壮族自治区的 50 万亩退耕任务，有近45 万亩尚待调整落实。至今 2014 年补助资金仅支出 93 万元，尚有 1.6 亿元没有兑现，2015 年下达的 2.8 亿元资金则全部趴在账上。

地块难落实，退耕还林的一套手续都难办，要加快进度则应该从实际出发，简化和放宽地块认定规定。

新一轮退耕还林方案，对可退耕地块前置性规定多，同样条件下有的能退，有的不能退；有的可先退，有的需以后批准才能退。是否坚持这些前置性规定，需要认真研究。一是要认清，全国实际耕作地面积是大于国土二调认定的耕地的。二是要认清，25 度以上陡坡耕地中，基本农田占有较大比重。各地按基本农田不低于总耕地面积 80% 的比例，将保护指标逐级向下分解，造成大量基本农田耕地上山。三是要认清，新一轮退耕还林是按时完成精准脱贫任务的有效途径，还剩 3 年时间，确须加快进度，延误不得。因此，提出以下三点建议。

（1）在范围上扩大：25 度以上实际耕作陡坡地（特别是农村土地承包关系依然有效的）不限于国土二调划定的陡坡耕地；15—25 度石漠化实际耕作地；15—25 度坡耕地重要水源地；严重沙化耕作地；严重污染耕作地；易地扶贫搬迁腾退耕地。只要农民愿意，均纳入退耕还林政策范围。

（2）在实施上统一：符合上述条件的，统一规划、统一设计、统一实施、统一向农民兑现政策。

（3）在程序上简化：经林业、国土部门核实，由省级政府实事求是地确定退耕范围，验收合格即兑现补贴政策。

二、新一轮退耕还林补助政策与实际情况有差距，需要提高标准，提高农民退耕还林的积极性

新一轮退耕还林补助政策，由于担心补助高农民争相退耕而突出不了重点，担心农民对补助依赖性强，无休止要求补。因此，不分南北方，不分生态林、经济林，只在 5 年内每亩补助 1500 元（含种苗造林费 300 元）。从实施情况看，与实际变化和农民愿望差距较大。这是新一轮退耕还林进展不快、规模不大的重要原因。

（一）新一轮退耕还林补助标准偏低

前一轮退耕还生态林、经济林中央直接补助给退耕农户的标准是：南方地区每亩分别为 2890 元和 1825 元，北方地区分别为 2050 元和 1300 元。补助周期为还生态林 16 年，还经济林 10 年。新一轮退耕还林扣除种苗造林补助费 300 元，只补 1200 元。农民说，现在物价上涨，补助的钱不够买粮食吃。

新一轮退耕还林没有生活补助，种苗造林补助也低。按照补助政策，每亩 300 元不够。在新一轮退耕还林中，普遍还经济林（包括速生用材林），很少还生态林，这本身反映了一个政策导向问题。政策直接关系到退耕还林的根本目的能否达成，需要重视研究其前景。重庆市已实施的绿化长江工程，每亩预算 2000 元，三峡库区生态屏障造林绿化工程每亩预算 1930 元。在国家营造林标准已经提高到每亩 500 元的情况下，退耕还林这项重大生态工程、富民工程还维持在每亩 300 元，显然不妥。

（二）种粮比较效益提高了，退耕还林农民得实惠少

前一轮退耕还林，当时生态环境差，粮食产量低，粮价低，不能种粮的耕地还要交农业税，而参加退耕还林，不交农业税还给粮食钱，深受农民欢迎。现在情况大变。一是农业税和"三提五统"早已取消，而每亩每年有种粮补贴 100 元左右。有的地方，没种粮的地也在享受粮食直补。二是随着生态环境的改善和农业科技进步，粮食增产了，粮价升高了。辽宁省西部地区，种玉米每亩净收益在 700 元左右。农民认为，退耕还林补助很少，不划算。

（三）新一轮补助周期短，难以见到收益

基层普遍反映，经济林要达到盛产期，一般需要 8—10 年，生态林则更长。补助 5 年就不补了，见不到效益，投入收不回，成果也巩固不了。既不利于在关键阶段脱贫，也不利于改善生态。

（四）省级政府自行负担超出中央补助规模部分的政策很难落实

新一轮退耕还林中央补助标准低、周期短，要求"地方提高标准超出中

央补助规模部分，由地方财政自行负担"。我们所调查的 5 个省份的 12 个市 19 个县，地方政府均没有自出钱提高给退耕户补助标准的想法，普遍希望中央提高补助标准。

调动地方和农民群众退耕还林的积极性，核心是补助政策。要根据情况的变化，从实际出发，及时调整补助政策。

新一轮退耕还林是中央从中华民族永续发展、经济社会可持续发展的战略高度，实施的重大生态修复工程，是加快贫困地区脱贫致富的有效途径。因此提出以下建议。

（1）补助标准仍然区分生态林、经济林，而且区分南方、北方。粮食南方仍按每亩每年 300 斤，北方按每亩每年 200 斤。

（2）生态林补助 16 年，经济林补助 10 年。

（3）生活补助提高至 50 元，种苗造林费每亩不低于 500 元。

三、前一轮退耕还林到期停止补助要审慎，一定要稳得住不反弹

前一轮退耕还林规模大，退耕地还林还草 1.39 亿亩，涉及 3200 万户、1.24 亿农民，综合效益特别是生态效益显著而宝贵，影响面也很大。按照现有政策规定，从 2016 年起陆续全面停止补助。所造林木经农民同意确认为公益林的，停补后可纳入中央和地方森林生态效益补偿基金补助范围；属于商品林的，允许农民依法合理采伐。从调查的情况看，没有农民愿意为得每亩每年 15 元补偿而划入公益林。因此，要认真对待、清醒认识，研究采取停补政策后所面临的新情况新问题。

（一）前一轮退耕还林以生态林为主，主要发挥生态效益，未形成农户自我增加经济收入的机制

在前一轮退耕还林中，生态林占 93.7%，经济林仅占 6.3%。据调查统计，退耕地还林年均经济收益为 147 元 / 亩。其中，生态林（含兼用林）111 元 / 亩，经济林 669 元 / 亩。生态林目前绝大部分没有产生直接的经济收益，经济收益主要来源于林下种植与林中养殖等，但其比重较小，成林后也不能再继续种植、养殖，整体收益不高。全国没有直接经济收益的县数比例为 19.8%，没有直接经济收益的面积比例达 79.2%。自然条件相对较好的重庆市，前一轮 661 万亩退耕地还林还草中，经济林仅占 10.4%。尽管退耕还林使全市森林覆盖率提高了 7 百分点，但占全市农户总数一半以上的退耕农户获得的经济收益不高，多数退耕农户对退耕还林补助的依赖性还较大。阜新市彰武县前一轮退耕地还林 31.65 万亩，停补后，27 万亩面积农民收入下降，影响生计，占 85.7%。

（二）停补后，农户认为自己退耕还林不划算，吃亏了

前一轮退耕户之所以没有复耕毁林，就在于补助未停，签订的退耕还林合同仍有效，毁林就会受到法律追究。而一旦停补，情况就会不同了。一是前一轮退耕还林后，虽然发了林权证，但地类并未调整为林地，仍属耕地。如辽宁省阜新市前一轮退耕还林 260 万亩，其中退耕地还林 71.15 万亩，涉及 13 万户，发林权证 67 万亩，耕地改为林地 3.6 万亩（2004 年前改的），只占 5%。二是林木管护需要支出。前一轮巩固成果阶段，直接补给农民的钱减为 90 元，不及种粮直补的钱，导致农民的意见很大。林木管护需要打药、浇水、巡护，开支就是用直补的这部分钱。

（三）已经出现了毁林复耕现象

2008—2014 年，国家林业局组织对前一轮退耕还林国家级重点核查验收，发现复耕损失面积和因开垦种地未达到保存标准的面积共 1.8 万亩。其中，复耕损失面积 1.18 万亩，因开垦种地未达到保存标准的面积 0.62 万亩。存在复耕面积的省份有 23 个，前一轮全国参加退耕还林的省份共有 26 个，覆盖面不小。

辽宁省朝阳市北票市有 259 亩退耕还林地复耕，没有复耕的面积中，零星的偷伐、盗垦现象也时有发生。铁岭市西丰县因毁林有 200 多人被公检法机关处理，其中 17 人被判刑。基层干部说，农民只看经济利益，压得了一时，压不了一世，新一轮确实有问题需要解决，但是老一轮都保不住，还怎么搞新一轮。

巩固前一轮退耕还林成果，是摆在面前的重大问题，如处理不好，损失很大，影响很广。因此，要从实际出发，抓紧研究补助期限问题。

中共中央、国务院印发的《生态文明体制改革总体方案》指出，要建立巩固退耕还林还草成果长效机制。建立巩固成果的长效机制，关键是要使农民有稳定的收益，通过实行长期补助、发展后续产业等途径，确保退耕农户的收入不下降，使农民从退耕地上获得社会平均收益。同时，要通过加强林木后期管护，提高退耕还林地的林分质量，增强退耕还林的生态和经济效益，确保退耕还林成果切实得到巩固。全国 14 个集中连片特困地区前一轮退耕还林占总任务的一半。"十三五"时期是脱贫攻坚和全面建成小康社会的关键阶段，在关键阶段不可减弱扶持力度，取消有效途径，为此，提出如下建议。

在 2016 年退耕还林完善政策补助逐步到期及巩固成果专项规划实施结束后，继续实行补助。

（1）还生态林再延长一个周期（8年）的补助，标准不低于种粮直补。

（2）对退耕所还林木逐步进行抚育，并给予森林抚育补贴，提高退耕还林的质量效益。

（3）前一轮和新一轮退耕土地还林后，按照《退耕还林条例》，依法认真办理土地变更登记手续。

（上报时间：2016年5月）

关于推进我国"可燃冰"工业化开采预期可行性分析研究工作的建议

黑龙江省老科技工作者协会

近年来，以石油、煤炭和天然气为主的化石能源出现危机，储量不断减少。新能源开发成为未来经济增长的引擎。尤其是在金融危机的影响下，全球经济下滑，使新能源开发与利用已成为全球世界经济的新一轮竞争热点。各国纷纷聚焦新能源开发，一场能源领域的革命已经到来。目前看可燃冰是石油、天然气之后最佳的替代能源，国内可燃冰开发建设高潮即将到来。

我国具有良好的天然气水合物可燃冰成矿环境。可燃冰矿分布在我国南海、东海、黄海近 300 万平方千米的海域，以及青藏高原和东北冻土带。据勘测结果表明，仅南海北部湾神狐海域可燃冰储量就达到 194 亿立方米。在西沙海槽已初步圈出可燃冰分布面积达 5242 平方千米，储量估算达 4.1 万亿立方米。我国东海盆地，面积达 25 万平方千米，已查明 1482 亿立方米的天然气储量。我国陆域可燃冰主要存在于青藏高原和东北冻土带，专家估计储量至少有 253 亿吨油当量。这为我国大规模产业开发打下坚实基础。中国地质调查局基础调查部主任张海启在 2014 年 7 月 29 日第八届国际天然气水合物大会上指出，目前中国的可燃冰主要分布在南海海域、东海海域、青藏高原和东北冻土带，并且储量较大，是可燃冰资源比较好的国家。由于陆地开采的难度较小，因此，青藏高原和东北三省冻土区域极可能成为中国可燃冰开采的突破口。

自 1993 年以来，我们一直在关注国外可燃冰的开发动向。在总结国内外可燃冰研发成果的基础上，根据自身的技术优势及知识储备，初步提出以下可燃冰开采的技术实施方案，概括为"减压热融置换法开采技术"，以供领导决策参考。

一、可燃冰开采是世界性难题

困难之一，可燃冰的开采与油气资源不同，没有明显的通道，它均匀分布在大面积岩层的缝隙中，吸附在多孔但强度不大的砂岩和砾岩内表面，呈冰霜状，甲烷的收集十分困难。困难之二，可燃冰埋藏于 BSR 地层结构，与天然气、石油、水资源共存，开采涉及复杂的技术问题。困难之三，由于可燃冰在常温常压下不稳定，目前开采可燃冰的方法有：①热解法；②降压法；③置换法。热解法是利用可燃冰加热时分解出甲烷气体的原理进行开采；降压法是将核废料埋入地底，利用核辐射效应增温使其分解出甲烷气体；置换法是向含可燃冰地层注入盐水、甲醇、乙醇、二氧化碳等物质，破坏原晶体平衡，促使其分解出甲烷气体。三种方法各有利弊，尚未形成完整的工艺流程，不能大规模工业化生产。三种方法的共同问题：一是热源热流损耗大，只有 10%—25% 热能用于分解矿层中天然气水合物，其余的热能用于加热围岩。热流的沿程热能损失占有很大比例。二是可燃冰分布一般在孔隙度为 5.8%—7.9% 缝隙中，紧邻 BSR 位置为 11.6%—19%，最大为 35%，热水注入率低，热传质效率低，开发成本较高。可燃冰作为石油时代替代能源，能否顺利为人类所利用，开采技术是关键，要解决低温、超深、提取、分离、液化、固化六个问题。项目实施有较大难度。

二、建议采用以下开采方案

（一）采用子母井开采新工艺

母井为减压井、采收井、多功能井，一个母井辐射多个子井。子井为增压井，用后可封闭。子井可分别采用压裂、破碎、加温、热融、渗透、置换等组装工艺进行开采，可燃冰融气的流向是从子井汇集到母井。母井为可燃冰、水、气（天然气）、油、砂、碎石回收井。该设计可减少工程总投资，并提高可燃冰采收率。

（二）进行水下爆震

在子母井工艺基础上，通过采用"穿甲弹""震甲弹""碎甲弹"，进行分区、分段水下定向爆震，将大量砂砾岩震碎、震裂，将可燃冰采出，碎石、垃圾存储原地。减少运输成本，保护环境，防止污染和海底滑坡。

（三）采用定向聚能射流震爆技术

可燃冰是由海洋板块活动而成。形成有三个基本条件：温度在 0—10℃，最高不过 20℃；压力为 10—30MPa；地底要有甲烷气源。因此，可燃冰的开采必须打破这一平衡。采取引爆方式和定向聚能射流技术，能够在可燃冰储藏层产生一个高压力、高密度、高速度金属粒子流和频率为 20kHz 脉动超声波（3000m/s—4500m/s），通过强大的穿透能力，强烈的空化作用，强烈的机械振动作用和热效应，使工作区的温度升到 1000—2500℃，初始压力达 1 万 MPa，冲击压力、拉伸压力和剪切力远远大于可燃冰周边岩层强度。使含可燃冰地层形成震裂区和破碎区，产生径向裂缝和环状裂缝，增大渗透系数，迅速将吸附在岩石表面厂中的甲烷分离出来，并汇集提升到地面。这种将化学能直接转变机械能和热能的方法是开采可燃冰的核心技术。为了增强其效果，在实施聚能射流技术时，配用设计研制的专用 WST 充填物，能释放大量二氧化碳并形成二氧化碳气体冲击波，从裂隙中置换可燃冰中的甲烷，提高开采可燃冰的浓度。大大地提高可燃冰的开采热传质效率和沿程热效率，减少热源的损失。

（四）母井采用双层套管井及横向管内作业开发模式

双层套管是起保温、输送热水、热气，提升油、气、水和碎石功能。横向井管垂直于套管，以利于打横向辐射井。它可以分期、分阶段施工，逐渐形成横向网络，增加同一个井位开采控制范围。横向井管在第二阶段可燃冰开采时，可增加甲烷排气能力通道，可以增加井管作业区热气、热水辐射功能。可燃冰的采出率与井下排气总横断面，岩石裂隙度有关，横向井管作业区形成断面是提高产气效益的一项重要措施。这种工作模式，也是防止天然气水合物稳定层发生坍塌和局部断层，造成海洋环境破坏。

（五）采用喷射泵提升技术

可燃冰开采时，井底矿区产生破碎的岩石、泥沙，并混掺油、水、气。喷射泵由于结构简单，没有运动部件，安全性好，并具有搅动、抽吸、提升功能，不怕堵塞，不怕漏气，能起到泥浆泵的作用。为保证技术可靠性，可采取接力方式，分层提升。

（六）采用旋流喷射浮选技术

可燃冰矿位于 BSR 构造层，上层有水，下层有油、气，有时并存，需同时开发，提升物中有破碎岩石、泥沙、有机物，需将甲烷、海水、泥石、油气、有机物进行旋流喷射浮选分离。

（七）采用射流低温冷凝分离技术

应用喷射制冷技术，首先，将井下大量膨胀的甲烷尽快地降温冷缩，为低温液化和固化作准备。其次，可燃冰中甲烷含量的比例为96%左右，在冷凝的过程中需要脱去甲烷分子吸附的水蒸气和其他酸性不溶气体，提高可燃冰开采的纯度。最后，是为了防止低温液化时，甲烷还原为可燃冰，堵塞通道。

（八）设计标准化设备

将制热、制冷、真空、分离、固化技术紧密结合设计成标准化成套设备，以备推广应用。

（九）确定尼龙球提升口位置

可燃冰水合物二次结晶一般发生在升井最后的50—100米。在此处可设立尼龙球提升口，尼龙球比重小，重量轻，上升速度快，尼龙球涂抹凝结剂，使甲烷向尼龙球汇集，改变流向，不向井壁聚集，防止堵塞井口。

（十）最终产品的选择

可燃冰开采最终产品是气体、液体还是固体？从降低成本、提高安全性方面考虑应该选择固体。可燃冰性能具有显著特点。它的热传导率为$18.7W/(cm \cdot k)$，比一般隔热材料 $[约27.7W/(cm \cdot k)]$ 还低，储存不需要特殊绝热措施，在常压下 $-15℃$ 以上温度条件下，可以稳定储存。当温度在 -8——$-1℃$时，可燃冰稳定性可以保持1—2年。固体开采可以节约运输成本和管理成本。但由于天然气水合物释放出的甲烷，回归可燃冰有些技术难题，一是甲烷气体微溶于水在合成时常形成不渗透薄膜，因此，大体积天然气水合物的形成积累速度慢；二是合成时天然气水合物释放大量热量，降温设备技术复杂。所以可燃冰复原技术难题要同时解决大面积水汽接触面的稳定性，以及天然气水合物生成热的快速散失问题。目前，国际通常作法是在 5Mpa，5—10℃条件下加入 5% 的乙烷、2% 的甲烷和适量凝析液在搅拌的过程中形成可燃冰。而我们创新采用复式喷射引射器结构，也可以完成上述工艺流程，并以海水为冷却源，可以较大地降低工程投资造价。

三、几点建议

（1）建议省政府责成有关部门尽快开展可燃冰资源勘察和前期工作，并纳入黑龙江省"十三五"开发规划。

（2）从现有实际出发，通过技术创新，在可燃冰新能源开采核心技术上实现突破，力争达到国内领先水平和国际水平。

（3）率先在国内可燃冰行业制定技术标准，完善开采工艺，完成成套设备图纸设计。

（上报时间：2016 年 3 月）

关于在长江中下游冬麦区加快推广小麦新品种"罗麦10号"种植的建议

上海市退（离）休高级专家协会

我国是世界上最大的小麦生产国，小麦面积2400万公顷，小麦总产量每年超过1.2亿吨，小麦播种面积和总产量都居世界第一位。同时，也是世界第一大小麦消费国和进口国，占全球消费总量的20%左右。小麦是我国的主要粮食作物，营养价值高，是食品加工的主要原料。发展小麦生产，对确保国家粮食安全，提高人民生活水平，都具有重要意义。

我国的夏粮生产以冬小麦为主，连续12年获得丰收，对稳定粮食生产和确保口粮的绝对安全发挥了重要作用。同时，小麦生产出现了"三增"现象，即小麦生产的总量增加了，国家每年的库存量压力增加了，而国家每年小麦进口总量也增加了。2016年进口小麦341.2万吨，同比增长13.5%。同时，农民在丰年出现了卖粮难，增产不增收。农民生产的普通小麦不能满足市场对优质品种的需要，这突出地反映了农业的主要矛盾由总量不足转化为结构性矛盾，矛盾的主要方面在供给侧。

2017年，党中央、国务院一号文件提出了关于深入推进农业供给侧结构性改革，提高农业供给质量，实现农民增产增收。并明确提出，在稳定粮食生产、确保口粮绝对安全的基础上，重点发展优质稻米和强筋、弱筋小麦。

这也为小麦品种的选育与推广指明了方向。

一、"罗麦 10 号"育种的简要过程

上海宝果农业发展有限公司与复旦大学等高校、科研单位长期合作，坚持小麦育种 42 年，坚持小麦异地繁殖 40 年，坚持利用小黑麦种质资源进行远缘杂交 20 多年。选育成的"罗麦"系列新品种是以"金罗店"命名，经上海市审定的定名品种有 6 个。罗麦 1 号、3 号曾是 20 世纪 80 年代、90 年代上海市郊区小麦当家品种之一，分别获得上海市科技成果二等奖、三等奖。

"罗麦 10 号"是以 557（99–2×繁 276）为母本，罗麦 8 号为父本，进行杂交选育而成。其亲本遗传基础丰富，包含了来自意大利、荷兰、丹麦、日本及国内河南黑麦、关中冬麦等种质资源血统，奠定了品种选育的良好基础。2002 年春做杂交，经过 6 年 9 代的选育，于 2007 年秋参加上海市小麦品比试验，2009 年 6 月通过上海市农作物品种审定，定名为"罗麦 10 号"。

二、"罗麦 10 号"主要的生育特点

（一）抗逆性强

株高 80 厘米，比扬麦 158 矮 15 厘米，茎秆坚韧，矮秆抗倒，适应机械化收割。在市品试中，曾在 4—5 月中遇到风雨交加的恶劣天气，扬麦 158 倒伏 50%，"罗麦 10 号"未倒。中抗赤霉病、白粉病，在市品试中，"两病"发病指数分别比对照品种扬麦 11 号低 4—5。

（二）丰产性好

在市小麦品试和生产试验中，"罗麦 10 号"比对照品种扬麦 11 号分别

增产 6.61% 和 8.18%。在多年的生产示范中，"罗麦 10 号"的平均有效穗 28 万穗左右，每穗实粒数 38 粒左右，千粒重 45g，是一个穗粒兼顾、增产潜力较大的小麦新品种。上海市宝山区连续 6 年在市郊的小麦高产示范评比中，单产都名列前茅。2013 年上海市宝山区顾村镇羌家村 10.7 公顷（250 亩）小麦示范方，经市高产创建专家组现场实割验收单产达 532.6 千克。

（三）品质优良

"罗麦 10 号"籽粒长圆，生长饱满，整齐度好，红皮角质，抗穗发芽，容重 791 克。2009 年，经扬州大学小麦研究所测定结果，该品种湿面筋含量达 35.8%，粗蛋白质含量为 15.5%，沉降值为 52.4，均好于对照品种扬麦 158，筋力达到国家的强筋粉标准。

（四）适应性广

该品种属春性，幼苗直立。株型紧凑，成穗中等，穗呈纺锤形，长芒白壳，芒带紫黑色。生长清秀，后期熟相好，生育期 193 天，11 月上旬播种，一般 5 月底成熟。适宜长江中下游地区及生态条件相同的冬麦区种植。

三、示范推广种植"罗麦10号"的增产效果

实践是检验作物品种优劣的唯一标准。多年来，"罗麦 10 号"被列入上海市小麦推广品种，通过种植涌现出了一批高产示范区。2015 年和 2016 年夏收，在上海市嘉定区、宝山区、浦东区、奉贤区、金山区和青浦区 6 个区建立"罗麦 10 号"百亩示范方 41 个，面积 673.93 公顷，平均每公顷产量 5262.95 千克，比对照品种"扬麦 11 号"增产百分率为 10.83%，产量差异非常显著。2011—2016 年夏收，上海市示范推广"罗麦 10 号"7166.67 公顷，

每公顷平均产量 5746.95 千克，比全市小麦单产增产百分率高 41.76%。

近年来，"罗麦 10 号"已经向外省推广种植。2013 年，安徽省引进该品种，经过三年的小麦品种比较试验，"罗麦 10 号"比对照品种扬麦系列增产百分率为 13.8%。特别是在 2015—2016 年的小麦区域试验中，在小麦抽穗至成熟期间遇到连续阴雨潮湿的不利天气，"罗麦 10 号"抗病、抗倒伏明显地优于其他品种。江苏省有关单位多次来上海市宝山区要求引种，有的企业甚至提出要获取"罗麦 10 号"品种种子的经营权。据安徽有关种业公司不完全统计，2016 年已经销售"罗麦 10 号"种子 50 余万千克，种植面积约 1733.33 公顷。

四、加快推广"罗麦 10 号"新品种的意义和作用

（一）有利于深入推进农业供给侧结构性改革

长期以来，认为在多雨潮湿的不利天气条件下，种植优质小麦很难。但是"罗麦 10 号"品种适应湿涝灾害，并可获得优质高产。这说明了优质与高产两者并不是完全对立的。现在一边是农民出现卖粮难，而另一边是食品加工企业还要大量进口小麦，问题的关键是现在我国生产的小麦不符合市场的需求。实际上，小麦的强筋和弱筋品种分别用于加工优质面包和饼干，有极大的需求量。"罗麦 10 号"是一种强筋的优质小麦，在优质优价的前提下，可提高农民种植优质小麦的积极性，这既适应了市场的需求，又增加了农民收入，提高了农业效益，是一个双赢的好事，是按照市场需求调整小麦品种结构的一项具体措施。

（二）有利于种植业的绿色发展，创造良好的生态环境

绿色发展，将成为种植业发展的方向。这要求品种具有多种抗性，因为只有抗逆性综合能力强的品种，才能做到少施农药、化肥，减少环境污染，

才能满足绿色生产的需要。"罗麦10号"从选育成功到参加上海市的品比试验，再到大面积生产示范，已历时近15年，经受了多种自然灾害的考验，在抗逆性、抗病虫害、确保产品质量等方面都符合种植业绿色发展的方向。

五、几点建议

（一）建议国家向长江中下游冬麦区推广种植"罗麦10号"

经过十几年的实践检验，证明"罗麦10号"适合长江中下游地区湿涝气候条件，远缘杂交，抗逆性强，施农药、化肥少，品质优良，产量比同类品种高，在不增加种植成本情况下，"罗麦10号"比普通小麦平均每亩增产10%以上，大面积种植对国家、农村、农民都有利。

（二）加强上海宝山地区良种繁育体系建设，助力种业向育、繁、推一体化方向发展

种性的优良是相对的。特别是在恶劣的气候条件下，要保持抗逆性的长期稳定，良种繁育体系的建设尤为重要。宝山区近几年建立了三级良种繁育体系，坚持良种的提纯复壮工作，稻麦生产实现了全区统一供种，确保了种子的质量。建议国家和上海市有关部门大力加强良种的繁育基地建设，在政策上、在科研立项与课题资金上给予支持，助力种业向育、繁、推一体化方向发展，使上海市宝山区成为全国良种繁育体系建设的排头兵与样板示范点。

（三）以市场为导向，实现粮食的优质优价，引导农民种植优质品种的积极性

在粮食收购上，上海市长期实行"基本保护价"和"优质不优价"。从

而导致农民"把好的留给自己，差的卖给国家"，在稻谷上表现尤为突出。因此，"优质不优价"是提高农业供给质量的主要障碍，如果该品种达到了优质标准，就应按质论价。建议上海市有关部门调整相应的粮食收购政策，实现优质优价、按质论价，进一步调动农民种植优质品种的积极性。这不仅有利于提高农业的供给质量，而且是对农业供给侧结构性改革的积极响应。

（四）着眼长远，统筹规划，注重小麦育种的原创性研究

近年来，小麦的品种看似更新不断，但品种间普遍存在同质化现象。为什么市场需要的优质小麦品种不多，关键原因是缺少优质的种质资源，缺少对小麦育种的原创性、基础性的研究，能用来转化的原创性研究成果还比较少。育种过程往往急功近利，利用的亲本遗传基础狭窄，难以取得预期的效果。为了从根本上改变品种的同质化现象，我们从 20 世纪 90 年代开始，引入并利用小黑麦为亲本，开展小麦的远缘杂交研究。与复旦大学等高校、研究单位合作，利用现代生物学技术努力探索一条远缘种质优异基因向小麦转移和利用的技术路线。通过上万份材料的连续筛选比较，已选出保持小黑麦抗病性和丰产性优良的小麦新类型，成为难得的种质资源。这项工作已坚持了 20 多年，建议这一课题能得到国家有关部门的关心和支持。我们将继续持之以恒，埋头耕耘，选育出优于"罗麦 10 号"的小麦新品种，为深入推进农业供给侧结构性改革做出新贡献。

（上报时间：2017 年 6 月）

元宝枫产业发展调研报告

陕西省老科技工作者协会

一、开展元宝枫的调研情况

一是在省内召开座谈会，邀请西北农林科技大学、西安油脂研究所、西安交通大学医学部的专家教授，了解元宝枫的栽培、推广、开发情况，了解元宝枫油的食用情况，了解神经酸的医用科研情况。二是到四川省仁寿县成都元宝枫产业集团了解以元宝枫叶为主要原料作为养猪饲料添加剂和粪便降解技术。三是通过我国在美国的专家了解美国进口我国元宝枫油和神经酸的科研情况。通过互联网搜索发现，1996年浙江大学教授侯镜德、第四军医大学陈至善合著《神经酸与脑健康》一书。四是与中国老科协副会长杨继平同志座谈，了解全国元宝枫产业发展现状。

通过调研，我们发现，元宝枫有四个独特性能。

（1）元宝枫是我国特有的优质木本油料树种，又是优良的生态与景观树种。亩栽50棵10年生元宝枫单株产果20千克以上，亩产果1000千克左右，可出油150千克以上，相当于2亩以上普通油菜的产油量。油中不饱和脂肪酸含量92.9%、富含人体必需的8种脂肪酸、脂溶性维生素、12种矿物质。油保质期较长，不易酸败，无毒副作用，是优质食用油，更是保健油。目前，油价约3000元/千克，亩产值达30万元以上。油粕中仍含油10%，可在食品中添加，制作的酱油、挂面、饲料等营养丰富，安全健康。

该树种耐旱、耐寒、耐贫瘠（在降水 300—350 毫升，±40℃的山、原、沙漠区域均宜生），病虫害少、生命力强，存活可达几千年以上，人工造林成活率高达 90% 以上。深秋变红叶，是公园、行道、旅游风景区优良景观树，更是高效益经济树和治山、治沙、治水生态树。

（2）元宝枫油中富含约 5.80% 神经酸。它是人体神经纤维和神经细胞的核心成分，对脑神经系统发育生长、修复再生有重要作用。国家卫计委公告批准神经酸为"新食品原料"。2018 年 3 月，专家组对"神经酸在临床治疗脑神经损伤可行性"给予高度认可。

（3）元宝枫种皮、油渣及叶可开发出系列食品和保健品。种皮富含单宁，叶富含黄酮（高于银杏）、绿原酸（高于金银花）。

（4）元宝枫叶做畜禽饲料添加剂，使畜禽产品达到欧盟的检验标准。粪便实现了零残留，成为优质有机肥，施用于蔬菜、水果均达到有机标准。

二、调研报告的成效及跟踪情况

在前期调研的基础上，我们写了两份建议，一是以范肖梅、张光强同志名义，向省领导呈送了《在我省发展元宝枫产业的意见和建议》，受到了省领导的高度重视。二是由光强同志牵头，以陕西省决策咨询委员会和陕西省老科技工作者协会的名义提出"促进我省元宝枫产业发展"咨询建议，获得省领导的批示。三是跟踪落实。在省上领导批示后，我们向省科技厅报送了《关于请求重点支持元宝枫科研推广的建议》，先后到省林业厅、省科技厅进行了跟踪落实，两厅主要领导到西北农林科技大学、西安交通大学调研后，确定支持元宝枫产业发展为科研重点项目。截至 2018 年年底，省林业厅安排经费 680 万元，用于扶风县元宝枫标准化示范基地建设；安排 64.9 万元，用于西北农林科技大学元宝枫产业化项目研究。2018 年，省科技厅安排经费 100 万元，用于西北农林科技大学元宝枫产业科学研究。西安交通大学医学部也开展神经酸医用研究。2019 年，省农业厅、科技厅还将对元宝枫研究继续给予支持。我们也将继续给予关注。

在国家林业和草原局、中国老科协的高度重视下，2018 年 11 月初，国家林业和草原局在西北农林科技大学设立"元宝枫工程技术研究中心"，成立"元宝枫产业国家创新联盟"。

三、陕西元宝枫产业发展、科研情况

截至 2018 年年底，陕西省种植元宝枫林 3340 多公顷，元宝枫籽年产量约 400 吨，元宝枫籽年榨油能力 50 吨，年产元宝枫油 15 吨。开展科研的情况如下。

1. 西北农林科技大学

（1）开展了元宝枫种质资源收集、优树选择与丰产栽培试验。初选元宝枫优树 120 株，收集种子、根段、幼苗等材料 80 余份。

（2）进行了元宝枫油神经酸种质转录谱构建、元宝枫神经酸合成关键基因克隆及基因功能研究，完成了高、低神经酸种质转录谱构建和元宝枫基因组调研图及叶绿体基因组测序工作，克隆到元宝枫神经酸合成的关键基因。

（3）开展了元宝枫花粉形态与化学成分、元宝枫叶绿原酸高效提取工艺和元宝枫油促神经生长因子 NGF 介导的 PC12 细胞突起研究，初步确定：元宝枫花中含有近 10 种黄酮类化合物；元宝枫油对促神经生长因子 NGF 介导的 PC12 细胞突起作用不显著。

（4）开展了元宝枫籽、叶饲喂小鼠实验，证明：一是元宝枫籽不仅可以提高小鼠子代学习能力，而且对小鼠体重和体能及肠道菌群均有一定影响，并对百草枯引起的神经损伤具有一定的预防和修复治疗作用；二是元宝枫叶是羊理想的青贮饲料，适口性强，口感好，可促进山羊体重增加，提高山羊免疫力，降低染病率和病死率。

2. 西安交通大学

该校医学部开展"元宝枫油及神经酸药理活性研究"。通过建立不同的神经细胞损伤模型，对元宝枫籽油及神经酸在神经系统中具有代表性的细胞上的修复作用进行了研究。

（1）完成了元宝枫籽油与神经酸对小胶质细胞炎性损伤、对缺氧诱导的大鼠星形胶质细胞损伤的修复作用的研究，以及对缺糖缺氧诱导的大鼠神经元细胞凋亡的抑制作用研究。

（2）完成了小鼠衰老动物模型的建立。

（3）完成了元宝枫籽油中脂肪酸含量测定方法的建立。

以上研究所获得的结果从细胞水平阐明了元宝枫籽油及神经酸对神经系统中损伤的神经细胞的修复作用，并能够促进神经细胞的再生，而且这种作用能够进一步保护受损的脑组织。这也提示我们，元宝枫籽油在修复人神经功能方面具有潜在的促进作用，其活性成分为神经酸。已得到的研究结果为深入研究元宝枫籽油及神经酸在脑神经相关疾病的作用机制及预防方面的作用提供了一定的基础。

四、问题与建议

总体来说，我国对元宝枫特殊功能认识和开发利用还处于起步阶段，国际上与我们基本处于同一水平。国家林业和草原局去年才把元宝枫列入木本油料储备树种，对它的药用、保健作用的研究也还是非常初步的。调查显示，全国 23 个省、自治区、直辖市有元宝枫林约 11 万公顷。其中，原生林分布的 12 个省、自治区、直辖市估约有 2 万多公顷，11 个省、自治区、直辖市人工造林 8.7 万多公顷。全国有 50 余家企业对元宝枫的推广及食品、保健品、药品的研究开发处在起步阶段，有多家元宝枫产业化经营模式的企业已有冒尖势头。

元宝枫产业发展事关实施乡村振兴战略、精准扶贫、国家食用油战略安全。为此，我们提三点建议。

一是以中国老科协名义向国家发展改革委提出建议，请国家发展改革委牵头，国家林业和草原局为主，有关部门参加，制定我国元宝枫产业发展规划和支持元宝枫产业发展政策。

二是以中国老科协名义，向科技部提出建议，抓紧启动元宝枫基础研究和应用研究重大项目。

三是以中国老科协名义，向农业和农村部、国家林业和草原局、国务院扶贫办等国家有关部门提出建议，把元宝枫产业发展作为实施乡村振兴战略、精准扶贫，确保国家食用油战略安全的措施之一。

（上报时间：2018 年 4 月）

后　记

　　本书作为《中国老科学技术工作者协会智库研究报告》的第一卷，共收录了中国老科协智库在 2016—2018 年形成的 32 项决策咨询研究成果。全书分为三部分，第一部分是中国老科协创新发展研究中心向党和国家领导人呈报的 9 篇决策咨询专报，第二部分是中国老科协创新发展研究中心联合各研究团队撰写的 18 篇研究论文，第三部分是地方老科协和中国老科协各分会获得党和国家领导人批示的 5 篇专报。

　　三部分内容凝聚了中国老科协智库特聘专家、各课题组和中国老科协创新发展研究中心研究人员的心血和智慧。谨以此记向参与老科协智库决策咨询工作的专家学者和工作人员致以由衷的敬意。向为本书出版提供支持的中国老科协和各地老科协、中国科协创新战略研究院表示诚挚的感谢。由于研究时间、研究水平等限制，问题和不足之处在所难免，希望本书能起到抛砖引玉的作用，并得到各位同人的不吝赐教。